Fachberichte
Messen · Steuern · Regeln
Herausgegeben von M. Syrbe und M. Thoma

20

H.-J. Wünsche

Bewegungssteuerung durch Rechnersehen

Ein Verfahren zur Erfassung und Steuerung
räumlicher Bewegungsvorgänge in Echtzeit

Springer-Verlag
Berlin Heidelberg NewYork
London Paris Tokyo 1988

Autor:
Dr.-Ing. Hans-Joachim Wünsche, M. Sc.
Ahrain 11
8165 Fischbachau

ISBN-13:978-3-540-50140-4   e-ISBN-13:978-3-642-83562-9
DOI: 10.1007/978-3-642-83562-9

CIP-Titelaufnahme der Deutschen Bibliothek
Wünsche, Hans-Joachim:
Bewegungssteuerung durch Rechnersehen :
e. Verfahren zur Erfassung u. Steuerung räuml. Bewegungsvorgänge in Echtzeit / H.-J. Wünsche.
Berlin ; Heidelberg ; New York ; London ; Paris ; Tokyo : Springer, 1988
  (Fachberichte Messen, Steuern, Regeln ; 20)
  ISBN-13:978-3-540-50140-4

NE: GT

2160/3020-543210 – Gedruckt auf säurefreiem Papier

Vorwort

Während nahezu alle höheren Lebewesen Sichtsysteme zur Erfassung von Bewegungsvorgängen besitzen, steckt die Entwicklung entsprechender technischer
Sichtsysteme noch in den Anfängen. Moderne Roboter, oder Transportsysteme
wie z.B. Land- und Luftfahrzeuge, sind noch weitgehend blind; es existieren praktisch keine Sichtsysteme, die diesen technischen "Lebewesen"
erlauben würden, eine natürliche Umwelt visuell zu erfassen, und ihre Bewegungen in dieser Umwelt kontrolliert und zielgerichtet zu steuern.

Allerdings konnten auf dem Gebiet der "digitalen Bildverarbeitung" schon
wesentliche Entwicklungserfolge erzielt werden, unter Verwendung von Vi-
deokameras als "Augen" und Computern als "Gehirn": es existieren heute
Systeme zur Erfassung klar strukturierter industrieller Szenen, die Einzelbilder oder langsame Video-Bildfolgen im Minuten- oder gar Sekundentakt
auswerten können. Aber die Erkennung von Bewegungen in Bildfolgen in einer
Geschwindigkeit, die z.B. Steuerungsaufgaben wie das Führen eines Kraftfahrzeuges in einer natürlichen Umgebung erlauben würde, ist mit diesen
Systemen bislang nicht möglich.

Dieser Aufgabenstellung ist das vorliegende Buch gewidmet. Es wird ein
Verfahren vorgestellt, das die Erfassung von Bewegungsvorgängen in kontinuierlichen (Video-)Bildfolgen in "Echtzeit" erlaubt; unter Echtzeit werden hierbei Verarbeitungsgeschwindigkeiten im Bereich menschlicher Reak-
tionszeiten verstanden. Damit wird eine Weiterverarbeitung der gewonnenen
Bewegungsinformation ermöglicht, z.B. zur Lösung der oben erwähnten Steuerungsaufgaben.
Im Gegensatz zu den bisher bekannten Verfahren der digitalen (Einzel-)
Bildverarbeitung wird bei diesem Verfahren nicht versucht, jedes Bild
einer Bildfolge auszuwerten und zu interpretieren; vielmehr werden rech-
nerinterne Raum/Zeit Modelle durch eine rekursive Filterung schneller
Video-Bildfolgen mit der beobachteten, bewegten Szene in Einklang gebracht.
Diese Raum/Zeit Modelle bestehen im wesentlichen aus geometrischen 3D-Mo-
dellen von Objekten der Szene, wie sie aus der modernen Computergrafik
bekannt sind, und dynamischen Modellen der in der 3D-Szene auftretenden
Bewegungen, wie sie in der modernen Regelungstechnik Anwendung finden. Da-

mit können über die bekannte Abbildungsperspektive "Modellbilder" konstruiert werden; die eintreffenden Videobilder werden mit diesen Modellbildern
verglichen, wodurch über eine Rückkopplung der Differenzen eine adaptive
Korrektur der Modellvorstellungen ermöglicht wird. Hierzu genügen wenige
Merkmale der Szene, deren Position von Bild zu Bild relativ genau vorher-
sagbar ist. Daher reduziert sich die Aufgabe der Bildverarbeitung auf die
Verfolgung weniger markanter Merkmale in kleinen Suchfenstern; ein Vor-
gang, der zudem gut parallelisierbar ist.

Als Anwendungsbeispiel wird ein druckluftgetriebenes Luftkissenfahrzeug
vorgestellt, das in einer technischen 3D-Welt reibungsfrei navigiert. Es
verfolgt dabei das Ziel, an ein passives Objekt der Szene anzukoppeln. Die
dazu notwendige Information stammt aus den Bildfolgen einer im Fahrzeug
eingebauten Videokamera.
In einer Initialisierungsphase wird zunächst durch eine 3D-Objektsuche und
-erkennung die richtige Modellvorstellung aus einer Modelldatenbank ausgewählt, und eine erste Standortbestimmung durchgeführt. In der dann folgenden Echtzeitphase werden, mittels eines Multiprozessorsystems zur Bildverarbeitung, nur wenige Merkmale der Szenenobjekte verfolgt. Durch ein neuartiges Merkmalselektionsverfahren wird dabei ständig die zur Erfassung
der Bewegung bestgeeignete Merkmalkombination unter allen gerade nicht
verdeckten Merkmalen gefunden.
Obwohl die Leistung der verwendeten Rechner relativ gering ist (fünf INTEL
8085 Prozessoren für die Bildverarbeitung und eine VAX 750 als Leitrech-
ner), gelingt die Erfassung und Steuerung der Bewegung mit einer Zykluszeit von 0.13 Sekunden.

Mögliche Anwendungen sind nicht nur bei der optischen Objekterkennung und
-verfolgung zu sehen, sondern z.B. auch in der Automatisierungstechnik bei
der Entwicklung sehender, mobiler Roboterfahrzeuge und Transportsysteme.

Das Buch richtet sich einerseits an Forscher oder Entwickler, die sich
mit dem Gebiet technischer Sichtsysteme beschäftigen; darüberhinaus ist
der vorgestellte Ansatz aber nicht nur übertragbar auf die Verarbeitung
anderer Sensorsignale, sondern könnte auch Grundstein für Aufgaben sein,
mit denen man sich z.B. auf dem Gebiet der "Künstlichen Intelligenz" weltweit beschäftigt: Mit der technischen Modellierung menschlichen Wissens
sowie menschlicher Denkvorgänge und Intelligenz.

Der Aufbau des Buches kommt dieser Vielschichtigkeit des möglichen Leserkreises entgegen. Dabei wurde jedoch versucht, eine anschauliche, ingenieurhafte Darstellung zu erreichen. Zum Verständnis genügen - bis auf wenige Teilabschnitte - die Grundkenntnisse eines naturwissenschaftlichen Studiums sowie Kenntnisse der modernen Matrixalgebra. Zur Umsetzung des Verfahrens auf ähnliche Problemstellungen sind allerdings Kenntnisse der Kalman Filter Theorie von Vorteil.

Nach dem ersten Kapitel, in dem neben einer Einführung eine grobe Übersicht über den Stand der Technik gegeben wird, folgt in Kapitel 2 eine relativ allgemein gehaltene Beschreibung des Verfahrens. Dieses Kapitel gibt in anschaulicher Weise einen Überblick über das Verfahren, ohne auf Details der Realisierung einzugehen. Im dritten Kapitel, dem Hauptteil des Buches, wird das genaue Vorgehen anhand des erwähnten Anwendungsbeispiels detailliert demonstriert. Dabei werden nicht nur die Theorie des Verfahrens, sondern auch viele, für die Praxis bedeutende, numerische Besonderheiten eingehend beleuchtet. Schließlich wird im Anhang u.a. das für das Anwendungsbeispiel realisierte Programmsystem beschrieben.

Die diesem Buch zugrundeliegende Arbeit entstand im Rahmen meiner Tätigkeit als Wissenschaftlicher Mitarbeiter am Institut für Systemdynamik und Flugmechanik der Universität der Bundeswehr München, und ist dort unter dem Titel "Erfassung und Steuerung von Bewegungen durch Rechnersehen" als Dissertation erschienen. Besonders danken möchte ich Herrn Prof. Dr.-Ing. E.D. Dickmanns, der die Arbeit nicht nur angeregt, sondern auch großzügig unterstützt und gefördert hat. Wertvolle Beiträge zu dieser Arbeit leisteten die Mitarbeiter der Institutswerkstatt mit dem Aufbau der Luftkissenfahrzeug-Versuchsanlage. Herrn Prof. Dr.rer.nat. V. Graefe, meinen Kollegen sowie vielen Studenten danke ich für die Unterstützung an vielen Punkten dieser Arbeit. Herzlich danken möchte ich auch Frau Gabler sowie Frl. Klünsch, die das Skriptum mit viel Einsatz in eine leserliche Form gebracht haben.

Fischbachau, im März 1988

H.-J. Wünsche

Inhaltsverzeichnis

Liste der verwendeten Symbole und Abkürzungen

Skalare

a	Motorkonstante der Laufkatze
a_α, a_x, a_y	Beschleunigungen im körperfesten Koordinatensystem
b	Breite einer rechteckigen Fläche (Objekterkennung)
d	Tiefenstaffelung von Objektmerkmalen
D_i	Auf die Sichtachse projizierte Entfernung zwischen P_i und F
f	Brennweite
$f_\psi, \ldots, f_{vt}$	Filterfaktoren
F	Brennpunkt
h	Höhe einer rechteckigen Fläche (Objekterkennung)
J	Güteindex zur Merkmalselektion
K_y, K_z	Skalierungsfaktoren (Pixel/mm auf der Bildebene der Kamera)
$m(k)$, m_k	Zahl der zum Zeitpunkt t_k gültigen Meßwerte (Gl.(3.75))
n	Zahl der Bewegungszustandsgrößen
p	Zahl der zu verfolgenden Merkmale
q	Anzahl der zu überprüfenden Merkmalkombinationen
r	Schrägabstand (siehe Bild 3.12)
s	Zahl der erkennbaren Merkmale
s_α, s_x, s_y	Störbeschleunigungen
$s_{1,2}$, $s_{1,2}^*$	Wert der Schaltfunktion
$S_{1,2}$, $S_{1,2}^*$	Schaltkurven
t	Zeit
T	Abtastzeit (in dieser Arbeit 0.133 Sekunden); bei Vektoren hochgestellt: transponierter Vektor
u_α, u_x, u_y	durch Dreipunktregler berechnete Steuergrößen
v	Kantenverhältnis eines Rechtecks bei der Objekterkennung
v_r, v_t	radiale bzw. tangentiale Geschwindigkeit
v_x, v_y	Geschwindigkeiten im kartesischen Koordinatensystem in Richtung von X_g bzw. Y_g
x_F, z_F	Koordinaten des Kamerabrennpunktes bzgl. der Nickachse

x_K, z_K Koor. des Kameranickpunktes bzgl. des Fahrzeugschwerpunktes

y_i i-tes Element des Meßvektors $\mathbf{y}$

y_{co}, z_{co} Koordinaten der Bildmitte

y_{ci}, z_{ci} Bildkoordinaten des Szenenmerkmals P_i

z_α, z_r, z_t, z_x, z_y, z_θ Störgrößen

Vektoren

c_i i-te Zeile der Jacobimatrix $\mathbf{C}$

f Vektor von Funktionen, z.B. bei Differentialgleichungssystemen

g Vektor von Funktionen, z.B. bei Abbildungsgleichungen

$\mathbf{k}_c$ Vektor der Kamerakoordinaten

$\mathbf{k}_\psi$, $\mathbf{k}_r$, $\mathbf{k}_\nu$ (Kalman) Filter Vektoren

p Vektor von Parametern

P_i Koordinaten des Merkmals P_i

u Vektor der Steuergrößen

$\mathbf{v}$ Vektor der "Systemstörungen" (Modellierungsfehler, tatsächliche Störungen auf das Fahrzeug)

$\mathbf{w}$ Vektor der Meßfehler

x Vektor der Bewegungszustandsgrößen

x_R reduzierter Zustandsvektor (ohne Geschwindigkeiten und Beschleunigungen)

z Vektor der Störgrößen

Matrizen

B Eingangsmatrix des diskreten dynamischen Modells

C Meßmatrix = Jacobische Matrix = Ableitung der Meßgleichungen nach den Zustandsgrößen

C_j die zu y_{cj} und z_{cj} gehörenden zwei Zeilen der Jacobischen Matrix

D Diagonalmatrix der UDU^T Kovarianzmatrixzerlegung

F Systemmatrix des kontinuierlichen dynamischen Modells

G   Eingangsmatrix des kontinuierlichen dynamischen Modells

I   Einheitsmatrix

K   (Kalman) Filter Gewichtungsmatrix

L   Schätzfehlerdynamikmatrix

P   Kovarianzmatrix der Schätzfehler (bei UDU^T-Formulierung auch der Extrapolationsfehler)

P^* Kovarianzmatrix der Extrapolationsfehler

Φ Transitionsmatrix = Übergangsmatrix = Systemmatrix des diskreten dynamischen Modells

Q   Kovarianzmatrix der Systemstörungen $\mathbf{v}$

R   Kovarianzmatrix der Meßfehler $\mathbf{w}$

S   Skalierungsmatrix

U   Obere Einheits-Dreiecksmatrix (Diagonale = I)

Griechische Buchstaben

α Gierwinkel in einem ruhenden kartesischen Koordinatensystem; Faktor zur Merkmalselektion

β Öffnungswinkel der Projektion von Ecken

∂ z.B. in: $\frac{\partial y}{\partial x}$ partielle Ableitung von y nach x

δ kleine Abweichung wie z.B. $\delta y = y-y^*$

Δ größere Differenzen

ϵ Schranke zur Störungserkennung; Toleranzzone der Dreipunktregler

σ Standardabweichung

σ^2 Varianz

κ Motorverstärkung der Laufkatze

λ Wellenlänge; Eigenwerte einer Matrix

ν Aspektwinkel (siehe Bild 3.12)

ψ Gierwinkel (siehe Bild 3.12)

ω zeitliche Ableitung von α

ω_r zeitliche Ableitung von ν

τ Integrationsvariable; Motorzeitkonstante der Laufkatze

θ Kameranickwinkel

Indizes

$\hat{\ }$	z.B. $\hat{x}(k)$: Bestmöglicher Schätzwert zum Zeitpunkt t_k
$\ast$	z.B. $x^\ast(k)$: Zum Zeitpunkt t_{k-1} für t_k vorhergesagter Schätzwert
$\dot{\ }$	Ableitung eines Skalars oder eines Vektors nach der Zeit
$\ddot{\ }$	doppelte Ableitung eines Skalars nach der Zeit
$\ ^T$	hochgestelltes T bei Vektoren, z.B. k^T: Transponierter Vektor
k	z.B. $x(k)$: Zeitindex (Wert von x zum Zeitpunkt $t_k = kT$)
$\cdot k$	z.B. x_k; t_k: Zeitindex
$\cdot g$	z.B. X_g, Y_g, Z_g: Bezug auf geodätisches Koordinatensystem
$\cdot m$	z.B. y_m: Gelegentlich verwendet zur Kennzeichnung von verrauschten Meß- oder Pseudomeßgrößen im Unterschied zu echten Größen
$\cdot L$	z.B. x_L: Bezug auf Laufkatze (Position der Laufkatze)
$\cdot s$	z.B. x_s: Bezug auf Luftkissenfahrzeug (Position des Luftkissenfahrzeugs im geodätischen System)
$\cdot R$	z.B. x_R: Bezug zu reduziertem Zustandsvektor (ohne Geschwindigkeit und Beschleunigungen)
$\cdot N$	z.B. x_N: Normalisiert, d.h. mit S skaliert und mit $\sqrt{R}$ gewichtet
$\cdot B$	z.B. X_B, Y_B, Z_B: Bezug auf fahrzeugfestes Koordinatensystem

Abkürzungen

A/D	Analog/Digital Wandler
BVV	Bildverarbeitungssystem (BVV1: 8-bit Prozessoren, BVV2: 16-bit Prozessoren)
D/A	Digital/Analog Wandler
Pixel	Engl.: picture elements: Bildelemente des digitalisierten Videobildes
PP	Parallelprozessor des BVV
SP	Systemprozessor des BVV
VAX	32-bit Prozeßrechner der Fa. Digital Equipment Corp.

1 Einleitung

1.1 Einführung

Die visuelle Erfassung von Bewegungen und die Steuerung von Eigenbewegungen sind zwei in der heutigen Technik weitgehend separat behandelte und zu einem höchst unterschiedlichen Reifegrad entwickelte Aufgabenstellungen, die jedoch in der biologischen Evolution eng miteinander verknüpft sind. So besitzen nahezu alle höheren Lebewesen, die fähig sind, sich selbst kontrolliert und zielgerichtet zu bewegen, Sichtsysteme als eine wesentliche Informationsquelle zur Hindernis- und Bewegungsdetektion.
Anders als bei der bisherigen Entwicklung technischer Sichtsysteme - bei der ausgehend von der Verarbeitung statischer Einzelbilder erst seit kurzem begonnen wird, Bildfolgen zu untersuchen - scheint dabei im organischen Bereich die Fähigkeit zum "Bewegungssehen" evolutorisch älter zu sein als die Fähigkeit zum "piktorialen Sehen": die meisten Lebewesen, die sich zielgerichtet fortbewegen können, besitzen zwar die Fähigkeit zum Bewegungssehen, nicht aber die zum piktorialen Sehen. Auch beim Menschen ist nach Untersuchungen von [Yonas, 83] das Bewegungssehen früher ausgeprägt (ab einem Alter von ca. vier Monaten) als die Fähigkeit zum bildhaften Sehen (ab einem Alter von ca. sieben Monaten). Anscheinend ist also bildhaftes Sehen zur Erfassung und Steuerung von Bewegungen nicht notwendig.

Diese Vermutung wird durch Untersuchungsergebnisse auf dem Gebiet der Wahrnehmungspsychologie ("dynamic event perception") bestätigt. So zeigen die Arbeiten von Johannson ([Johannson, 73], [Johannson u.a., 80]), daß der Mensch auch dann noch in der Lage ist, selbst so komplexe Bewegungsvorgänge wie die einer gehenden Person richtig zu erfassen und zu interpretieren, wenn nur wenige Merkmale dieser Person erkennbar sind und verfolgt werden können: es genügt die Beobachtung weniger, an den Hauptgelenken von Personen angebrachter Lichtpunkte, um deren Bewegungen selbst in völliger Dunkelheit richtig zu erkennen.

Offensichtlich hat der Mensch in seiner "Wissensbasis" also sehr gute Modellvorstellungen über typische Bewegungsabläufe im dreidimensionalen Raum, die ihm auch dann noch die erfolgreiche Interpretation von Bildfolgen erlauben, wenn die Einzelbilder dieser Bildfolgen nur sehr wenig Information enthalten.

2

Diese Modellierung dynamischer Bewegungsvorgänge ist in der Mechanik seit
Newton (1642-1726) mathematisch in Form von Differentialgleichungen üb-
lich. Die bei der Modellierung komplexer Bewegungsvorgänge entstehenden
Differentialgleichungssysteme werden in der modernen Regelungstechnik und
Systemdynamik als "dynamisches Modell" der Bewegung bezeichnet und bilden
die Grundlage moderner Reglerauslegungen zur Bewegungssteuerung.

Dickmanns entwarf in [Dickmanns, 80] ein Konzept zur "Steuerung dynamischer Systeme durch Rechnersehen", das erstmals die dynamischen Modelle
der modernen Regelsystemtheorie auch zur Erfassung von Bewegungen aus den
Bildfolgen einer Videokamera benutzt. Hierzu wurde in Zusammenarbeit mit
dem Nachbar-Institut für Meßtechnik (Prof. Graefe) ein spezielles Bildverarbeitungssystem entwickelt, das analog zu den Experimenten von Johannson
die Verfolgung bewegter Einzelmerkmale in den Bildfolgen einer Videokamera
gestattet ([Haas, 82]). Damit konnte in [Meissner, 82] ein erster Funk-
tions- und Realisierbarkeitsnachweis erbracht werden: es gelang, einen auf
einem Elektrowagen einachsig gelagerten Stab durch alleinige Verwendung
der Information einer Videokamera über einen Prozeßrechner automatisch zu
stabilisieren.
In der vorliegenden Arbeit wird dieser Ansatz erstmals für Bewegungen in
einer Ebene konsequent formuliert sowie in wesentlichen Aspekten erweitert
und verallgemeinert. Durch eine integrale Verwendung dynamischer Modelle
zur Beschreibung von Bewegungen im 3D-Raum und geometrischer 3D-Modelle
zur Beschreibung der Szene und der in ihr vorhandenen Objekte gelingt der
Aufbau einer rechnerinternen 4D-Modellvorstellung. Über die bekannten Gesetze der Perspektivprojektion wird aus dieser Modellwelt laufend eine
Projektion auf die Bildebene der Kamera konstruiert und dort mit dem von
der Kamera zuletzt aufgenommenen Videobild verglichen. Die beobachteten
Differenzen werden direkt zur Korrektur des Raum/Zeit-Modells benutzt,
womit das sog. "Inversionsproblem", das entsteht, wenn von den 2D-Abbil-
dungen auf die 3D-Bewegungen geschlossen werden muß, elegant umgangen
wird. Auch müssen die Objekte der Szene prinzipiell weder besonders ge-
formt sein noch spezielle Markierungen aufweisen, um die Relativbewegung
zwischen ihnen und der Kamera schätzen zu können. Allerdings ändern sich
bei Bewegungen in einer 3D-Welt ständig die Ansichten und somit auch die
verfolgbaren Merkmale der interessierenden Objekte. Deshalb sorgt ein in
dieser Arbeit erstmals entwickeltes Verfahren zur Merkmalselektion ständig

für die Auswahl derjenigen Szenenmerkmale zur Verfolgung durch das Bildverarbeitungssystem, die sich unter allen erkennbaren Merkmalen am besten
für eine Schätzung der Relativbewegung eignen. Auch werden Störungen im
Bild, z.B. durch Beleuchtungsänderungen oder teilweise Verdeckungen der
gerade verfolgten Objekte nicht nur zugelassen, sondern erkannt und verkraftet; die Merkmalselektion sorgt in diesen Fällen für die Auswahl anderer Merkmale, so wie z.B. der Fahrer eines Kraftfahrzeuges nachts bei re-
gennasser Fahrbahn und blendendem Gegenverkehr versucht, sich an den Sei-
tenleitpfosten zu orientieren, wenn die Straßenränder nicht mehr zu erkennen sind.

Das Verfahren wurde nicht nur theoretisch hergeleitet und in der Simulation verifiziert, sondern vor allem durch die automatische Steuerung eines
besonderen Versuchsfahrzeugs erprobt: einem sehenden Luftkissenfahrzeug
mit drei echten Bewegungsfreiheitsgraden. Im Gegensatz zu den üblichen
Rad-Fahrzeugen und Flächenflugzeugen kann dieses Fahrzeug, auf einem Luftkissen schwebend, auch echte Seitwärtsbewegungen sowie gleichzeitig Gierbewegungen um die Hochachse ausführen. Dies wirft nicht nur regelungstechnische, sondern auch interessante wahrnehmungspsychologische Fragen auf:
können z.B. kleine Seitwärtsbewegungen rein optisch (ohne einen Vestibu-
larapparat) von kleinen Gierbewegungen unterschieden werden?

Das Fahrzeug hat eine Aufgabe, die unter anderem diese Frage zu untersuchen gestattet: es soll in einer technischen Umgebung, die aus mehreren
bekannten Objekten (unbekannter Position und Orientierung) besteht, navigieren. Es verfolgt dabei das Ziel, mit einem dieser Objekte ein Rendez-
vous- und Docking-Manöver zu absolvieren, wobei es dieses "Partnerobjekt"
zunächst unter ähnlichen Objekten suchen und erkennen muß. Nach einer Annäherung fährt es seitwärts um das Partnerobjekt herum, um an die Andockstelle zu gelangen; dabei ändert sich ständig die Ansicht dieses Objektes,
was eine auch auf Störungen flexibel reagierende Auswahl der zu verfolgenden Merkmale erfordert. Ein sanfter Andockvorgang demonstriert die Genauigkeit der Schätzung der Relativbewegung.

Der gesamte Algorithmus läuft mit 5 Intel 8085 (8-bit) Prozessoren für die
Bildverarbeitung und einer VAX 750 als Hauptrechner mit einer Zykluszeit
von 0.13 Sekunden, d.h. jedes achte Bild einer 60 Hz Bildfolge wird verarbeitet.

Der in dieser Arbeit entwickelte Ansatz ist einerseits für Aufgaben der
Bewegungssteuerung durch Rechnersehen interessant, wie sie z.B. bei der

Automatisierung zukünftiger Transportsysteme zu Wasser, Land und Luft,
oder in der Unterwassertechnik und Weltraumrobotik auftreten werden. Mobile, sehende Roboter werden (nicht nur) in der Fabrik der Zukunft flexibel
und situationsgerecht agieren und den Menschen von eintönigen Aufgaben
entlasten. Andererseits kann der Ansatz aber auch frei von Steuerungsaufgaben zur Erkennung, Verfolgung und Schätzung der Bewegung von Objekten
verwendet werden; so könnten zusätzliche, nie ermüdende technische Augen
bei den Autos von übermorgen Unfälle vermeiden helfen - dies wird u.a. in
dem europaweiten Forschungsprojekt PROMETHEUS erörtert, an dem KFZ-Hersteller und Hochschulinstitute beteiligt sind.
Im folgenden Abschnitt soll kurz auf die weltweiten Aktivitäten auf dem
Sektor der Bildverarbeitung eingegangen werden, soweit diese die eben erwähnten Aufgaben und Anwendungsgebiete tangieren. Dabei werden auch die
anderen an der Universität der Bundeswehr bisher behandelten Aufgaben der
Bewegungssteuerung durch Rechnersehen angesprochen (Straßenfahrzeug,
Landeanflug). Abschließend wird der Aufbau der Arbeit kurz skizziert.

1.2 Ansätze zur Erfassung und Steuerung von Bewegungen durch sehende Rechner: Stand der Technik

Das Gebiet der digitalen Bildverarbeitung begann sich vor ca. 25 Jahren
als ein Teilgebiet der Mustererkennung zu formen. Dabei interessierte vor
allem die Verarbeitung statischer Einzelbilder, z.B. in der Erderkundung
oder in der Schrifterkennung. Aufbauend auf den ersten Ansätzen zur Verarbeitung dieser 2D-Szenen begann man schon recht früh mit ersten Versuchen
zur 3D-Objekterkennung und -relativlagebestimmung aus Strichzeichnungen
([Roberts, 65]). Dieses Gebiet ist auch noch heute Gegenstand intensiver
Untersuchungen; es ist geprägt durch den Versuch, Objekte aus statischen
Einzelbildern zu erkennen, wobei sich die verschiedenen Verfahren vor allem durch unterschiedliche Repräsentationsformen für Objekte unterscheiden
(Drahtmodelle, "Blocks-World", flächenorientierte oder volumenorientierte
Beschreibungen). Hier soll die Objekterkennung aus statischen Bildern aber
nur am Rande interessieren; Hinweise auf Übersichten und spezielle Verfahren sind in Abschnitt 3.6.2 zu finden.
Die Ansätze zur Erfassung von 3D-Bewegungen aus Bildfolgen beruhen nahezu
ausschießlich auf Verfahren, die versuchen, aus den in den Bildfolgen erkannten 2D-Verschiebungen durch Inversion die verursachende Bewegung im

3D-Raum zu ermitteln. Diese Verfahren werden im nächsten Abschnitt diskutiert. Dagegen sind nur wenige Arbeiten bekannt, die ein ähnliches Konzept
zur Erfassung von Bewegungen entwickeln, wie der in dieser Arbeit vorgestellte Ansatz; diese werden im zweiten Abschnitt besprochen. Anschlies-
send werden die zur Steuerung von Bewegungen durch sehende Rechner bislang
vorgestellten, bekanntesten Systeme erwähnt, bevor kurz auf die Arbeiten
an der Universität der Bundeswehr in München (Prof. Dickmanns) eingegangen
wird.

1.2.1 Erfassung von Bewegungen durch Verarbeitung weniger Einzelbilder: differenzierende Verfahren

Ansätze zur Relativlagebestimmung aus statischen Einzelbildern bestimmen
den Großteil dieser Verfahren zur Erfassung von Bewegungen aus Bildfolgen.
Da aber die Relativlage, insbesondere der Abstand, bei Beobachtung eines
unbekannten Objektes nicht aus einem einzelnen Bild bestimmt werden kann,
werden hier verschiedene Verfahren unterschieden.

Eine Gruppe von Verfahren basiert auf der Stereobildauswertung, wobei die
Bestimmung der Entfernung zu unbekannten Objekten durch Triangulation ermöglicht wird, siehe z.B. [Yakimovski u. Cunningham, 78], [Neumann, 81],
[Huang u.a., 86], [Matthies u. Shafer, 86]. Neben der zu verarbeitenden
doppelten Datenmenge taucht hierbei besonders das sog. Korrespondenzpro-
blem auf, mit dem man sich viel beschäftigt hat (s. z.B. [Ullman, 79],
[Aggarwal u.a., 81], [Gennery, 81]). Dagegen scheint in der Natur das Stereosehen außer im engen Nahbereich nur eine untergeordnete Bedeutung er-
langt zu haben. So scheinen viele Vögel, fliegende Insekten oder z.B. die
Bienen eine ausgezeichnete räumliche Wahrnehmung zu haben (Schwebeflug vor
einer im Wind bewegten Blüte!), obwohl z.B. letztere aufgrund ihrer Augen-
anordnung die Fähigkeit zum Stereosehen gar nicht besitzen können. Gibson
bezeichnet daher die Fähigkeit der Primaten zur Fokussierung beider Augen
als eine "Luxuserscheinung der Wahrnehmung" [Gibson, 73, p.225], die durch
Bewegungsparallaxe leicht ersetzt werden kann.

Monokulares Sehen ist zur Erfassung von Bewegungen völlig ausreichend;
"Bewegungsstereo" heißt damit das Schlagwort für manche Autoren zur Gewin-
nung von Tiefeninformation aus monokularen Bildfolgen ([Nevatia, 76],
[O'Brien u. Jain, 84]).

Zur vollständigen Erfassung der Relativlage zu einem Objekt aus Einzelbildern muß dieses Objekt in seinen Abmessungen bekannt sein, worauf eine zweite Gruppe von Verfahren beruht. Wegen der bei Perspektivabbildungen auftretenden nichtlinearen Abbildungsgleichungen kann dabei die Relativlage analytisch nur aus der Abbildung spezieller Formen und Markierungen einfach berechnet werden, weshalb einerseits lebhafter Gebrauch von speziellen Markierungen gemacht wird ([Fukui, 81], [Courtney u.a., 84]) und/oder andererseits die Problemstellung durch die Annahme einer (nur näherungsweise bei großen Entfernungen gültigen) Parallelprojektion vereinfacht wird ([Tietz u. Kelly, 82]); letzteres wird auch vielfach bei der Werkstückerkennung angewandt, z.B. in [Walter u. Tropf, 83]. Auch wird Gebrauch von zusätzlichen Entfernungsmessungen gemacht, z.B. über Laser in [Faugeras u.a., 84a] oder über Sonar in [Hallam, 83].
Werden diese Vereinfachungen nicht benutzt, so müssen die nichtlinearen Abbildungsgleichungen nach den unbekannten Relativlageparametern aufgelöst werden. Zu diesem sogenannten Inversionsproblem wurden eine Vielzahl von Arbeiten veröffentlicht, die z.T. eine analytische Lösung zur Bestimmung der Relativbewegung aus zwei oder mehr Bildern einer Bildfolge suchen, wie z.B. [Ullman, 79] oder [Nagel, 81]; [Nagel, 83a] gibt (nicht nur) hierüber eine gute Übersicht. Wegen der Komplexität der entstehenden Gleichungssysteme werden aber vorwiegend näherungsweise, iterative numerische Verfahren zur "Inversion der Abbildungsgleichungen" untersucht, so z.B. in [Fang u. Huang, 84] oder [Ganapathy, 84], wobei bemerkt wird, daß diese Inversion aufgrund schlecht konditionierter Abbildungsgleichungen bei verrauschten Bilddaten fehlerträchtig sein kann; [Yasumoto u. Medioni, 85] schlagen deshalb z.B. eine sog. Regularisierung vor.
Neben numerischen Problemen sind all diese Bemühungen vor allem auch durch einen hohen mathematischen Aufwand gekennzeichnet, weshalb meist nur jedes x-te Bild einer Bildfolge ausgewertet werden kann. Dadurch entstehen (künstlich) die schon erwähnten Korrespondenzprobleme, die in kontinuierlichen dynamischen Szenen zunächst gar nicht vorhanden sind.

Eine weitere Klasse von Verfahren versucht daher Bewegung direkt aus zwei aufeinanderfolgenden Bildern zu extrahieren. Diese Ansätze gehen auf die Geschwindigkeitsvektorfelder von [Gibson, 50] zurück, die auch als Verschiebungsvektorfelder oder optischer Fluß bezeichnet werden (siehe z.B. [Horn u. Schunk, 81], [Bruss u. Horn, 83], [Ballard u. Kimball, 83],

[Lawton, 83], [Nagel, 83b], [Rieger u. Lawton, 85], [Enkelmann, 85]). Problematisch sind hierbei die zur Bestimmung dieser Verschiebungsvektorfelder aus den verrauschten Bilddaten notwendigen differenzierenden Operationen; deshalb werden entweder Glattheitsforderungen über größere Bildbereiche aufgestellt oder nur Einzelverschiebungen gut erkennbarer Merkmale zur Schätzung des optischen Flusses benutzt. Aus den im 2D-Bild bestimmten Geschwindigkeitsvektorfeldern muß dann aber noch auf die Bewegung im 3D-Raum geschlossen werden, was wieder die gesamte Problematik der schlecht konditionierten Inversion der Abbildungsgleichungen aufwirft.

Die Schätzung der Relativbewegung ist dabei umso besser, je mehr Messungen vorhanden sind. Diese Messungen stammen bei den in diesem Abschnitt geschilderten Verfahren aus wenigen Bildern, d.h. pro Bild(-paar) müssen relativ viele Merkmalkoordinaten (bzw. Geschwindigkeitsvektoren) bestimmt werden; meist müssen hierzu mehrere Bilder einer Bildfolge gleichzeitig zugänglich sein, was nicht nur Speicherplatz benötigt, sondern auch entsprechende Totzeiteffekte bewirkt.

1.2.2 Rekursive Schätzung der Bewegung aus Bildfolgen unbegrenzter Dauer: integrierende Verfahren

Erfolgt die Schätzung dagegen rekursiv fortlaufend mit den Bildfolgen über eine unbegrenzte Dauer, so genügt die Messung der Koordinaten weniger Merkmale im jeweils aktuellen, letzten Bild; die Merkmalextraktion muß dazu allerdings entsprechend schnell sein, was aber durch den aufgrund der Kontinuitätsbedingungen in schnellen Bildfolgen erheblich eingeschränkten Suchraum begünstigt wird. Wird zudem die Bewegung direkt im 3D-Raum durch dynamische Modellvorstellungen beschrieben, so muß die aus den Bildfolgen zu extrahierende Information nur noch zur Korrektur dieser Modellvorstellungen benutzt werden, mit einer die Verrauschung der Bilddaten filternden Gewichtung zwischen den Beiträgen der Modellvorstellung und den Beiträgen der Meßwerte. Die Filterung stellt dabei eine glättende, integrierende Operation dar.

Diese Grundidee wird seit [Dickmanns, 80] an der Universität der Bundeswehr in München verfolgt und an praktischen Aufgaben der Bewegungssteuerung durch Rechnersehen erprobt. Vergleichbare Arbeiten sind dem Autor aus der Literatur nicht bekannt; allerdings sind zwei Stellen bekannt geworden, an denen Aufgaben der passiven Objektverfolgung über ähnliche Ansätze

zur Erfassung von Bewegungen aus Bildfolgen angewendet wurden. So wurde in
[Saund u.a., 81] ein Verfahren zur Verfolgung bekannter 2D-Objekte, und in
[Gennery, 82] ein Verfahren zur Verfolgung bekannter 3D-Objekte in den
Stereobildfolgen eines stationären Kamerapaares vorgestellt, das ein dynamisches Modell zur Beschreibung der Objektbewegung benutzt. Aufgrund der
hohen Zahl der aus den Bildern extrahierten Randlinienelemente (ca. 100),
die durch Geraden stückweise approximiert und somit geglättet werden,
stellt die Inversion der linearisierten Abbildungsgleichungen allerdings
bei Gennery kein Problem dar und eine Filterung kann praktisch entfallen.
Dagegen benutzen [Broida u. Chellappa, 86a; 86b], die Gennery's Arbeiten
nicht erwähnen, Kalman Filter zur Rückkopplung der Differenz zwischen vorhergesagten und gemessenen Bildkoordinaten. Auch sie beschäftigen sich mit
der Verfolgung bewegter Objekte in den Bildern einer ruhenden Kamera mit
errechneten und künstlich verrauschten Bilddaten, offensichtlich aber
lediglich in der Simulation.

Dagegen arbeitet am Robotics Institute der CMU in Pittsburgh (USA) zwar
eine Gruppe unter der Leitung von Moravec mit einer guten Kenntnis der Re-
gelungs- und Kalman Filter-Technik an der Steuerung von Robotern und Fahrzeugen über visuelle Information, benutzt diese Technik aber nicht konsequent zur Interpretation der Bildfolgen. Bei der Roboter-Anwendung beobachtet eine am Roboterarm befestigte Kamera ein auf einem Fließband
langsam bewegtes Teil, das dieser Arm greifen soll. Zunächst wurde in
[Hunt u. Sanderson, 82] sowie [Sanderson u. Weiss, 82] ein "look and
move"-Verfahren vorgestellt, bei dem die Relativlage zwischen Kamera und
Objekt aus Einzelbildern berechnet wird; über einen vom Kalman Filter
ableitbaren Einschritt-Prädiktor wird dann aus dieser und den letzten
Relativlagen die Lage des Objektes vorhergesagt, während der Roboterarm
das Objekt zunächst verfolgt und schließlich zugreift. Darauf aufbauend
wurde in [Weiss, 84] und [Weiss u.a., 85] das regelungstechnische Problem
so umformuliert, daß die Interpretation der Bilder entfällt und die
Steuerung des Roboters direkt aus der Differenz zwischen gesehenem Bild
und (vorher eingegebenem) "Sollbild" abgeleitet wird. Dies ist zwar ein
für die Bewegungssteuerung durch Rechnersehen interessanter Ansatz, der
modernen Verfahren der "Beobachterregler" entspricht (siehe z.B.
[Dickmanns, 85]), der aber den in vielen Anwendungen interessierenden
"Bewegungszustand" der Relativbewegung nicht explizit zugänglich macht.
Bei einer weiteren Arbeit an der CMU, [Matthies u. Shafer, 86], wird ein
Kalman Filter lediglich zur Modellierung der Fehler benutzt, die durch

Triangulation bei Relativlageberechnungen aus Stereokameras auftreten,
obwohl hier sowohl [Gennery, 82] als auch [Broida u. Chellappa, 86a]
bekannt sind und zitiert werden.

Auch [Rives u.a., 86] nutzen das Potential einer rekursiven Bilddatenfilterung über Kalman Filter-Verfahren nicht in letzter Konsequenz. Sie stellen ein (bislang lediglich in der Simulation erprobtes) Verfahren vor, das
zur Bestimmung von Entfernungen zu unbekannten Objekten aus Geschwindigkeitsvektorfeldern dient. Dabei ist die Bewegung der Kamera bekannt und
wird auf Translationen beschränkt. Anstatt die gemessenen (d.h. simulierten) Geschwindigkeitsvektorfelder mit geschätzten zu vergleichen und die
Differenzen über Kalman Filter weiterzuverarbeiten, berechnen sie zunächst
die 3D-Entfernungen aus den gemessenen 2D-Geschwindigkeitsvektoren und
filtern diese rekursiv über mehrere Bilder. Über ein Optimierungsverfahren
wird dann versucht, die Bewegung der Kamera so zu steuern, daß das Inversionsproblem der Bestimmung der "depth map from optical flow" möglichst
gut konditioniert wird.

1.2.3 Steuerung von Bewegungen mobiler Roboter und von Fahrzeugen durch visuelle Information

Bei den bekannten Arbeiten zur Bewegungssteuerung durch visuelle Information außerhalb der Universität der Bundeswehr München werden dynamische
Modelle für den Prozeß der Erfassung der Bewegung bislang nicht verwendet;
vielmehr wird der Meßprozeß weitgehend separat von der regelungstechnischen Aufgabe der Bewegungssteuerung behandelt.

Kennzeichnend für die in den USA bis heute verfolgten Ansätze sind die Arbeiten von Moravec am "Stanford Cart" [Moravec, 80; 83]. Dabei wurde aus
den Bildern einer auf dem Fahrzeug lateral bewegbaren Kamera ("slider stereo") bei ruhendem Fahrzeug der Abstand zu Hindernissen bestimmt, worauf
ein Pfad an diesen Hindernissen vorbei geplant werden konnte. Nach dieser
(damals ca. 15 Minuten dauernden) Analyse wurde das Fahrzeug ca. einen Meter "blind" gesteuert, worauf die Analyse von neuem begann. Der Ende der
siebziger Jahre am JPL als autonomes Mars-Fahrzeug konzipierte JPL-Rover
verwendet statt des lateralen Bewegungsstereo zwei Kameras sowie eine La-
ser-Entfernungsmeßanlage zur Erfassung von Hindernissen [Thompson, 77],
[Griffin u.a., 78], [Cameron u.a., 86], bewegt sich aber auch nur im "look
or move" Modus. In der Folge wurden weltweit eine Vielzahl mobiler Robo-

terfahrzeuge entwickelt, die meist neben einem optischen Sensor noch andere Sensoren, hauptsächlich zur Entfernungsmessung, besaßen; über diese Systeme sind Übersichten z.B. in [Giralt, 84], [CMU, 86], [SPIE, 86] zu finden.

Erwähnenswert sind hierunter zunächst die von Moravec nach dessen Wechsel zum Robotics Institute der Carnegie Mellon University initiierten Arbeiten. Der CMU-Rover [Moravec, 83] sollte durch ein neuartiges Antriebskonzept volle drei Bewegungsfreiheitsgrade erhalten, im Gegensatz zu den üblichen Fahrzeugen, die sich nur entlang einer gekrümmten Bahn bewegen können. Dies sollte es gestatten, neue Aspekte der Bewegungssteuerung durch Rechnersehen zu untersuchen; die regelungstechnischen Probleme der zur Steuerung der drei Bewegungsfreiheitsgrade vorgesehenen sechs Motoren konnten allerdings bis heute nicht bewältigt werden, so daß das in dieser Arbeit vorgestellte Luftkissenfahrzeug nach Kenntnis des Autors das erste <u>durch Rechnersehen</u> in vollen drei Bewegungsfreiheitsgraden gesteuerte Fahrzeug ist. (Es befinden sich allerdings an mehreren Stellen Fahrzeuge, z.B. mit speziellen Rädern der schwedischen Fa. MECANUM in Entwicklung, die eine ähnliche Mobilität aufweisen, z.B. Uranus [CMU, 86], oder das in Karlsruhe (Prof. Rembold) propagierte CPV [VDI 15, 87]; dagegen sind andere radgetriebene Fahrzeuge, wie z.B. die der Fa. Denning [Kadanoff u.a., 86] oder die üblichen fahrerlosen Transportsysteme zwar in zwei translatorischen Freiheitsgraden steuerbar, können aber nicht gleichzeitig frei rotieren; auch auf dem Unterwasserfahrzeug-Sektor sind dem Autor keine durch Rechnersehen autonom gesteuerten Fahrzeuge bekannt.)

Dagegen wurden mit dem dreirädrigen "Neptune" und dem sechsrädrigen "Terregator" an der CMU erste Ergebnisse zur autonomen Straßenfahrt erzielt [Wallace u.a., 85; 86], wobei konstante Bewegungen mit Geschwindigkeiten im Bereich von ca. 10 cm/s berichtet werden; bei den darauf aufbauenden, von der DARPA im Rahmen des "Strategic Computing Program" geförderten Arbeiten am ALVan (auch NavLab genannt) war der Autor bei einem Besuch selbst Zeuge mehrerer autonomer Fahrten mit Geschwindigkeiten von ca. 1 km/h. Hierbei werden die Straßenränder in den Aufnahmen einer Farbfernsehkamera statisch durch Farbsegmentation gefunden; daraus wird die Position des Fahrzeugs durch "Inversion" gewonnen, wobei die Bildverarbeitung im 10 Sekunden-Takt erfolgt. Während dieser Zeit wird das Fahrzeug blind auf einer Kreisbahn einer errechneten Sollposition in Fahrbahnmitte zugesteuert. Ein zusätzlich vorhandener Laser-Entfernungsmesser dient der Hinderniserkennung. Ein sehr ähnliches Konzept wird zur Steuerung des "ALV" bei Martin Marietta in Denver, Col. (USA) verwendet, das inzwischen Testläufe mit 20 km/h entlang von Straßen absolviert hat; hier leistet die materiell und personell sehr gut ausgestattete University of Maryland auf dem Bildverarbeitungssektor Zuarbeit (s. [Waxman u.a., 85], [Turk u.a., 87]). Auch hier wird der Straßenverlauf aus Einzelbildern rückgerechnet [DeMenthon, 87], eine dynamische Modellierung der Bewegung erfolgt nicht. Weitere Details zu diesen und anderen, durch Rechnersehen gesteuerten Fahrzeugen können den Proceedings der entsprechenden Tagungen entnommen werden. z.B: [SPIE, 86], [Robotics, 87] u.a., oder z.B. Übersichten wie [Dickmanns, 87], [VDI 36, 86], [VDI 3, 87].

Dagegen wurde bei den Arbeiten zur Fahrzeugsteuerung durch Rechnersehen an der Universität der Bundeswehr München die Fahrzeugdynamik von Anfang an zur Deutung der Bildfolgen benutzt. Aufbauend auf ersten Untersuchungen in [Meissner, 82] brachte Zapp hierzu einen leistungsfähigen Simulationskreis zum Einsatz, mit dem die Steuerung eines (simulierten) Fahrzeugs auf einer simulierten, achtförmigen Strecke gelang. Hierbei erfaßt die im Fahrzeug befindliche Kamera den von einem kalligraphischen Sichtsystem (wie sie im CAD-Bereich verwendet werden) perspektivisch richtig dargestellten Fahrbahnverlauf; einzelne Randelemente der Fahrbahnbegrenzungen werden durch das Bildverarbeitungssystem erkannt und von einem übergeordneten Hauptrechner anhand dynamischer Modellvorstellungen der Fahrzeugbewegung richtig gedeutet ([Zapp, 85]). Dies liefert neben der Position und Ausrichtung des Fahrzeugs relativ zur Fahrspur auch dynamische Zustandsgrößen wie den direkt nicht meßbaren Schwimmwinkel. Durch Verwendung von Straßenmodellen (Klotoiden), die über die Fahrgeschwindigkeit des Fahrzeugs in dynamische Modelle zur Erkennung der Fahrbahnkrümmung im Vorausschaubereich transformiert werden können, gelang die rekursive Bestimmung der Fahrbahnparameter in einem einheitlichen Ansatz [Dickmanns u. Zapp, 86]. Diese Untersuchungen werden z. Zt. mit einem speziell hierzu umgerüsteten Kleinlastwagen auf echten (aber für andere Verkehrsteilnehmer gesperrten), kreuzungsfreien Straßen weitergeführt, wobei schon autonome Fahrten mit Geschwindigkeiten bis zu 45 km/h gelangen ([Dickmanns u. Zapp, 87]). Mit dem gleichen Simulationskreis untersuchte Eberl automatische Landeanflüge durch Rechnersehen ([Eberl, 87]), womit nach der Erfassung eindimensionaler Bewegungen mit einer externen, ruhenden Kamera (Stab/Wagen-System) nun sowohl die Erfassung von ebenen Bewegungen entlang einer Fahrbahn als auch die Erfassung von dreidimensionalen Bewegungen entlang einer Raumkurve über eine mitbewegte Kamera zum Zweck der Bewegungssteuerung gelang.

1.3 Aufbau der Arbeit

Die erwähnten, an der Universität der Bundeswehr München durchgeführten Arbeiten zur Steuerung eines Stab/Wagen-Systems, eines Straßenfahrzeugs und eines Flugzeugs im Landeanflug durch Rechnersehen unterscheiden sich im wesentlichen durch die Komplexität der zu erkennenden und zu steuernden Bewegungen und damit durch die Komplexität des diese Bewegungen beschreibenden dynamischen Modells. Dagegen hat sich der Unterschied zwischen den einfachen, mit einem kalligraphischen System simulierten Szenen einerseits und realen Szenen andererseits als zunächst wenig signifikant erwiesen, solange letztere klar strukturiert sind und von Störeinflüssen frei gehalten werden können: so demonstrierte Eberl die Funktionsfähigkeit des reinen Meßprozesses zur Erfassung der Landebahn anhand der Auswertung realer, auf Videofilm gespeicherter Anflugszenen [Eberl, 87]; auch Zapp konnte mit den für die simulierte Straßenfahrt entwickelten Randlinienverfolger-Algorithmen von [Kuhnert u. Graefe, 85] erste Fahrversuche mit einem realen Fahrzeug auf hindernis- und kreuzungsfreien Teststrecken absolvieren [Dickmanns u. Zapp, 87]. Gemeinsam ist diesen drei Beispielen das relativ einfache, ebene Modell der Szene, gekoppelt mit klar definierten Bereichen, in denen die relevante Bewegung in den Abbildungen erkennbar wird. Auch werden sowohl bei der Fahrzeugsteuerung als auch bei der Flugzeugsteuerung die gemessenen Bilddaten nur indirekt weiterverarbeitet: zunächst werden z.B. aus der i.a. trapezförmigen Abbildung der Landebahn sog. Pseudomeßgrößen berechnet, was aber nur möglich ist, wenn alle dazu benötigten Merkmale im Bild störungsfrei gemessen werden können. Welche Merkmale in den Bildfolgen verfolgt werden müssen, ist vorher bekannt und in den Programmen festgelegt.

Diese Einschränkungen gelten bei der vorliegenden Arbeit nicht. Es wird nicht nur die Dynamik aller auftretenden Bewegungen direkt im 3D-Raum modelliert, sondern auch die Szene selbst. Dadurch werden auch Aufgaben lösbar, bei denen nicht nur eine 2D-Szene von außen betrachtet wird, sondern bei denen sich ein Fahrzeug oder mobiler Roboter in einer 3D-Welt bewegt und/oder bewegte Objekte in einer 3D-Welt beobachtet: Objekte ändern laufend ihre Ansichten; Objektmerkmale, die gerade noch erkennbar waren, verschwinden, und an anderer Stelle tauchen bislang nicht erkennbare Merkmale auf. Auch können Störobjekte nicht vorhersehbare Verdeckungen verursachen, oder andere Störungen wie auch Beleuchtungsverhältnisse lassen die Erkennung fest erwarteter Szenenmerkmale nicht zu.

Dieser Ansatz wird in Kapitel 2 der Arbeit dargestellt. Dabei wird bewußt eine relativ anschauliche, Implementationsdetails vermeidende Darstellung gewählt, die nicht nur die Allgemeinheit des Verfahrens veranschaulichen, sondern auch das Konzept der dynamischen Bewegungsmodelle und der rekursiven Bilddatenfilterung dem regelungstechnisch weniger versierten Leser verständlich machen soll. Denn während sich diese Arbeit mit den elementaren Bildverarbeitungsoperationen zur Merkmalselektion nur am Rande beschäftigt und damit für Regelungstechniker relativ leicht verständlich ist, dürfte der systemdynamische Hintergrund für den Hauptanwenderkreis ein ungewohntes Feld darstellen. Daher wird auf diese Aspekte etwas ausführlicher eingegangen.

Kapitel 3 erfüllt die Zwitterfunktion, die eine konkrete Anwendung eines allgemeinen Verfahrens immer mit sich bringt: zum einen müssen Details erwähnt werden, die für das generelle Verständnis des Verfahrens nicht notwendig sind, andererseits bringt aber die Lösung des konkreten Problems auch Erkenntnisse, die in einer theoretischen Abhandlung kaum deutlich gemacht werden können. So wird nach der konkreten Aufgabenstellung (Abschnitt 3.1) in Abschnitt 3.2 auf die Luftkissenfahrzeug-Versuchsanlage mit allen wesentlichen, zum Betrieb erforderlichen Teilsystemen eingegangen, nicht nur, weil diese Anlage vom Autor während seiner Tätigkeit in wesentlichen Teilen aufgebaut und in Betrieb genommen wurde, sondern auch, um den Unterschied zwischen Theorie und Praxis anklingen zu lassen. Dieser Abschnitt kann vom methodenorientierten Leser übersprungen werden; der mit dem Konzept des dynamischen Modells weniger vertraute Leser sollte aber vielleicht zur Abrundung von Abschnitt 3.5.1 nachträglich Abschnitt 3.2.3 lesen.

Abschnitt 3.3, der Missionsablauf, sollte im weiteren bekannt sein, während Abschnitt 3.4 beim ersten Durchlesen übergangen werden kann: er enthält ein kurze Beschreibung der dem Regelungstechniker wohl weniger bekannten in dieser Arbeit verwendeten Verfahren der Merkmalextraktion sowie die explizite Modellierung der dabei entstehenden Meßfehler. Dies ist für

die Bildverarbeitung von Interesse, da es die Beurteilung und Verwertung
von Meßdaten im Gesamtansatz beeinflußt.

Abschnitt 3.5 ist der inhaltliche Schwerpunkt und der eigentliche Hauptteil der Arbeit. Dieser Abschnitt ist nur am Rande mit dem speziellen
Problem behaftet; er ist die Vertiefung und Detaillierung des in Kapitel 2
übersichtsmäßig dargestellten Verfahrens zur Echtzeit-Erfassung von Bewegungen durch Rechnersehen. Der Abschnitt zur Bewegungssteuerung (3.5.7)
kann dagegen getrost übersprungen werden, falls an der regelungstechnischen Seite kein Interesse besteht.

Abschnitt 3.6 behandelt die zur Initialisierung der in der Echtzeit-Bewegungsphase verwendeten Algorithmen notwendige Objekterkennung. Nur um das
Problem der Objekterkennung zu vereinfachen, wird die erlaubte Form der
untersuchten Objekte eingeschränkt. Von allgemeinerem Interesse, da auf
andere Verfahren zur Objekterkennung übertragbar, sind die Abschnitte zur
Nachiteration der ersten Relativlageschätzung und zur Verifikation der ersten Erkennungshypothese. Da während der Initialisierungs- und Orientierungsphase verschiedentlich Algorithmen verwendet werden, die in der Echtzeitphase in einer allgemeineren Form benötigt werden, wird die Orientierungsphase nach der Echtzeitphase behandelt, obwohl sie natürlich vorher
abläuft.

Abschnitt 3.7 zeigt schließlich einige Resultate, soweit dies nicht schon
in den Abschnitten 3.5 und 3.6 direkt erfolgte.

Der Anhang enthält einige Tabellen, Herleitungen von Gleichungssystemen,
sowie Flußdiagramme des in FORTRAN 77 geschriebenen Programmpaketes zur
Bewegungssteuerung durch Rechnersehen in Echtzeit. Mit diesem Programmpaket wurden die Ergebnisse aus Kapitel 3 erzielt.

2 Der systemdynamische Ansatz zur Erfassung und Steuerung von Bewegungen durch Rechnersehen

Die meisten Menschen empfinden das Betrachten eines Films als weitaus angenehmer als das Betrachten einer Diaschau. So banal diese Feststellung zunächst klingt, so interessant ist sie vom technischen Standpunkt. Bedeutet das doch, daß die Auswertung und Interpretation kontinuierlicher Bildfolgen anscheinend weniger Verarbeitungsleistung vom visuellen System des Menschen verlangt als die Interpretation statischer Einzelbilder, obwohl erstere um zwei bis drei Größenordnungen mehr Bilder pro Zeiteinheit enthalten als letztere. Die Auswertung kontinuierlicher Bildfolgen scheint demnach etwas anderes zu sein als eine sehr schnelle Auswertung von Einzelbildern.

Offensichtlich gibt es für den Menschen beim Betrachten einer neuen Szene eine Orientierungsphase, in der zunächst das gesamte Bild analysiert werden muß, und die deshalb einen relativ hohen Verarbeitungsaufwand erfordert. Die Interpretation einer sich anschließenden kontinuierlichen Bildfolge wird dagegen durch das Erkennen von Bewegungen in der Szene und durch die Konzentration der Verarbeitungsleistung auf wenige, meist bewegte Szenenausschnitte wesentlich vereinfacht.

Diese Überlegungen macht sich der im folgenden vorgestellte Ansatz zur Erfassung und Steuerung von Bewegungen durch Rechnersehen zu eigen. Es wird unterschieden zwischen einer zeitunkritischen Orientierungsphase, in der das gesamte Bild einer Videokamera analysiert und so weit wie notwendig interpretiert wird, und einer Echtzeit-Bewegungsphase, in der nur einzelne, in den Bildfolgen bewegt erscheinende Merkmale verfolgt werden.

2.1 Übersicht: Orientierungsphase und Echtzeitphase

2.1.1 Die Orientierungsphase

Ein Ziel der Orientierungsphase ist die Erstellung erster Hypothesen über die Relativlage (und -geschwindigkeit) von gesehenen Objekten der Szene untereinander und zur Kamera, um Anfangswerte für die folgende Echtzeitphase zu erhalten. Dazu ist es nicht notwendig, die Szene komplett beschreiben zu können; vielmehr müssen aufgabenspezifisch die relevanten Szenenbereiche und Szenenmerkmale gefunden werden. Dies ist demnach ein in hohem Maße wissensgestützter Schritt. Er ist umso einfacher, je mehr Hintergrundwissen über die zu erledigende Aufgabe und je mehr Vorwissen über die augenblickliche Umgebung vorhanden ist.

Die Trennung der Bewegungsphase von der Orientierungsphase bedeutet aber nicht, daß die Szene während der Orientierungsphase vollständig in Ruhe sein muß. Vielmehr kann eine zunächst passive Beobachtung bestimmter Bewegungsvorgänge u.U. eine Klassifikation der Bewegungsvorgänge ermöglichen oder eine Orientierung erleichtern; auch sind eventuell gezielte Eigenbewegungen nötig, um Objekte erkennen und unterscheiden zu können und um einen "3D-Eindruck" von der Szene zu bekommen. Allerdings erleichtert eine zumindest in den relevanten Bildbereichen ruhende Szene beim gegenwärtigen Stand der Bildverarbeitung die Aufgabe wesentlich.

Am Ende der Orientierungsphase sind die für die folgende Bewegungsphase relevanten Szenenbereiche erkannt, d.h. es existiert eine Szenenhypothese; diese beinhaltet Hypothesen über die gesehenen Objekte und deren Relativlage (und -bewegung) zur Kamera. Außerdem existieren am Ende der Orientierungsphase Hypothesen über die in der Szene (möglicherweise) auftretenden Bewegungsmuster. Sowohl die Szenenhypothese als auch die Bewegungshypothese können aus "Mehrfachangeboten" bestehen, d.h. es sind Aussagen zulässig wie: das gesehene Objekt ist mit einer Wahrscheinlichkeit von 95% ein Pkw und mit einer Wahrscheinlichkeit von 80% ein Kleintransporter. Sollte in der Bewegungsphase die Hypothese "Pkw" ständig große Abweichungen zwischen Modell und Wirklichkeit ergeben, kann dann die zweitbeste Hypothese überprüft werden. Zu dem als Teil der Orientierungsphase ablaufenden Erkennungsvorgang gehört also eine Instantiierung von Objekt- und Bewegungshypothesen mit den zugehörigen Parameteranpassungen. Dies wird ein sehr anspruchsvoller Aspekt zukünftiger Aktivitäten auf dem Gebiet autonomer, die Umwelt erfassender, mobiler Systeme sein.

In der vorliegenden Arbeit gilt es aber zunächst, die Algorithmen der Bewegungsphase zu entwickeln. Deshalb wurde die Orientierungsphase bei dem gewählten Beispiel insofern vereinfacht, als nur ein von Anfang an bekanntes Bewegungsmuster auftritt: die des Luftkissenfahrzeugs. Auch wird die Orientierungsphase wegen ihres stark aufgabenspezifischen, und daher wenig grundsätzlichen Charakters nur am Rande behandelt. Bei der Steuerung des Luftkissenfahrzeugs in einer ruhenden, technischen Umgebung ist neben einer Eichung des optischen Sensors vor allem eine Objekterkennung erforderlich. Dazu sind u.U. gezielte Eigenbewegungen notwendig, z.B. wenn ein gesehenes Objekt noch zu weit weg ist, um erkannt zu werden, oder wenn unter den verschiedenen, in der Szene vorhandenen Objekten nicht auf Anhieb der Rendezvous- und Dockingpartner gefunden wurde. Abschnitt 3.6 behandelt die während der Initialisierungs- und Orientierungsphase bei diesem Beispiel notwendigen Verfahren. Weitere Beispiele für spezielle Implementationen einer Orientierungsphase sind z.B. in [Meissner, 82], [Wünsche, 84b] oder [Zapp, 85] zu finden. Auch bestehen (mit Ausnahme der Arbeiten an der Universität der Bundeswehr München) alle in Abschnitt 1.2.3 erwähnten Verfahren zur Steuerung von Fahrzeugen durch sehende Rechner - zumindest nach den in dieser Arbeit getroffenen Konventionen - nahezu ausschließlich aus immer neuen Orientierungsphasen.

2.1.2 Die Echtzeitphase

Dagegen liegt der Echtzeitphase ein fundamental anderer Ansatz zugrunde, der im folgenden vorgestellt wird. Ziel der Echtzeitphase ist die Erkennung und richtige Deutung von Relativbewegungen zwischen Objekten der Szene untereinander und zwischen Objekten der Szene und einer (Video-)Kamera in Echtzeit. Der Begriff "Echtzeit" muß dabei nicht heißen, daß die Verarbeitung schritthaltend mit dem Videotakt der Kamera erfolgt; vielmehr genügt eine Verarbeitungsfrequenz, die Erkennungs- und Steuerungsaufgaben im Dynamikbereich des Menschen erlaubt. Dazu genügt die Verarbeitung von ca. 10 Bildern pro Sekunde. Um dies zu erreichen, werden nur wenige markante und für die Schätzung der Bewegung relevante Merkmale in den digitalisierten Bildfolgen der Kamera verfolgt (siehe Bild 2.1).

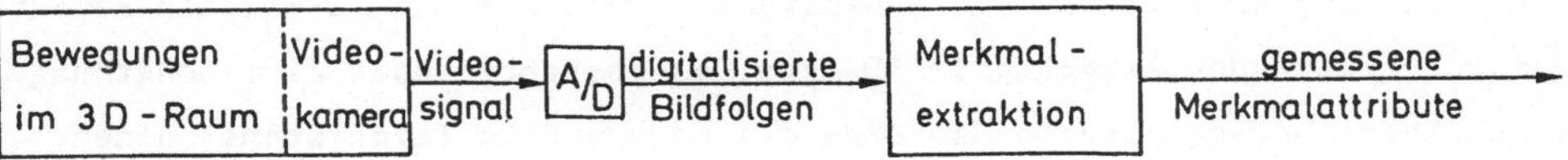

Bild 2.1 : Der Meßprozeß zur Erfassung von Bewegungen im 3D-Raum

Zunächst unerheblich ist die Ursache der zu erfassenden Relativbewegungen: sowohl der Fall einer ruhenden Kamera, die bewegte Objekte der Szene beobachtet, als auch der Fall einer in einer ruhenden Szene (z.B. von einem Fahrzeug oder einem Roboter) bewegten Kamera sind zulässig. Die Kombination beider Fälle ist erlaubt, solange die Eigenbewegung von der Fremdbe-

wegung separierbar ist: dies kann durch zusätzliche Sensoren (z.B. Inertialsensoren) oder durch Beobachtung ruhender Szenenmerkmale geschehen.
Ferner ist es zunächst auch unerheblich, ob die erfaßten Bewegungen ganz,
teilweise oder gar nicht gesteuert werden sollen.
Herkömmliche Ansätze, z.B. die in Abschnitt 1.2.1 und 1.2.3 vorgestellten
Verfahren, versuchen aus den 2D-Abbildungen direkt auf die 3D-Bewegung zu
schließen (siehe Bild 2.2). Hierzu müssen die perspektivischen und daher
nichtlinearen Abbildungsgleichungen nach den unbekannten Parametern der
Relativbewegung aufgelöst werden, was i.a. weder eindeutig noch numerisch
gut konditioniert ist. Zudem sind die häufig verwendeten Näherungsverfah-
ren numerisch aufwendig; u.U. sind die Abbildungsgleichungen sogar singulär und erlauben keine Lösung.

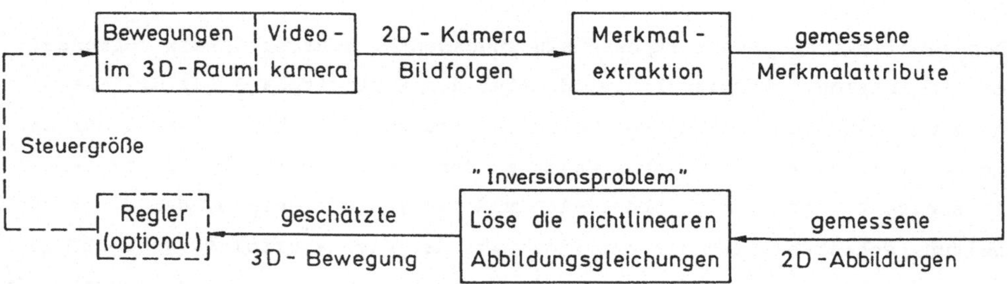

Bild 2.2 : Das Inversionsproblem

Bei dem in dieser Arbeit vorgestellten Verfahren wird dieses Inversionsproblem umgangen. Bild 2.3 zeigt die Wirkungskette, die dem Ansatz zugrunde liegt.
Zentraler Bestandteil ist das dynamische Modell für die zeitlichen Aspekte
der zu erfassenden Bewegung im 3D-Raum; es gestattet über eine Schätzung
sogenannter Bewegungszustandsgrößen die Bewegung um (mindestens) einen
Bildzyklus vorherzusagen. Die statischen Aspekte des Aufbaus der 3D-Welt
werden über geometrische Modelle erfaßt, die bei den in dieser Arbeit vorgestellten Untersuchungen nicht nur bekannt, sondern auch zeitlich konstant sind. Die Formbeschreibungen werden deshalb zusammen mit den (ebenfalls konstant gehaltenen) Transformationsbeziehungen der Perspektivabbildung als "geometrisches Abbildungsmodell" bezeichnet; damit kann auf der
Basis der geschätzten Bewegungszustandsgrößen ein Modellbild konstruiert
werden, das die Attribute und Bildkoordinaten derjenigen Merkmale enthält,

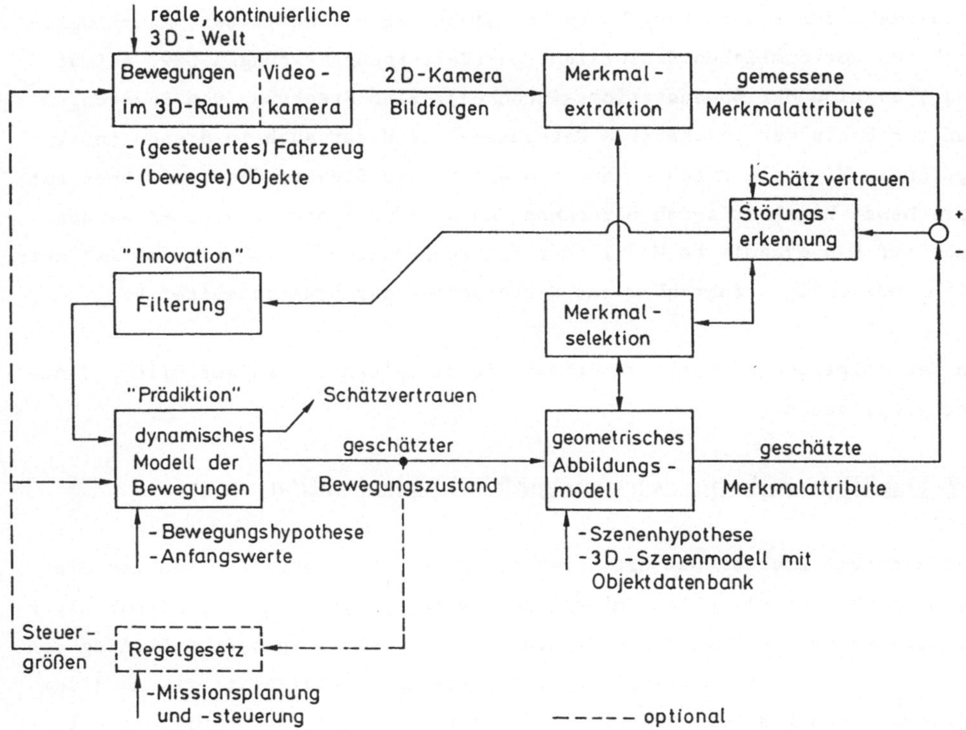

Bild 2.3 : Der systemdynamische Ansatz zum Rechnersehen

die über geeignete Merkmalextraktionsverfahren im Szenenausschnitt der Kamera verfolgt werden können. Diese geschätzten Merkmalkoordinaten werden mit den tatsächlich gemessenen Merkmalkoordinaten verglichen; bei relativ großen Abweichungen wird auf Störungen im Meßprozeß geschlossen (tritt dies häufig auf, so können die Modellvorstellungen überprüft werden), während kleine Abweichungen gefiltert auf den Eingang des dynamischen 3D-Modells zurückgekoppelt werden. Dies bewirkt eine Korrektur der 3D-Modellvorstellungen: sie werden so adaptiert, daß die geschätzten Merkmalattribute im Rahmen der Meßgenauigkeit mit den gemessenen Merkmalattributen in Übereinstimmung gebracht werden.

Welche Merkmale unter den vielen in den Bildfolgen erkennbaren Merkmalen zur Schätzung der Relativbewegung relevant und am besten geeignet sind, wird durch ein Merkmalselektionsverfahren bestimmt, das die Merkmalextraktion entsprechend steuert.

Dieser " Regelkreis" ist in sich geschlossen und funktionsfähig; die dazu verwendeten (und in Kapitel 3 vorgestellten) Verfahren wurden ursprünglich

entwickelt zur Beobachtung bewegter Objekte (z.B. Satelliten, Raumflugkör-
per) aus herkömmlichen Sensorsignalen (Entfernungsmessungen bzw. Azimut
und Elevation der Bodenstations-Antennen). Eine Steuerung von Bewegungen
auf der Basis der geschätzten Bewegungen ist daher auch in diesem Ansatz
optional. Wird sie durchgeführt, so werden die Steuergrößen, die über entsprechende Regelverfahren berechnet und auf das Fahrzeug gegeben werden,
auch auf das dynamische Modell der Fahrzeugbewegung gegeben; dies ist zwar
nicht notwendig, trägt aber zur Verbesserung der Schätzqualität bei.

In den folgenden Abschnitten werden die einzelnen Blöcke aus Bild 2.3 näher vorgestellt.

2.2 Das Bildverarbeitungssystem zur Merkmalextraktion

Das zentrale Problem bei der Verarbeitung von Fernsehbildfolgen ist die
hohe Bandbreite visueller Information. Wird das analoge Videosignal einer
handelsüblichen s/w-Videokamera z.B. mit der relativ groben Auflösung von
256 Zeilen à 256 Pixel (engl.: _pi_cture _el_ements) digitalisiert und jedem
Bildpunkt ein Grauwert zwischen 1 und 256 zugeteilt, so resultiert bei
einer Bildfrequenz von 50 Hz ein Datenstrom von ca. 3 MByte/s. Selbst bei
einer Verarbeitungsfrequenz von 10 Hz ist eine _sinnvolle_ Verarbeitung dieser Daten nur nach einer entsprechenden Datenreduktion möglich. Daher werden im einen Extremfall, z.B. bei einfachen Bildverarbeitungssystemen zur
Werkstückerkennung, meist nur zwei Graustufen zugelassen (→ Binärbilder),
oder man versucht im anderen Extremfall sehr leistungsfähige Bildverarbei-
tungsrechner zu entwickeln: so entstehen in den USA z.Zt im Rahmen des
DARPA Projektes "on Strategic Computing" Rechner wie der "WARP" (100
_M_illion _F_loating-Point _O_perations _p_er _s_ec. (MFLOPS), siehe [Annaratone
u.a., 86] oder der "BBN-Butterfly" (128 Prozessoren vom Typ Motorola
68000, [BBN, 86]).

Ausgehend von der Erkenntnis, die Verfolgung weniger Szenenmerkmale genüge
zur Erfassung dreidimensionaler Bewegungen (vgl. die in Abschnitt 1.1 er-
wähnten Untersuchungen von [Johannson u.a., 80]), wurde vom Institut für
Meßtechnik (Prof. Graefe) an der Universität der Bundeswehr München das
Bildverarbeitungssystem BVV entwickelt, das schon mit relativ geringer
Rechenleistung die Erfassung von Bewegungen in Echtzeit erlaubt ([Haas,

82], [Graefe, 84]). Bild 2.4 zeigt den prinzipiellen Aufbau dieses inzwischen als BVV1 bezeichneten Systems:

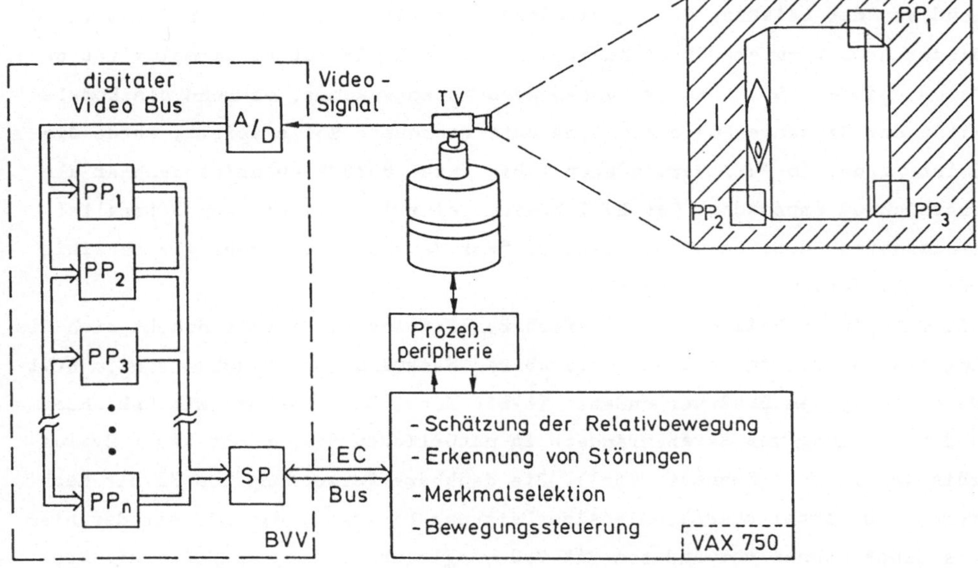

Bild 2.4 : Verfolgung von drei Merkmalen der Szene durch drei Parallelprozessoren (PP) des Bildverarbeitungssystems BVV

Mehrere parallel und unabhängig voneinander arbeitende Prozessoren (PP) haben Zugriff auf das digitalisierte Bild einer Videokamera, von dem sie sich jeweils den sie interessierenden Bildbereich, sog. Fenster, holen. Während der Initialisierungsphase bekommt jeder Prozessor vom Hauptrechner den Auftrag, ein bestimmtes Merkmal mit erwarteten Merkmalattributen in definierten Bildbereichen zu suchen und es dann selbständig zu verfolgen. Dazu verschieben die Prozessoren ihre Fensterbereiche so über das gesamte Bild, daß das zu verfolgende Merkmal stets in Fenstermitte bleibt. Ihre Ergebnisse, d.h. die gefundenen Merkmalattribute, legen sie im Zugriffsbereich des Systemprozessors (SP) ab, der die Nachrichten mehrerer Prozessoren sammelt und diese geschlossen an den Hauptrechner meldet. Darüberhinaus kann der Hauptrechner die "Fixationspunkte", d.h. die Fensterbereiche der einzelnen Prozessoren zu jedem Verarbeitungszyklus verschieben, z.B. wenn ein anderes Merkmal verfolgt werden soll. Zudem können sich die Fensterbereiche verschiedener Prozessoren bis zur Deckungsgleichheit überlappen; dadurch kann ein Merkmal gleichzeitig von verschiedenen Prozessoren mit verschiedenen Algorithmen verfolgt werden, um unterschiedliche Merkmalattribute zu ermitteln.

Die Klasse der vom BVV in Echtzeit extrahierbaren Merkmale hängt vorwiegend von der Leistung der verwendeten Prozessoren ab. Da es bei dem in dieser Arbeit untersuchten Ansatz in erster Linie auf die Komplexität der Szene und der in ihr auftretenden Bewegungen ankommt, während die Komplexität der Szenenmerkmale nur eine untergeordnete Rolle spielt, wurde die Leistung der im BVV1 verwendeten 8-bit Intel 8085 Einplatinenrechner als ausreichend empfunden. Das BVV1 besitzt eine Ausbaustufe von 5 Parallelprozessoren, d.h. es können maximal fünf Merkmale der Szene gleichzeitig verfolgt werden.

Mit wachsender Leistung der lieferbaren Einplatinenrechner erhöht sich die Komplexität der in Echtzeit erkennbaren Merkmale. So erlauben die im BVV1-Nachfolgesystem BVV2 verwendeten 16-bit Intel 8086 Rechner die Erkennung und Verfolgung von Straßenrändern in natürlichen Szenen mit einer Zykluszeit von 32 ms ([Kuhnert, 86b]). Die denkbare Verwendung von 32-bit Rechnern (z.B. Intel 80386), die eine Leistung besitzen, die mit der der hier als Hauptrechner verwendeten VAX 750 vergleichbar ist, und/oder die Verwendung spezieller Signalprozessoren, eröffnet auf dem Sektor der Bildvorverarbeitung neue Perspektiven. Zusätzliche "vision-chips" können den Parallelprozessoren elementare Arbeiten abnehmen [Kuhnert, 86a]; zudem können die Prozessoren auch hierarchisch strukturiert werden, wobei der Hauptrechner nur noch mit den "Abteilungsleitern" kommuniziert [Mysliwetz u. Dickmanns, 86]. Alle diese Verbesserungen auf Seiten der Merkmalextraktion ändern aber prinzipiell nichts an dem in dieser Arbeit vorgestellten Ansatz.

2.3 Das dynamische Modell

Bei dem vorgestellten Ansatz wird davon ausgegangen, daß alle Bewegungen in den 2D-Kamerabildfolgen auf den 3D-Bewegungen massebehafteter Körper beruhen. Diese Körper unterliegen Bewegungsgesetzen, die durch Differentialgleichungen (die sog. Bewegungsgleichungen) modellierbar sind; jede dieser Differentialgleichungen n_i-ter Ordnung kann durch n_i Differentialgleichungen erster Ordnung ausgedrückt werden. Damit resultiert für jeden unabhängig bewegten Körper ein Differentialgleichungssystem mit $n = \Sigma n_i$ Differentialgleichungen erster Ordnung, zu dessen Formulierung genau n sog. Zustandsgrößen erforderlich sind. Diese Zustandsgrößen werden im Zustandsvektor $\mathbf{x}$ zusammengefaßt, wodurch die Differentialgleichungssysteme in der Form

$$\dot{\mathbf{x}}(t) = \mathbf{f}\left[\mathbf{x}(t), \mathbf{z}(t), \mathbf{u}(t), \mathbf{p}\right] \tag{2.1}$$

darstellbar sind; diese Gleichungssysteme werden als die zeitkontinuierlichen dynamischen Modelle der auftretenden 3D-Bewegungen bezeichnet und hängen i.a. nicht nur von den Zustandsgrößen $\mathbf{x}$ ab, sondern auch von den (unbekannten) Störgrößen $\mathbf{z}$, den Steuergrößen $\mathbf{u}$ sowie den konstanten (oder zumindest nur langsam variablen) Parametern $\mathbf{p}$.

Ist nun einmal, zu einem Zeitpunkt t_{k-1}, ein Schätzwert für die Bewegungszustandsgrößen gegeben, genannt $\hat{\mathbf{x}}(k-1)$, so ist über

$$\mathbf{x}^{*}(k) = \int_{t_{k-1}}^{t_{k}} \mathbf{f}\left[\hat{\mathbf{x}}(\tau), \mathbf{u}(\tau), \mathbf{p}\right] d\tau \tag{2.2}$$

eine Prädiktion der Bewegungszustandsgrößen für den Zeitpunkt t_{k} möglich, die allerdings aufgrund der Unkenntnis der Störgrößen $\mathbf{z}$ fehlerbehaftet sein wird. Die aus den Bildfolgen extrahierten Koordinaten der verfolgten Merkmale werden im "Meßvektor" $\mathbf{y}$ zusammengefaßt; wie erwähnt, können sie über die bekannten Gesetze der Perspektivabbildung aber auch aus dem 3D-Modell der Szene und den über Gl.(2.2) vorhergesagten Zustandsgrößen geschätzt werden. Die Differenz zwischen den zum Zeitpunkt t_{k} gemessenen Merkmalkoordinaten $\mathbf{y}(k)$ und den für diesen Zeitpunkt vorhergesagten Merkmalkoordinaten $\mathbf{y}^{*}(k)$ wird nun über eine (i.a. zeitvariable) Filtermatrix $\mathbf{K}(k)$ zur Korrektur der Modellvorstellungen benutzt:

$$\hat{\mathbf{x}}(k) = \mathbf{x}^{*}(k) + \mathbf{K}(k)\left(\mathbf{y}(k) - \mathbf{y}^{*}(k)\right) \tag{2.3}$$

Der neue Schätzwert $\hat{\mathbf{x}}(k)$ ist der augenblicklich beste Schätzwert der Bewegung; er wird nicht nur für den eigentlichen Zweck der Bewegungserfassung (z.B. zur Bewegungssteuerung) verwendet, sondern über Gl.(2.2) auch wieder für die nächste Prädiktion. Die Schätzung der Bewegung und die Adaption der Modellvorstellungen erfolgt also rekursiv, schritthaltend mit der Merkmalextraktion in Echtzeit. Die Prädiktionsgleichung (2.2) wird dabei in der Regel nicht in der angegebenen Form auf dem Rechner implementiert.

Vielmehr wird versucht die i.a. nichtlinearen Gln.(2.1) vorab zu linearisieren und zu diskretisieren (siehe Abschnitt 3.5.1 sowie Anhang A.2); während der Echtzeitphase ist dann nur eine algebraische Vektordifferenzengleichung zu berechnen. Bevor in den nächsten Abschnitten auf die Schätzung der Merkmalattribute und die Bestimmung der Gewichtungsmatrix eingegangen wird, werden in diesem Abschnitt aber noch einige Punkte angesprochen, die bezüglich der Modellierung der Bewegung von Interesse sind.

Der zunächst "einfachste" Fall ist die Modellierung der Bewegung derjenigen Körper, Objekte, Fahrzeuge usw., die von dem die Bewegungen erfassenden System auch gesteuert werden. Für diese Systeme sind (z.B. aus der Lösung der regelungstechnischen Steuerungsaufgabe) nicht nur die eigentliche Bewegungsdynamik mit den wesentlichen Parametern p (wie z.B. der Masse) bekannt, sondern auch die vom Regler berechneten und auf das System wirkenden Steuergrößen u. Die Störgrößen z umfassen die gemachten Modellierungsfehler sowie tatsächlich auf das Fahrzeug einwirkende Störungen wie z.B. Seitenwind bei Straßenfahrzeugen.

Um die Bewegungsgleichungen aufstellen zu können, d.h. um den funktionalen Zusammenhang in Gl.(2.1) zu finden, muß zunächst ein geeignetes Bezugssystem definiert werden. Dabei ist es für den Gesamtansatz nicht immer vorteilhaft, wenn die Bewegungsgleichungen in dem Koordinatensystem aufgestellt werden, in dem die Formulierung am einfachsten erscheint. Vielmehr sollte von vornehereln das "Meßprinzip" Rechnersehen berücksichtigt und darauf geachtet werden, daß einzelne, durch die Kamera nicht (oder nur schlecht) beobachtbare Bewegungsfreiheitsgrade über eine ungünstige Wahl des Bezugssystems nicht die Schätzung anderer Bewegungsfreiheitsgrade beeinträchtigen. So ist bei dem in Kapitel 3 vorgestellten Beispiel die Luftkissenfahrzeugdynamik in einem ruhenden, kartesischen Koordinatensystem zwar am einfachsten zu formulieren (siehe Abschnitt 3.2.3), zur Erfassung der Bewegungen erweist sich aber eine (unangenehmere) Formulierung in einem Polarkoordinatensystem als besser konditioniert (siehe Abschnitt 3.5.1).

Neben der geeigneten Wahl des Bezugssystems muß auch bei der Ordnung der die einzelnen Bewegungsfreiheitsgrade modellierenden Differentialgleichungssysteme das Meßprinzip Rechnersehen berücksichtigt werden. So erwies sich bei den Untersuchungen des Autors die Schätzung von Störbeschleunigungen aus den verrauschten und quantisierten Bilddaten nur in den Freiheitsgraden der rotatorischen Kamerabewegung als erfolgreich, während eine

Schätzung der translatorischen Störbeschleunigungen nicht gelang (siehe Abschnitt 3.5.1). Normalerweise genügt pro zu erfassendem Bewegungsfreiheitsgrad aber ein dynamisches Modell zweiter Ordnung, d.h. mit den Bewegungszustandsgrößen "Position" und "Geschwindigkeit". Bei äußerst langsamen Bewegungen kann sogar ein dynamisches Modell erster Ordnung zur richtigen Erfassung der entsprechenden Position ausreichen.

Grundsätzlich hängt der notwendige Detaillierungsgrad der zu einer richtigen Erfassung von Bewegungen erforderlichen dynamischen Modelle von dem Verhältnis von tatsächlich auftretender Bewegungsdynamik (z.B. Höhe der Beschleunigungen) zu der vorhandenen Meßqualität (Auflösung des digitalisierten Bildes, Kamerarauschen, usw.) ab. Das heißt, bei der Beobachtung hochdynamischer Prozesse ist entweder eine sehr gute Merkmalextraktion notwendig oder die dynamischen Modelle müssen entsprechend exakt sein. Dies ist auch aus Gl.(2.3) ableitbar: schlechte, sehr verrauschte Meßwerte müssen stark gefiltert werden, wodurch die über die Prädiktion eingebrachten Modellvorstellungen stärker gewichtet werden; umgekehrt kann bei sehr guten Meßwerten die Prädiktion entsprechend schlecht sein. (Daß in Gl.(2.3) eine <u>Gewichtung</u> zwischen Modellvorstellung und Meßinformation stattfindet, wurde in [Wünsche, 84] erläutert und wird z.B. für den Fall einer Kameradrehbewegung deutlich: der Kameragierwinkel x ist nahezu direkt meßbar (siehe Abschnitt 3.5.2.3), d.h. $y \simeq cx$, mit c als einem Skalierungsfaktor. Wird $K(k) = 1/c$ gewählt, so folgt aus Gl.(2.3) $\hat{x}(k) = y(k)/c$, d.h. zur Bestimmung des Schätzwertes wird nur der aktuelle Meßwert herangezogen. Im umgekehrten Fall bleibt dagegen der Meßwert mit der Wahl $K(k) = 0$ bei der Bestimmung von $\hat{x}(k)$ völlig unberücksichtigt. Darauf wird in Abschnitt 3.5.3 näher eingegangen werden.)

Diese Überlegungen gelten nicht nur für den Fall bekannter Steuergrößen, sondern auch für die Beobachtung "fremder" Bewegungen. Die unbekannten Steuergrößen treten dann als Störbeschleunigungen auf, die je nach erwarteter Höhe dieser Beschleunigungen und der Qualität der zur Verfügung stehenden Meßdaten entweder vernachlässigt oder mitmodelliert werden können (bzw. müssen).

Neben der Schätzung reiner Bewegungsvorgänge kann über das dynamische Modell aber auch eine Schätzung unbekannter oder eine Adaption variabler Parameter erreicht werden. Dazu werden diese z.B. über eine einfache Differentialgleichung erster Ordnung der Form

$$\dot{x}(t) = z_x(t) \tag{2.4}$$

als zusätzliche Freiheitsgrade mit in das dynamische Modell aufgenommen, wobei z_x weißes Rauschen sei. Nur der bekannte, deterministische Teil dieser Gleichung erscheint in der Prädiktionsgleichung $x^*(k) = \hat{x}(k-1)$. Ist dieser Parameter x nun zeitlich nicht konstant, so wird über die Kamera eine entsprechende Abweichung zwischen den von x abhängenden Meßwerten y und den entsprechenden Schätzwerten y^* auftreten, die über die Innovationsgleichung (2.3) zu einer entsprechenden Änderung dieses Parameters führt. Um eine zu hohe Dimension des Zustandsvektors zu vermeiden, sollten allerdings nur die während einer Mission variablen Parameter in Echtzeit mitgeschätzt werden; unbekannte, aber zeitlich konstante Parameter können während der zeitunkritischeren Orientierungsphase (über ähnliche Ansätze) geschätzt werden. Ein Beispiel für einen in Echtzeit mitgeschätzten Parameter wird in Abschnitt 3.5 anhand des physikalisch konstanten, aber aufgrund verschiedener Nichtlinearitäten und Modellierungsfehler leicht variabel erscheinenden Kameranickwinkels gegeben.

Über ähnliche Adaptionsprozesse ist auch eine Anpassung der geometrischen 3D-Modelle der Szene realisierbar; darauf wird im nächsten Abschnitt eingegangen. In weiterführenden Arbeiten soll aber nicht nur dieser Aspekt des "Lernens" untersucht werden, sondern auch die Möglichkeit einer automatischen Auswahl eines zu einer beobachteten Bewegung am besten passenden dynamischen Modells aus einer "Bewegungsmodell-Datenbank" mit zunächst festen Parametern p. Fernziel könnte hier ein automatisches Erkennungssystem sein, das bewegte Objekte nicht nur aufgrund ihres Aussehens und ihres Bewegungsverhaltens erkennt, sondern in einer Lernphase auch in der Lage ist, sowohl die 3D-Form unbekannter Objekte zu bestimmen als auch (über Parameteradaptionen) die dynamischen Modelle ihrer Bewegung selbst zu erstellen.

2.4 Das geometrische Abbildungsmodell

Das geometrische Abbildungsmodell dient dem Ziel, aus den um einen Zyklus vorhergesagten Bewegungsschätzwerten anhand eines 3D-Modells der Szene und der perspektivischen Abbildungsgesetze die Abbildung der wesentlichen Szenenmerkmale auf die Bildebene der Kamera konstruieren zu können.

Die Szene wird direkt als "3D-Merkmalraum" modelliert, da zur Erfassung
von Relativbewegungen nur einzelne, markante Merkmale verfolgt werden. Dabei wird davon ausgegangen, daß sich die Umwelt aus definierten Objekten
zusammensetzt, die durch markante Merkmale erkennbar sind und daher als
starre 3D-Merkmalgefüge betrachtet werden. Bei dem in Kapitel 3 untersuchten Anwendungsbeispiel wird die Form der erlaubten Objekte durch mehrere
Randbedingungen stark eingeschränkt: erstens sind aufgrund der beschränkten Leistungsfähigkeit des BVV1 praktisch nur Ecken als markante Merkmale
zugelassen, zweitens wurde die Form auf gerade Prismen beschränkt, um die
Objekterkennung zu vereinfachen, und drittens werden nur konvexe Körper
zugelassen, um die zur Merkmalselektion notwendige Ermittlung der erkennbaren Merkmale möglichst einfach zu gestalten. Die in Abschnitt 3.5.2.1
vorgeschlagene Modellierung der Objekte durch 3D-"Drahtmodelle" kann aber
auch bei Fehlen dieser Einschränkungen angewendet werden und ist gut auf
den merkmalorientierten Ansatz zur Erfassung von Bewegungen zugeschnitten.
Andere Methoden zur Objektrepräsentation werden in Abschnitt 3.6 erwähnt.

In dieser Arbeit sind die 3D-Modelle der Objekte der Szene in allen Parametern bekannt und, da die Objekte starr sind, auch zeitlich konstant.
Während dies in vielen Fällen, z.B. bei Werkstückmanipulationen, vorausgesetzt werden kann, interessiert auch die Erfassung und Verfolgung ganz
oder teilweise unbekannter Objekte. [Dreschler, 81] schlägt ein Verfahren
zur automatischen Erstellung volumetrischer 3D-Modelle bewegter Objekte
aus den Bildfolgen einer Kamera vor, bei dem markante Merkmale auch als
Grundlage der Objektmodellierung dienen. Dieses Verfahren wäre eine interessante Ergänzung für eine zeitunkritische "Lernphase". Ist die Form von
Objekten nicht exakt bekannt oder zeitvariabel, so können entsprechende
Parameter aber auch, wie im letzten Abschnitt erwähnt, mit in das dynamische Modell aufgenommen werden, um so aus den Bildfolgen rekursiv mit den
übrigen Bewegungszustandsgrößen geschätzt zu werden. Dies ist in
[Dickmanns u. Zapp, 86] für ein einfaches 2D-Szenenmodell realisiert: zur
Fahrzeugsteuerung wird dort die Fahrbahn als (horizontal) gekrümmtes Band
zweier erkennbarer Straßenrandlinien konstanten Abstands modelliert. Die
Krümmung dieser Linien wird über ein eigenes dynamisches Modell laufend
mitgeschätzt. Dieses Verfahren ist übertragbar auf die Adaption von Parametern in 3D-Objekten.
Ist die Anordnung der einzelnen Objekte untereinander starr (und bekannt),
so kann auch diese durch übergeordnete Drahtmodelle beschrieben werden,

wogegen variable Freiheitsgrade der Relativbewegung zwischen einzelnen Objekten der Szene wiederum in das dynamische Modell aufgenommen werden können. Dieses räumliche Gefüge geometrischer Objektmodelle bildet das geometrische Modell der Szene.

Die Objektmodelle enthalten die 3D-Koordinaten (sowie andere Attribute wie Farbe, Form usw.) markanter Merkmale in objektzentrierten Koordinatensystemen, aus denen über die Gesetze der Perspektivtransformation die Koordinaten dieser Merkmale auf der Bildebene der Kamera als Funktion der geschätzten Bewegungszustandsgrößen berechnet werden kann. Diese Transformation wird vektoriell in der Form

$$y = g (x) \tag{2.5}$$

ausgedrückt und in Abschnitt 3.5.2.1 durch Verwendung homogener Koordinaten gewonnen. Während die dort notwendige Genauigkeit der Modellierung nur in wenigen Anwendungsfällen erforderlich sein dürfte, sollte im Fall echter 3D-Bewegungen die Verwendung von Quaternionen zur Modellierung von 3D-Rotationen geprüft werden. Quaternionen erlauben nicht nur eine effektivere Darstellung der Transformationsbeziehungen als Eulerwinkel, sondern vermeiden auch deren Singularitäten. Deshalb verspricht ihre Verwendung nicht nur in der Flugbahnoptimierung Vorteile ([Wünsche, 82]), sondern auch bei der visuellen Objektverfolgung ([Gennery, 82], [Broida u. Chellappa, 86b], [Faugeras u.a., 84b]).

2.5 Korrektur der Modellvorstellungen durch rekursive Bilddatenfilterung

Das Prinzip der rekursiven Bilddatenfilterung zur Korrektur der Modellvorstellungen wurde bereits in den Abschnitten 2.1.2 und 2.3 erläutert: über das dynamische Modell werden die Bewegungszustandsgrößen um einen Zyklus extrapoliert, daraus wird über das geometrische Abbildungsmodell ein (verarmtes) Modellbild mit vorhergesagten Merkmalkoordinaten erzeugt und dieses mit den tatsächlich gemessenen Merkmalkoordinaten verglichen. Das zentrale Problem des Gesamtansatzes besteht nun darin, aus diesen 2D-Abweichungen zwischen gemessenen Merkmalkoordinaten y und vorhergesagten Merkmalkoordinaten y^*, d.h. aus

$$\delta y = y - y^* \tag{2.6}$$

eine Korrektur der vorhergesagten 3D-Bewegungszustandsgrößen x^* zu bekommen, so daß der neue Schätzwert

$$\hat{x}(k) = x^*(k) + K(k)\,\delta y(k) \qquad\qquad (2.7)$$

näher bei den nicht direkt meßbaren Bewegungszustandsgrößen $x(k)$ liegt als $x^*(k)$.

Dieses Problem der Berechnung der Filtermatrix $K(k)$ wird in Abschnitt 3.5.3 ausführlich behandelt, wobei mehrere Lösungsalternativen vorgestellt und in ihrer Leistungsfähigkeit miteinander verglichen werden. Denn während der grundlegende, aus der Prädiktionsgleichung (2.2) und der Innovationsgleichung (2.3) bestehende Ansatz die Form eines diskreten Kalman Filters besitzt, muß die Filtermatrix selbst nicht unbedingt über eine Kalman Filter Rekursion berechnet werden. Vielmehr wird eine interessante Alternative vorgestellt, die wesentlich einfacher und schneller zu implementieren, zudem numerisch effektiver und leichter verständlich ist, sowie in den meisten Anwendungsfällen mit dem "echten" Kalman Filter vergleichbare Ergebnisse produziert: eine Filtermatrix, die über einen Gauß-Markov Schätzer mit quasistationärer, direkt vorgebbarer Nachfilterung gewonnen wird (siehe Abschnitt 3.5.3.3). Können nur sehr wenige Merkmale in den Bildfolgen der Kamera verfolgt werden, so erweist sich allerdings eine über die Kalman Filter Rekursion berechnete Filtermatrix als leistungsfähiger: sie erlaubt eine Korrektur der Modellvorstellungen auch noch bei singulären Abbildungsgleichungen, d.h. wenn z.B. nur noch ein Merkmal verfolgt wird, aber z.B. vier Bewegungsfreiheitsgrade zu schätzen sind. Für diese Fälle wird ein numerisch stabiler und (relativ zu üblichen Kalman Filter Formulierungen) sehr effizienter Algorithmus aus der Klasse der sog. "Square-Root" Filter vorgeschlagen, der wesentlich zu den Ergebnissen der vorliegenden Arbeit beigetragen hat.

Abschnitt 3.5.3 ist damit einer der wesentlichsten Abschnitte dieser Arbeit. Es wird nur am Rande auf die Luftkissenfahrzeug-Anwendung eingegangen, so daß die dort entwickelten Algorithmen direkt auf andere Anwendungen übertragbar sind.

2.6 Erkennung von Störungen und Verdeckungen

Die Bedeutung dynamischer Modelle zur Erkennung von Störungen wurde erstmals in [Wünsche, 83b] mit dem durch Rechnersehen stabilisierten Stab/Wa-
gen-System demonstriert.
Bei diesem in [Meissner, 82] näher beschriebenen Anwendungsbeispiel lautet
die Aufgabenstellung wie folgt (siehe Bild 2.5):

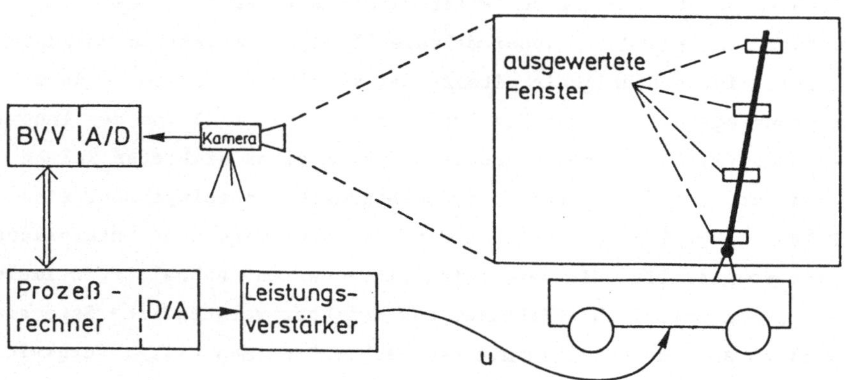

Bild 2.5 : Stabilisierung eines Stab/Wagen-Systems durch Rechnersehen

Ein schwarzer Stab soll, am unteren Ende einachsig reibungsarm gelagert,
von einem rechnergesteuerten Elektrokarren vor einem hellen Hintergrund
stabilisiert werden. Die Position des Stabes wird in vier Höhen durch vier
Parallelprozessoren des BVV aus den Bildfolgen einer stationären Videokamera erfaßt, obwohl zur Stabilisierung des Stabes die Bestimmung der Stab-
position durch ein Auswertefenster in zwei Drittel Stabhöhe genügt: der
gesamte Bewegungszustand kann hieraus geschätzt werden ([Wünsche, 83b];
experimentell wurde jedoch immer mit mindestens zwei Fenstern gearbeitet).

Werden nun stab-ähnliche Störungen zugelassen, so ist über statisches Modellwissen alleine eine zuverlässige Störungserkennung nicht immer möglich. So kann lediglich bei dem im Bild 2.6a gezeigten Fall über das geometrische Modell (hier: Geradengleichung) die Störung erkannt werden: die
Ausgleichsgerade durch drei Fenster mit der geringsten Summe der Abstands-
quadrate der Merkmalkoordinaten von dieser Gerade ist der gesuchte Stab.
Diese Störungserkennung über bloßes Faktenwissen wird allerdings unbrauch-
bar, wenn zwei Fenster gleichzeitig gestört sein können: so beschreibt die

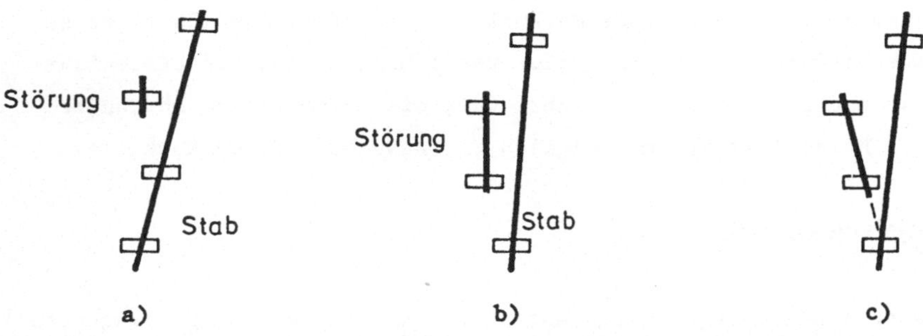

Bild 2.6 : Zur Störungserkennung durch statisches Modellwissen

"beste" Ausgleichsgerade im Fall b kaum den Stab und im Fall c sogar genau die Störung. Wird dagegen die Abweichung zwischen den von den vier Fenstern gemessenen Bildkoordinaten des Stabes mit den über das dynamische Modell und die Abbildungsgleichungen vorhergesagten Stabkoordinaten verglichen, so können die Störungen zuverlässig erkannt werden. Da die Störungserkennung <u>für jedes Merkmal separat</u> erfolgt, werden Störungen wie in Bild 2.6c genauso sicher erkannt wie die in Bild 2.6a.

Dieser Ansatz zur Erkennung von Störungen und Verdeckungen wird in der vorliegenden Arbeit für 3D-Modellvorstellungen erweitert. Wesentlich ist dabei auch hier die für jedes Merkmal separate Störungserkennung. Während beim Stab/Wagen-System eine gemessene Stabkoordinate dann als gestört betrachtet wurde, wenn ihre Abweichung von der geschätzten Koordinate mehr als eine fest vorgegebene Schranke ϵ betrug, wird hier eine variable Schranke ϵ definiert, die sowohl von dem "Vertrauen" in die aktuelle Schätzqualität abhängt (das durch die Kovarianzmatrix der augenblicklichen Schätzfehler gegeben wird), als auch von der erwarteten Qualität der Messungen (die durch die geschätzten Meßwertvarianzen quantifizierbar sind). Diese "vertrauensbasierte" Störungserkennung wird in Abschnitt 3.5.4 näher vorgestellt; sie ist von dem Anwendungsbeispiel des Luftkissenfahrzeugs unabhängig und kann daher unmittelbar auf andere Anwendungen übertragen werden.

Ein sehender, autonom mobiler Roboter wird aber nicht nur an seiner Fähigkeit gemessen werden, Störungen zu erkennen, sondern vor allem auch an seiner Reaktion auf diese unvorhergesehenen Ereignisse: sie sollte flexibel und situationsgerecht sein. Im einfachsten Fall gehört dazu die Fähigkeit, kleinere optische Störungen und Verdeckungen zu verkraften. So wird die Nichterkennbarkeit einzelner Merkmale (z.B. aufgrund ungünstiger Beleuchtungsverhältnisse oder partieller Verdeckungen) vom Luftkissenfahrzeug erkannt und registriert und führt über die im folgenden Abschnitt vorgestellte Merkmalselektion lediglich zur Auswahl anderer Merkmale.

2.7 Merkmalselektion

Der in dieser Arbeit vorgestellte Ansatz zur Erfassung von 3D-Bewegungen durch Rechnersehen basiert auf der Erkenntnis, daß es bei entsprechenden Modellvorstellungen genügt, nur die Relativbewegungen weniger markanter Merkmale der 3D-Szene in den 2D-Bildfolgen der Kamera zu verfolgen. Während die Auswahl der zu verfolgenden Merkmale bei relativ einfachen Szenen noch vorab vom menschlichen Bediener festgelegt werden kann, ist dies bei Bewegungen in einer komplexeren 3D-Umwelt nicht mehr möglich. Zum einen ändern sich ständig durch Eigen- und Fremdbewegungen die Ansichten der sichtbaren Objekte und damit auch die Erkennbarkeit ihrer Merkmale, und zum anderen sind diese Veränderungen im allgemeinen kaum vorhersehbar, wenn sowohl optische Störungen und Verdeckungen zugelassen werden als auch vorher unbekannte Bewegungen fremder Objekte sowie z.B. flexible Änderungen der eigenen Fahrtroute.
Es wird deshalb in Abschnitt 3.5.5.3 ein Verfahren zur automatischen Merkmalselektion vorgestellt, das _während_ der Erfassung von Bewegungsvorgängen ständig diejenigen Merkmale unter allen erkennbaren Merkmalen zur Verfolgung auswählt, die sich zur Schätzung der Bewegung am besten eignen.

Dazu wird zunächst festgestellt, welche Merkmale der Szene von der augenblicklichen Position aus nicht nur sichtbar, sondern für die Parallelprozessoren des BVV auch gut erkennbar sind; dabei werden erkannte Störungen und Verdeckungen ebenso berücksichtigt wie bisherige "Erfahrungen" mit der Erkennbarkeit einzelner Merkmale, sowie bekannte Eigenheiten bestimmter Merkmalextraktionsverfahren. Unter den erkennbaren Merkmalen wird dann nach der besten Merkmalkombination gesucht, wobei weder Einschränkungen bezüglich der zulässigen Objektformen gemacht werden, noch spezielle optische Markierungen gefordert werden.
Welche Kombination von Merkmalen für die Schätzung der Bewegung am besten geeignet ist, wird durch den best-konditionierten Satz von Meßgleichungen bestimmt. Dazu wird die Ermittelbarkeit einzelner Merkmalattribute mittels

einer genauen Analyse der verwendeten Merkmalextraktionsverfahren durch
entsprechende Meßfehlervarianzen abgeschätzt; die sich aus diesen Meßfehlervarianzen über einen Gauß-Markov Schätzer ergebende Schätzfehlerkovarianzmatrix erlaubt die Definition eines Gütekriteriums zur quantitativen
Beurteilung der untersuchten Merkmalkombination.

Sind in einer Szene sehr viele Merkmale erkennbar, so ist eine Überprüfung
aller möglichen Merkmalkombinationen aufgrund der kombinatorischen Explosion nicht zu jedem Zyklus realistisch. Daher wird in Abschnitt 3.5.5.4
ein Verfahren zur sequentiellen Merkmalselektion vorgeschlagen. Ausgehend
von einer einmal gefundenen "besten" Kombination wird bei diesem Verfahren
zu jedem Zyklus nur noch untersucht, ob der Austausch eines Merkmals dieser Kombination durch ein anderes, evtl. besseres Merkmal eine Verringe-
rung der Schätzfehlerkovarianzen bringt. Dazu wird der oben erwähnte Gauß-
Markov Schätzer in einen rekursiven Gauß-Markov Schätzer umformuliert, wodurch eine rekursive Formulierung des Gütekriteriums ermöglicht wird. Dies
erlaubt die Verwendung einer Art von Gradientenverfahren zur rekursiven
Suche nach (der ständig wechselnden) besten Merkmalkombination. Die Stär-
ken und Schwächen dieses Verfahrens werden eingehend erörtert; die Ergebnisse der sequentiellen Merkmalselektion werden anhand einer typischen
Mission des Luftkissenfahrzeugs mit den Resultaten einer zu jedem Zyklus
vollständigen Selektion verglichen.

Abschnitt 3.5.5.6 zeigt schließlich, daß eine Erhöhung der Zahl der zu
erfassenden Bewegungsfreiheitsgrade bei gleicher Zahl von Meßwerten nicht
zwangsläufig eine Verschlechterung der Schätzresultate bedeutet: so bewirkt in dem Anwendungsbeispiel die zusätzliche Aufnahme eines vierten
Bewegungsfreiheitsgrades (d.h. des Kameranickwinkels) eine Änderung in
den automatisch ausgewählten Merkmalkombinationen, die eine robustere
Schätzung der Relativbewegung zur Folge hat.

Die vorgestellte automatische Merkmalselektion ist eine wesentliche Voraussetzung für die flexible Einsatzfähigkeit des Gesamtansatzes zur Erfassung von Bewegungen durch Rechnersehen und ist völlig unabhängig von
dem in dieser Arbeit gewählten Anwendungsbeispiel.

2.8 Bewegungssteuerung durch Rechnersehen

Der in Bild 2.3 dargestellte Ansatz beruht auf den in der modernen Regelungstechnik seit etwa 25 Jahren gebräuchlichen Zustandsraummethoden und favorisiert den Einsatz sog. Zustandsregler zur Bewegungssteuerung. Dabei werden die einzelnen, hier durch Rechnersehen ermittelten Bewegungszustandsgrößen mit entsprechenden Sollwerten verglichen und die Differenzen, multipliziert mit zumeist konstanten Faktoren, als Steuergrößen auf das zu steuernde Fahrzeug gegeben.

Die Steuerung der Bewegung ist zwar oft ein Ziel der Erfassung von Bewegungen, wie schon erwähnt ist sie aber für den vorgeschlagenen Ansatz nicht notwendig. Erforderlich ist lediglich das Verständnis für die in der modernen Regelungstechnik und Systemdynamik letztendlich zum Zweck der Bewegungssteuerung verwendeten dynamischen Modelle, die hier zur Erfassung der Bewegungen über visuelle Information benutzt werden. Hierzu soll die vorliegende Arbeit einen Beitrag leisten.

3 Automatische Steuerung eines Luftkissenfahrzeugs in drei Bewegungsfreiheitsgraden durch Auswertung visueller Information

Mit der Stabilisierung eines Stab/Wagen-Systems konnte in [Meissner, 82] und, darauf aufbauend, in [Wünsche, 83b] gezeigt werden, daß der im letzten Kapitel skizzierte Ansatz zur Bewegungssteuerung durch Rechnersehen nicht nur realisierbar, sondern auch leistungsfähig ist. Dabei konnten Zykluszeiten von 80 ms bzw. 40 ms erreicht werden, obwohl die Leistung der verwendeten Rechner nur im Bereich moderner Tischrechner lag (PDP 11/60 und Intel 8085). Ferner wurde in [Wünsche, 83b] die Bedeutung dynamischer Modellvorstellungen zur Interpretation von Bildfolgen deutlich; diese erlauben eine Erkennung optischer Störungen und Verdeckungen auch dann noch, wenn eine statische Interpretation von Einzelbildern aufgrund von Mehrdeutigkeiten keine brauchbaren Resultate ergibt.

Die Arbeiten an diesem System konnten aber dennoch manche Kritiker nicht völlig überzeugen: die einen führten die Schnelligkeit der Videoauswertung auf die Einfachheit der Szene zurück, andere sahen in der Kombination von ruhender Kamera und Eindimensionalität der Stab/Wagen-System-Bewegung stark vereinfachende Randbedingungen, die eine Übertragbarkeit des Ansatzes auf mehrdimensionale Bewegungen mobiler Roboter in natürlichen Umgebungen fraglich erscheinen ließen.

Dem ersten Punkt der Kritik wurde im wesentlichen durch die Weiterentwicklung des Bildverarbeitungssystems BVV1 am Nachbar-Institut für Meßtechnik (Prof. Graefe) Rechnung getragen: die Verwendung leistungsfähigerer 16 bit Intel 8086 Prozessoren anstelle der im BVV1 verwendeten 8 bit Intel 8085A führte im BVV2 [Graefe, 84] zu einer Leistungssteigerung, die eine Fahrzeugführung in natürlicher Umgebung auf gut strukturierten Straßen ermöglicht [Dickmanns u. Zapp, 87]. Eine zusätzliche Weiterentwicklung des BVV soll durch einen zweiten Videobus, spezielle "vision chips", sowie die in [Kuhnert, 86a] vorgestellten, speziell auf die Belange der Bildverarbeitung zugeschnittenen Koprozessoren erfolgen. All diese Verbesserungen auf Seiten der Bildvorverarbeitung ändern aber wenig am grundsätzlichen Konzept der Merkmalextraktion. Mit wachsender Leistungsfähigkeit der parallelen Rechner des BVV nimmt lediglich die Komplexität der aus den Bildfolgen in Echtzeit extrahierbaren Merkmale zu.

Neben dieser Steigerung der Leistungsfähigkeit bei der Merkmalextraktion scheint aber vor allem eine Erweiterung der Bewegungsdimensionen interessant. Ergeben sich grundsätzliche Änderungen des Ansatzes, wenn die Kamera mitbewegt wird? Wie wirkt sich eine Steigerung der Komplexität der Bewegungen auf den Modellierungsaufwand aus, der zur Interpretation der (dann in größerem Umfang mehrdeutigen) Bildfolgen notwendig ist? Fragen, die durch weitergehende Untersuchungen mit dem Stab/Wagen-System kaum noch beantwortet werden konnten. Zudem sollten auch die weiteren Untersuchungen an einer realen Strecke erfolgen: läuft man doch bei Simulationen zu leicht Gefahr, wesentliche Gesichtspunkte, die sich oft erst im Verlauf der praktischen Arbeiten ergeben, schlichtweg zu übersehen oder Störungen schlecht oder gar nicht zu modellieren, abgesehen von der geringeren Überzeugungskraft reiner Simulationen.

Die Satellitenmodell-Regelstrecke des Instituts für Systemdynamik bot sich hier als Versuchsstrecke an. Sie wurde ursprünglich geschaffen, um Studenten der Luft- und Raumfahrttechnik mit Techniken der Satellitenpositionsbestimmung und -lageregelung vertraut zu machen [Dickmanns u.a., 81], und besteht im wesentlichen aus einem druckluftgetriebenen Luftkissenfahrzeug, das nahezu reibungsfrei auf einer horizontal ausgerichteten, 2.5 x 3.0 m großen Platte schwebt. Durch Öffnen entsprechender Druckluftdüsen kann das Fahrzeug, das wegen dieses Antriebskonzeptes auch Satellitenmodell genannt wird, in zwei translatorischen und einem rotatorischen Freiheitsgrad bewegt werden. Gerade diese Möglichkeit, drei Bewegungsfreiheitsgrade unabhängig voneinander steuern zu können, erlaubt interessante Aspekte der Bewegungssteuerung durch Rechnersehen zu untersuchen: Wie wirken sich Größenänderungen im Bild auf die Meßgenauigkeit aus? Wie lassen sich rein optisch inkrementale Seitwärtsbewegungen von kleinen Gierbewegungen unterscheiden? Wie muß die Szene modelliert werden, wenn man sie nicht mehr nur "von außen" betrachtet, sondern sich "in ihr" bewegt? Welche Szenenmerkmale sind wesentlich zur Erfassung der Bewegung, welche unwesentlich?

Diese Fragestellungen sollen unter anderem in diesem Kapitel untersucht werden. Dazu wird zunächst eine konkrete Aufgabenstellung definiert, die unter vorgegebenen Randbedingungen möglichst viele Aspekte der Bewegungssteuerung durch Rechnersehen in drei Freiheitsgraden zu untersuchen gestattet. Um diese Randbedingungen zu erläutern, wird dann auf das Luftkissenfahrzeug und seine zum Betrieb erforderlichen Subsysteme eingegangen -

nicht zuletzt allerdings auch, um dem Leser die Schwierigkeiten aufzuzeigen, die beim Betrieb solch eines Fahrzeugs auftreten können. Danach wird die Lösung der gestellten Aufgabe anhand eines typischen Missionsablaufs skizziert, wobei zwischen der weitgehend zeitunkritischen Initialisierungsphase und der Echtzeitphase unterschieden wird. Diese Untergliederung wird dann im weiteren beibehalten, wobei der Schwerpunkt der Beiträge dieser Arbeit eindeutig auf den Algorithmen der Echtzeitphase liegt; die Initialisierungsphase dient letztlich nur der Bereitstellung von Anfangswerten für die Echtzeitphase, wobei aber die Schwierigkeiten der hierzu notwendigen 3D-Objekterkennung und der Relativlagebestimmung bei einer Perspektivabbildung nicht unterschätzt werden dürfen. Zum besseren Verständnis der Algorithmen der Initialisierungsphase, speziell der ersten Positionsschätzung und der Kamerakalibrierung, wird die Initialisierungsphase nach der Echtzeitphase behandelt, obwohl sie natürlich vorher abläuft.

Nachdem in Kapitel 2 das Zusammenwirken der einzelnen Echtzeit-Algorithmen prinzipiell erläutert wurde, soll hier die konkrete Ausprägung des Verfahrens in der für die spezielle Anwendung notwendigen Detailtiefe erfolgen. Da die gesamte Vorgehensweise wie auch die einzelnen Algorithmen von der Echtzeit-Bedingung geprägt sind, wird hin und wieder auch auf interessante Details der numerischen Implementation eingegangen. Einige Resultate sollen das Erreichte verdeutlichen, auch wenn der Versuch, die Ergebnisse durch Zeitverläufe oder Bilder präsentieren zu wollen, wenig Erfolg verspricht: denn wie bei dem hier vorgestellten Ansatz zum Rechnersehen können auch beim Leser dieser Arbeit statische Einzelbilder nicht den Eindruck kontinuierlicher Bildfolgen ersetzen; die angefertigten Videofilme bieten einen wesentlich eindrucksvolleren Einblick in die Leistungsfähigkeit des Gesamtsystems. Vor Ort wird dieser durch die dem Menschen zur Verfügung stehenden weiteren Sensoren (vor allem akustisch aufgrund der zischenden Stellgliedgeräusche!) noch verstärkt.

3.1 Die Aufgabenstellung

Gegeben ist eine technische Umgebung, in der sich mehrere Objekte bekannter Form und Größe an unbekannten Positionen in unbekannten Orientierungen
befinden. In dieser Umgebung soll das Luftkissenfahrzeug unter alleiniger
Benutzung der optischen Information einer im Fahrzeug eingebauten Videokamera navigieren mit dem Ziel, ein Rendezvous- und Dockingmanöver mit
einem dieser Objekte durchzuführen (siehe Bild 3.1).

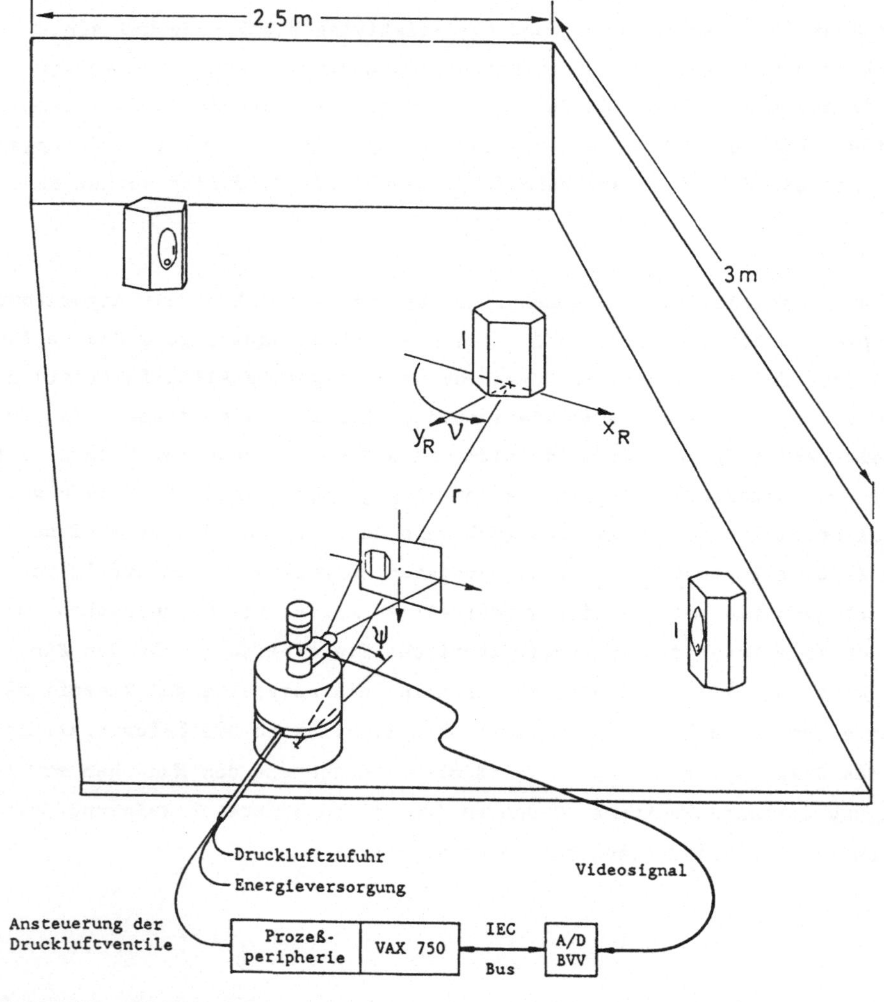

Bild 3.1 : Rendezvousmanöver in einer technischen Umgebung

Diese Aufgabenstellung entstammt zunächst der Raumfahrt: ein Servicesatel-
lit soll an einen völlig passiven (weil z.B. defekten) Satelliten andok-

ken, der, gerade wenn er defekt ist, eventuell keine aktive Rolle während des Manövers übernehmen kann. Auch sind bei Satelliten in erdnahen Umlaufbahnen die Bodenkontaktzeiten so kurz,daß eine Bodenkontrolle des Andockvorgangs kaum möglich ist. Optische Sensoren für die Endphase solch eines Rendezvous- und Dockingmanövers werden deshalb in mehreren Studien untersucht z.B. in [Tietz u.a., 82,83], [Dabney, 84], [Vinz u.a., 84], [Hehnen, 86] sowie [Cathey u. Davis, 86]; dabei wird in einschränkender Weise meist von einer Parallelprojektion ausgegangen (die die analytische Berechnung der Relativlage zwar vereinfacht, aber nur näherungsweise in großer Entfernung gilt), teilweise wird die Forderung nach völliger Passivität des Partners fallengelassen und bei allen Verfahren muß die Andockstelle mit ihren speziellen Markierungen von Anfang an erkennbar sein. Diese Einschränkungen sollen hier nicht gelten. Vielmehr soll auf spezielle Markierungen verzichtet werden und wegen des zu überbrückenden Entfernungsbereichs müssen Weitwinkelobjektive eingesetzt werden, die die Szene perspektivisch abbilden. Auch soll sich das Fahrzeug "durch" die Szene bewegen und um Objekte der Szene herumfahren; damit wird eine echte 3D-Modellvorstellung unabdingbarer Bestandteil des Gesamtansatzes.

Die Aufgabenstellung eines Rendezvous- und Dockingmanövers enthält somit über die Raumfahrtanwendung hinaus nicht nur Problemstellungen aus der Robotik (z.B. Greifvorgänge), sondern vor allem auch wesentliche Teilaspekte der Steuerung autonom mobiler Roboter durch Rechnersehen in wechselnden Umgebungen. Denn Ziel der Bewegungssteuerung sind hier nicht mehr dynamische Positionieraufgaben, bei denen Änderungen im Bildfluß erkannt und ausgeregelt werden sollen wie z.B. die Steuerung des Stab/Wagen-Systems (halte Stab vertikal in Bildmitte) oder die Führung eines Fahrzeugs entlang von wohlstrukturierten Fahrbahnen. Die Änderungen im Bildfluß sollen bei dieser Aufgabe vielmehr durch gezielte Eigenbewegungen herbeigeführt werden. Dadurch entstehen neue Problemstellungen, wie z.B. die der Merkmalselektion.

Des weiteren kann die Steuerungsaufgabe von der Beobachtungsaufgabe getrennt werden, wenn das für beide Aufgaben notwendige Verständnis der zugrundeliegenden Bewegungsdynamik vorhanden ist. Damit enthält die gewählte Aufgabenstellung nicht nur während der Initialisierungsphase den Problemkreis der 3D-Objekterkennung, sondern in der folgenden Echtzeitphase auch Problemstellungen, wie sie bei der Schätzung der Bewegung optisch verfolgter Objekte auftreten (z.B. bei Beobachtungs- oder Trackingaufgaben).

3.2 Die Luftkissenfahrzeug-Versuchsanlage

Bild 3.2 zeigt eine Ansicht vom Gesamtaufbau der Versuchsanlage.

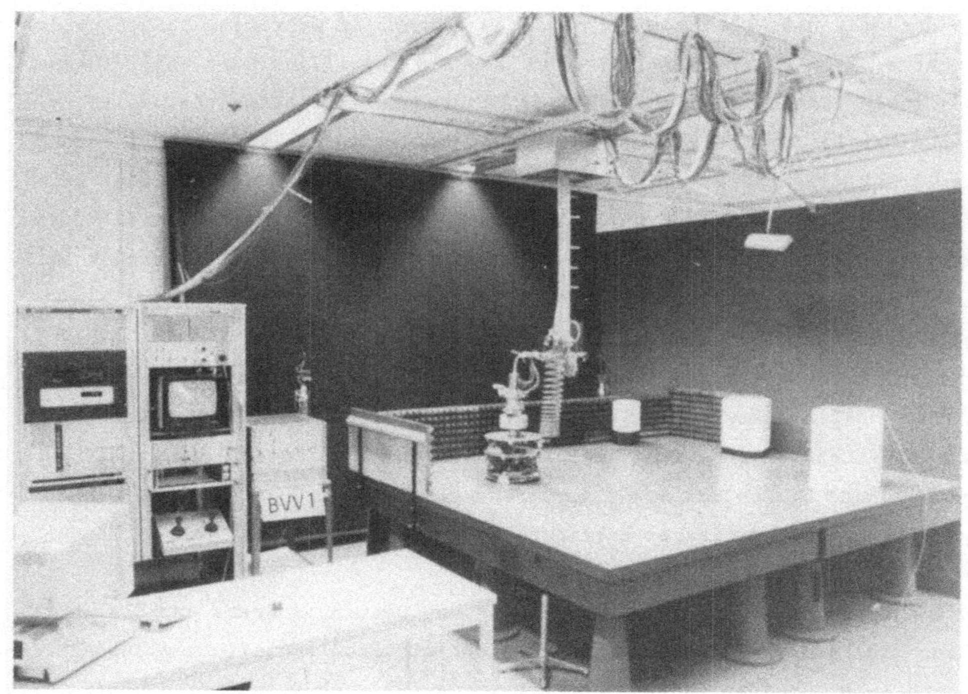

Bild 3.2 : Gesamtansicht von der Luftkissenfahrzeug-Versuchsanlage

In der Mitte dieser Ansicht befindet sich das Luftkissenfahrzeug, das von
oben über ein Laufkatzensystem mit Druckluft und elektrischer Energie ver-
sorgt wird. Dieses Laufkatzensystem wird dem Luftkissenfahrzeug rechnergesteuert so nachgeführt, daß Störeinflüsse auf das Fahrzeug möglichst klein
gehalten werden. Die hierzu notwendige Messung der Fahrzeugposition erfolgt durch Ultraschallentfernungsmessungen über zwei Antennenanlagen, die
jeweils aus einer Bodenstation und einer Station auf dem Fahrzeug bestehen. Bild 3.2 zeigt auch das Bildverarbeitungssystem BVV1, einen typischen
Andockpartner, sowie die zur Ansteuerung von Fahrzeug und Laufkatze notwendigen Elektronikschränke.

3.2.1 Das Luftkissenfahrzeug

Bild 3.3 zeigt eine Großaufnahme des Luftkissenfahrzeugs. Es hat eine Höhe
von ca. 64cm bei einem Durchmesser von 36cm und einer Masse von ca. 21kg.

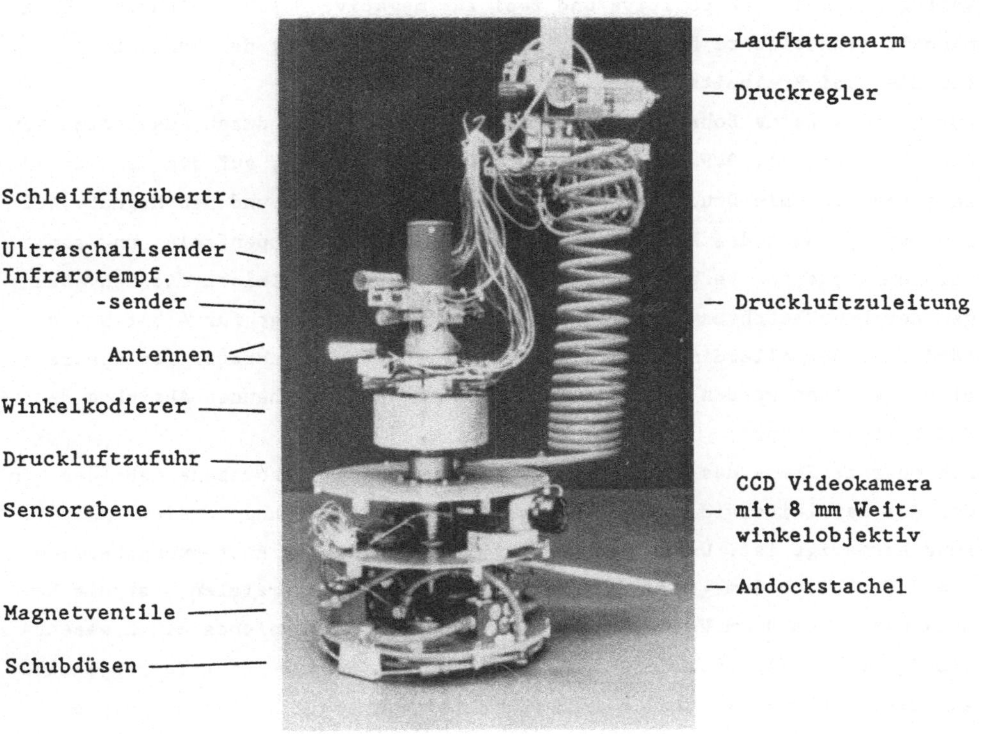

Bild 3.3 : Das Luftkissenfahrzeug

Dieses Fahrzeug ist eine 1985 fertiggestellte Neukonstruktion, bei dem nur
das Konzept von dem in [Dickmanns u.a., 81] beschriebenen Vorläufer übernommen wurde. Im wesentlichen besteht das Fahrzeug aus vier relativ zueinander beweglichen Hauptkomponenten: dem tragenden Grundkörper, der starr
mit der vertikalen Hauptachse verbunden ist, der Druckluftzufuhr sowie der
unteren und der oberen Antenneneinheit, die unabhängig voneinander auf der
Hauptachse gelagert sind und deren Stellung relativ zur Hauptachse über
zwei Inkremental-Winkelkodierer ermittelt werden kann. Während die beiden
Antennenstationen während des Betriebs auf die Bodenstationen ausgerichtet
sind und somit wie die durch die Laufkatze geführte Druckluftzufuhr im
geodätischen Koordinatensystem rotatorisch nahezu ruhen, kann der Grundkörper bei Auftreten entsprechender Beschleunigungsmomente frei rotieren.

Diese Beschleunigungsmomente werden ebenso wie die translatorischen Beschleunigungskräfte durch Ausströmen von Druckluft aus zwölf Düsen erzeugt, die paarweise über prozeßrechnergesteuerte Magnetventile angesteuert werden. Für jeden Bewegungsfreiheitsgrad stehen somit vier Düsen zur Verfügung, zwei für positive und zwei für negative Beschleunigungen. Drei manuell einstellbare Drosseln erlauben die Veränderung der Schubniveaus für die drei Freiheitsgrade.

Durch sechs feine Bohrungen in einer Grundplatte wird durch Ausströmen von Druckluft ein ca. 0.5 mm starkes Luftkissen aufgebaut, auf dem das Fahrzeug schwebt. Die Druckluftzufuhr zu diesem Luftlager und den Magnetventilen erfolgt über das Laufkatzensystem und ein dichtlippenfreies und somit reibmomentenarmes Verbindungsstück. Ein Druckregler gleicht die Schwankungen der Drucklufthausversorgung (5-7 bar) aus und sorgt für 4 bar Sekundärdruck, der allerdings bei gleichzeitiger Öffnung mehrerer Düsenpaare nicht gehalten werden kann und dann zu einem entsprechenden Absinken der Schubniveaus führt.

Die oberste Ebene des Grundkörpers wird durch die Sensorebene gebildet, in der die Halbleitervideokamera mit variabler Längsneigung in einer Halterung befestigt ist. Um in dem angestrebten Rendezvous-Entfernungsbereich von 3.0 m bis 0.3 m genügend scharfe Abbildungen zu erzielen, ist die Kamera mit einem 8 mm Weitwinkelobjektiv ausgerüstet, welches einen wesentlich größeren Tiefenschärfebereich besitzt als Normal- oder Teleobjektive. Auf dieser Ebene ist ferner noch Platz für eventuell später benötigte Inertialsensoren. Unter der Kamera befindet sich der vom Hauptrechner ein-/ausfahrbare Andockstachel, der im ausgefahrenen Zustand im Bild der Videokamera zu sehen ist und daher erst kurz vor dem Andockvorgang ausgefahren wird. Die Videosignalleitung der Kamera sowie die Signalleitungen zur Ansteuerung des Stachelmotors und der Magnetventile werden durch die Hauptachse geführt und über einen mit der oberen Antennenstation verbundenen Schleifringübertrager entdrallt.

3.2.2 Die Antennenanlagen zur Positionsbestimmung

Zur Nachführung des Laufkatzensystems ist eine Bestimmung der Position und der Geschwindigkeit des Luftkissenfahrzeugs notwendig. Dazu befinden sich auf dem Luftkissenfahrzeug zwei mit Ultraschallsendekapseln ausgerüstete Richtantennen (siehe Bild 3.5), die während eines Versuchslaufes von zwei stationären, mit Ultraschallempfängern ausgerüsteten Bodenstationen (Bild 3.4) angepeilt werden.

Bild 3.4 : Bodenstation für die obere Fahrzeug-Antenne

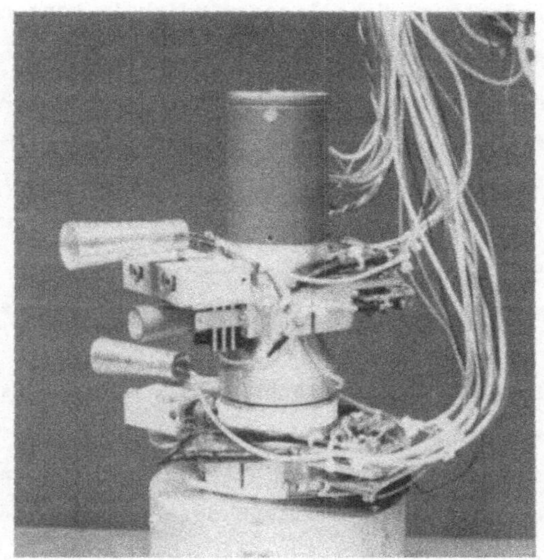

Bild 3.5 : Fahrzeugantennen

Die wechselseitige Nachführung der Ultraschallsende- und empfangsanlagen erfolgt durch analoge Regelkreise, die die jeweilige Station über Torque-Motoren so ausrichten, daß das von der Partnerstation gesendete Infrarotsignal von den beiden divergent ausgerichteten Infrarotempfängern gleich stark empfangen wird (nähere Details hierzu in [Dickmanns u.a., 81]). Zur Triggerung dieses Prozesses werden die Antennenstationen vom Hauptrechner während der Initialisierungsphase durch Aufschalten von Sinussignalen unterschiedlicher Frequenz und wachsender Amplitude aufeinander ausgerichtet.

Die Stellung der beiden Bodenstationen wird über zwei Präzisionspotentiometer abgegriffen. Damit kann die translatorische Lage des Luftkissenfahrzeugs durch Triangulation ermittelt werden. Diverse Nichtlinearitäten, z.B. Reibungen oder Unsymmetrien der Infrarotsende- und -empfangskeulen, führen jedoch zu entfernungsabhängigen Effekten wie z.B. einem "Vorbeischielen" der Antennen aneinander und zu einer Totzone um die Nullage, womit auch die Triangulation entsprechend ungenau wird. Beim Umbau der Versuchsanlage wurden die Antennen deshalb mit Ultraschallentfernungs-Meßanlagen ausgerüstet, die die Laufzeit eines alle 20 ms ausgesendeten 32 kHz Signals mit einer Auflösung von 1 μs und einer Genauigkeit von 0.5 λ, d.h.

ca. 5 mm, messen und die beiden digitalen Meßwerte direkt an den Hauptrechner melden. Bei Kenntnis der (praktisch nur von der Raumtemperatur
abhängigen) Schallgeschwindigkeit können daraus die beiden Entfernungen
berechnet werden ([Kleine, 85]). Einzelne grobe Meßausreißer, die durch
das laute Zischen der Druckluftdüsen des öfteren vorkommen, werden durch
Vergleich mit den Schätzwerten eines (im nächsten Abschnitt hergeleiteten)
stationären Kalman Filters erkannt und ignoriert, worauf für diesen Zyklus
mit dem geschätzten Meßwert gearbeitet wird. Störungen im Sekundenbereich
werden so verkraftet, längere Störungen treten äußerst selten auf und führen zum programmierten Abschalten der Versuchsanlage.

Während die translatorische Position des Luftkissenfahrzeugs somit "direkt" gemessen werden kann, kann dessen rotatorische Lage über die eingebauten Inkremental-Winkelkodierer nur indirekt bestimmt werden: neben der
Kenntnis der Winkellage der entsprechenden Bodenstation (die wegen der
oben erwähnten Meßungenauigkeiten aus den ermittelten Ultraschallentfernungen berechnet wird), muß hierzu auch die rotatorische Lage des Fahrzeugs beim Einschalten der Anlage bekannt sein; diese Information stammt
normalerweise aus automatisch am Ende eines Versuchslaufs aktualisierten
Datenfeldern.
Zur Schätzung der Fahrzeugposition und -geschwindigkeit aus den quantisierten und verrauschten Meßwerten wird ein vereinfachtes stationäres Kalman Filter eingesetzt, dessen Grundlage das mathematische Modell der Luftkissenfahrzeugdynamik, das sog. dynamische Modell, ist.

3.2.3 Das dynamische Modell der Fahrzeugbewegung in geodätischen Koordinaten

Das dynamische Modell der Luftkissenfahrzeugbewegung folgt aus den Differentialgleichungen für die drei Bewegungsfreiheitsgrade, die hier zunächst
in einem erdlotfesten, geodätischen Koordinatensystem unter der Annahme
einer ruhenden Erde aufgestellt werden. Nachdem sich das Fahrzeug auf
einer horizontal ausgerichteten Platte bewegt, werden die X_g- und Y_g-Ko-
ordinatenachsen entlang der Plattenkanten gelegt, mit der Z_g-Achse in
Richtung des Schwerevektors (siehe Bild 3.6). Die Lage der körperfesten
Achsen des Luftkissenfahrzeugs wird durch die Orientierung der Z_B-Achse
entlang der vertikalen Hauptachse in Richtung des Schwerevektors sowie die
Orientierung der X_B-Achse entlang des Andockstachels in Richtung der

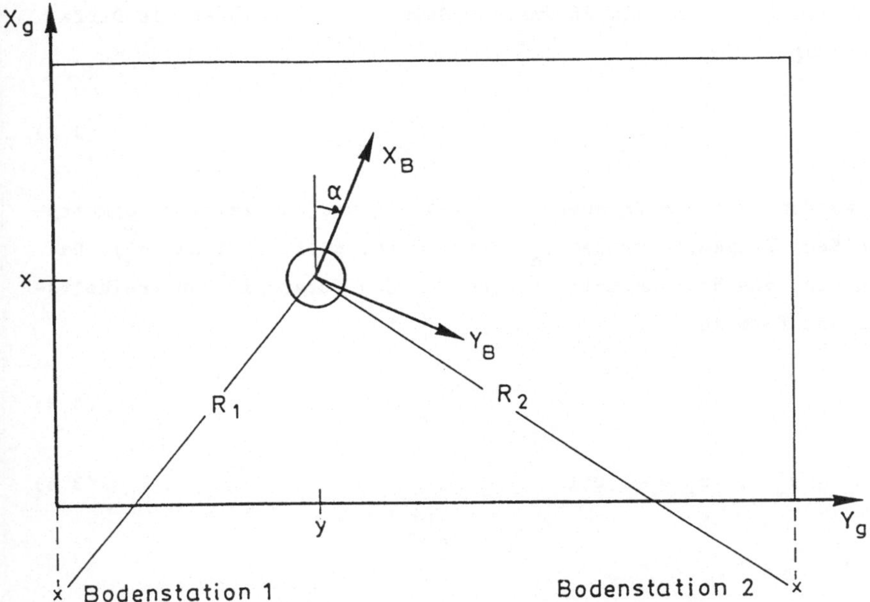

Bild 3.6 : Das geodätische Koordinatensystem

Stachelspitze gegeben, wodurch die Richtung der Y_B-Achse festgelegt ist
(rechtshändiges System). Durch Öffnen eines der sechs Schubdüsenpaare wird
durch Ausströmen von Druckluft entweder eine rotatorische Beschleunigung
a_α um die Hochachse oder eine translatorische Beschleunigung a_x oder a_y
entlang den entsprechenden körperfesten Achsenrichtungen erzeugt. Wie bereits erwähnt, ist die Höhe dieser Beschleunigungswerte vom (manuell dros-
selbaren) Maximalschub (ca. 1N pro Düsenpaar) begrenzt und wird durch den
bei gleichzeitiger Öffnung mehrerer Düsenpaare auftretenden Druckverlust
beeinflußt (Zahlenwerte siehe Anhang A.1).
Grundlage der Bewegungsgleichungen für den rotatorischen Freiheitsgrad ist
die Differentialgleichung

$$\ddot{\alpha} = \frac{M_z}{I_z} \, , \tag{3.1}$$

wobei I_z das Trägheitsmoment um die Hochachse und M_z das um diese Achse
angreifende Drehmoment bezeichnet. Letzteres setzt sich zusammen aus dem
über die Schubdüsen aufgebrachten Drehmoment und einem hauptsächlich von
der Laufkatze über die Antennenzuleitungskabel verursachten, sich relativ
langsam ändernden Störmoment. Die durch dieses Störmoment verursachte

Störbeschleunigung s_α kann als Brownscher Bewegungsprozeß über die Differentialgleichung

$$\dot{s}_\alpha = z_\alpha \qquad\qquad (3.2)$$

modelliert werden, mit dem Anfangswert $s_\alpha(0) = 0$ und dem zeitlich unkorrelierten (weißen) Eingangsrauschen z_α (Mittelwert: Null, Varianz: σ_α^2). Damit ergeben sich die Bewegungsgleichungen für den rotatorischen Freiheitsgrad in Zustandsform zu

$$\dot{\alpha} = \omega \qquad\qquad (3.3)$$

$$\dot{\omega} = a_\alpha u_\alpha + s_\alpha \quad , \quad u_\alpha = -1,0,1 \qquad\qquad (3.4)$$

$$\dot{s}_\alpha = z_\alpha \quad , \qquad\qquad (3.5)$$

wobei die Steuergröße u_α die beiden ausschließlich möglichen Magnetventilzustände (geöffnet oder geschlossen) sowie die Beschleunigungsrichtung angibt.

Die Bewegungsgleichungen für die translatorischen Freiheitsgrade werden in ähnlicher Weise durch

$$\dot{x} = v_x \qquad\qquad (3.6)$$

$$\dot{v}_x = a_x u_x \cos\alpha - a_y u_y \sin\alpha + s_x \qquad\qquad (3.7)$$

$$\dot{s}_x = z_x \qquad\qquad (3.8)$$

$$\dot{y} = v_y \qquad\qquad (3.9)$$

$$\dot{v}_y = a_x u_x \sin\alpha + a_y u_y \cos\alpha + s_y \qquad\qquad (3.10)$$

$$\dot{s}_y = z_y \qquad\qquad (3.11)$$

gegeben, wobei für die ebenfalls hauptsächlich auf Einflüsse der Laufkatze zurückzuführenden Störbeschleunigungen s_x und s_y die gleichen Annahmen zutreffen wie auf s_α. Durch Definition des Zustandsvektors

$$\mathbf{x}_g = [\alpha, \omega, s_\alpha, \ x, v_x, s_x, \ y, v_y, s_y]^T \tag{3.12}$$

sowie des Steuervektors $\mathbf{u} = [u_\alpha, \ u_x, \ u_y]^T$ und des Störgrößenvektors $\mathbf{z}_g = [0,0,z_\alpha, \ 0,0,z_x, \ 0,0,z_y]^T$ können die nichtlinearen Differentialgleichungen (3.3) bis (3.11) in der Form

$$\dot{\mathbf{x}}_g(t) = \mathbf{f}_g\Big(\mathbf{x}_g(t), \ \mathbf{u}(t), \ \mathbf{z}_g(t) \Big) \tag{3.13}$$

dargestellt werden.

Da die Ultraschallmeßwerte zu den diskreten Zeitpunkten t_k mit der Abtastzeit T = 133 ms eingelesen werden und da auch nur zu diesen Zeitpunkten Sollgrößen an die Laufkatze ausgegeben werden, müssen die Werte der Bewegungszustandsgrößen auch nur für diese Zeitpunkte geschätzt werden. Deshalb wird das Differentialgleichungssystem (3.13) in ein Differenzengleichungssystem überführt, wozu es zunächst linearisiert werden muß. Wegen der kurzen Abtastzeit und der (durch Dreipunktregler begrenzten) maximalen rotatorischen Geschwindigkeit von $\omega = 10^\circ/s$ kann die Linearisierung durch die Annahme $\alpha(t) =$ const für $t_{k-1} \leq t \leq t_k$ erfolgen; diese Annahme entkoppelt gleichzeitig die Bewegungsfreiheitsgrade. Aus dem so folgenden linearen Differentialgleichungssystem

$$\dot{\mathbf{x}}_g(t) = \mathbf{F}_g \mathbf{x}_g(t) + \mathbf{G}_g \mathbf{u}(t) + \mathbf{z}_g(t) \tag{3.14}$$

wird dann das diskrete Differenzengleichungssystem

$$\mathbf{x}_g(k) = \Phi_g(k-1) \, \mathbf{x}_g(k-1) + \mathbf{B}_g(k-1) \, \mathbf{u}(k-1) + \mathbf{v}(k-1) \tag{3.15}$$

abgeleitet. Die Elemente der Transitionsmatrix Φ_g sowie der Eingangsmatrix $\mathbf{B}_g$ werden in Anhang A.2 abgeleitet; dabei wird von der Entkoppelung der drei Freiheitsgrade Gebrauch gemacht.

Da die Störgrößen $\mathbf{v}$ unbekannt sind, kann bei Kenntnis eines Schätzwertes $\hat{\mathbf{x}}(k-1)$ über

$$\mathbf{x}_i^*(k) = \Phi_i(k-1) \, \hat{\mathbf{x}}_i(k-1) + \mathbf{B}_i(k-1) \, \mathbf{u}_i(k-1), \qquad i = \alpha, x, y \tag{3.16}$$

nur eine (zwangsläufig fehlerhafte) Vorhersage der Zustandsgrößen für den Zeitpunkt t_k erfolgen; der Index i steht dabei für die drei entkoppelten

48

Freiheitsgrade. Zum Zeitpunkt t_k werden daher aus den eingelesenen Ultraschallentfernungen R_1 und R_2 und den Winkeldaten die Pseudomeßwerte α_m, x_m und y_m gebildet, die im Meßvektor $\mathbf{y}_g = [\alpha_m, x_m, y_m]^T$ zusammengefaßt werden und über die sogenannte Innovation

$$\hat{\mathbf{x}}_g(k) = \mathbf{x}_g^*(k) + \mathbf{K}(k)\left[\,\mathbf{y}_g(k) - \mathbf{y}_g^*(k)\,\right] \tag{3.17}$$

zur Verbesserung des vorhergesagten Zustandsvektors beitragen; der neue Schätzwert $\hat{\mathbf{x}}_g(k)$ wird dann nicht nur zur Nachführung der Laufkatze verwendet, sondern kann bei bekannter Position des Andockpartners auch zur Überprüfung der über optische Information gewonnenen Relativlage herangezogen werden. Die zum Vergleich mit den aktuellen Messungen $\mathbf{y}_g$ in Gl. (3.17) benötigten vorhergesagten Pseudomeßwerte $\mathbf{y}_g^*(k) = \mathbf{C}\,\mathbf{x}_g^*(k) = [\alpha^*(k),\ x^*(k),\ y^*(k)]^T$ werden direkt $\mathbf{x}_g^*(k)$ entnommen.
Die zur Rückführung der Meßwertdifferenz benötigte Filtermatrix $\mathbf{K}(k)$ ist i.a. zeitvariabel und muß über Rekursionsgleichungen berechnet werden; wegen der in diesem Fall konstanten Transitionsmatrix $\boldsymbol{\Phi}$ und Meßmatrix $\mathbf{C}$ schwingen die Elemente von $\mathbf{K}$ allerdings nach einigen Zyklen auf konstante Werte ein. Da auch die Innovationsgleichung entkoppelt werden kann, was zu drei Filtervektoren $\mathbf{k}_i$ mit je drei Elementen führt, werden diese Elemente der Einfachheit halber direkt vorgewählt. Diese Vorgehensweise wurde schon in [Wünsche, 84] angewandt und wird in Abschnitt 3.5.3 noch einmal näher begründet werden. Dies führt auf die drei Innovationsgleichungen

$$\hat{\mathbf{x}}_\alpha(k) = \mathbf{x}_\alpha^*(k) + \mathbf{k}_\alpha\left[\,\alpha_m(k) - \alpha^*(k)\,\right] \tag{3.18}$$

$$\hat{\mathbf{x}}_x(k) = \mathbf{x}_x^*(k) + \mathbf{k}_x\left[\,x_m(k) - x^*(k)\,\right] \tag{3.19}$$

$$\hat{\mathbf{x}}_y(k) = \mathbf{x}_y^*(k) + \mathbf{k}_y\left[\,y_m(k) - y^*(k)\,\right] \tag{3.20}$$

mit den heuristisch ermittelten Filtervektoren

$$\mathbf{k}_\alpha^T = [0.6,\ 0.25/T,\ 0.01/(0.5T^2)] \tag{3.21}$$

$$\mathbf{k}_x^T = [0.5,\ 0.05/T,\ 0.001/(0.5T^2)] \tag{3.22}$$

$$\mathbf{k}_y^T = [0.5,\ 0.05/T,\ 0.001/(0.5T^2)]\ , \tag{3.23}$$

in denen die Abtastzeit T nicht nur explizit auftaucht, um die Filterung von T unabhängig zu halten, sondern auch aus "historischen" Gründen. Denn dieses Verfahren wurde in [Wünsche, 84] über eine anschauliche Filterbetrachtung hergeleitet: so wird für die Innovation der Geschwindigkeit ω aus der Winkelabweichung $\alpha_m(k)-\alpha^*(k)$ durch Division mit T eine Geschwindigkeitsabweichung erzeugt, die dann über einen konstanten Filterfaktor (hier 0.25) gefiltert wird.

3.2.4 Das Laufkatzensystem

Um die Größe des Luftkissenfahrzeugs und somit der gesamten Versuchsanlage in vernünftigen Grenzen zu halten, kann die für einen längeren Betrieb notwendige Energie nicht an Bord des Fahrzeugs mitgeführt werden, sondern muß über ein Laufkatzensystem, über das dann auch der Datenaustausch erfolgt, von außen zugeführt werden (siehe Bild 3.2). Um die über die Verbindungsleitungen übertragenen Störkräfte und -momente gering zu halten, muß die Laufkatze dem Luftkissenfahrzeug so gut wie möglich nachgeführt werden, weshalb der hierzu notwendigen Reglerauslegung eine für den Betrieb des Fahrzeugs wesentliche Bedeutung zukommt (diese Schwierigkeiten werden bei einer wesentlich größeren Versuchsanlage, die sich bei der NASA in Huntsville (USA) im Aufbau befindet, durch ein weitgehend autonomes Luftkissenfahrzeug vermieden). Der Laufkatzenarm wird durch zwei unabhängige Gleichstrommotor-Antriebe parallel zu den Tischkanten bewegt, weshalb die Reglerauslegung für beide Freiheitsgrade getrennt durchgeführt wird; hier wird deshalb nur die Regelung entlang der X_g-Achse skizziert.

Die Struktur der Regelung wird aus Bild 3.7 deutlich. Der mit einer analogen Drehzahlregelung versehene Gleichstrommotor wird durch ein Verzögerungsglied erster Ordnung mit der Verstärkung κ und der Zeitkonstante $\tau = \frac{1}{a}$ approximiert. Gemessen, und mit der Abtastzeit T über A/D-Wandler in die VAX 750 eingelesen werden sowohl die Position x_L als auch die Geschwindigkeit v_L der Laufkatze. Ziel einer Vorsteuerung ist es, zunächst die Geschwindigkeit der Laufkatze durch Aufschalten einer Sollspannung u_{soll} der Führungsgröße, d.h. der Geschwindigkeit des Luftkissenfahrzeugs anzunähern. Die Differenz zwischen der tatsächlich gemessenen Laufkatzenposition und -geschwindigkeit sowie der für diesen Zyklus geschätzten Luftkissenfahrzeugposition und -geschwindigkeit soll dann über einen Zustandsregler ausgeregelt werden; diese Differenzen lauten

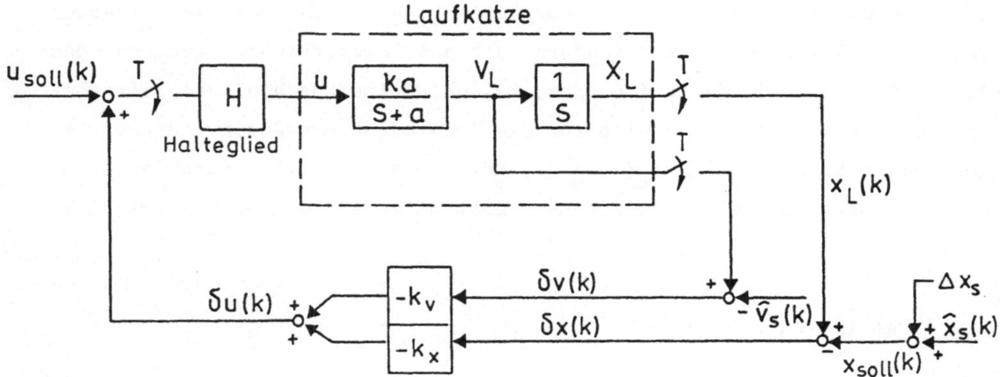

Bild 3.7 : Struktur der Laufkatzen-Regelkreise

$$\delta x = x_L - (\hat{x}_s(k) + \Delta x_s) \tag{3.24}$$

$$\delta v = v_L - \hat{v}_s \quad , \tag{3.25}$$

wobei der Positionsoffset Δx_s die aus Bild 3.3 ersichtliche Differenz zwischen der Position des Laufkatzenarms und der des Luftkissenfahrzeugs ist. Die Struktur aus Bild 3.7 wird unmittelbar einsichtig, wenn der Regelkreis nur für diese Differenzen formuliert wird: Differentiation der Gleichungen (3.24) und (3.25) ergibt mit den Bewegungsdifferentialgleichungen der Laufkatze

$$\dot{x}_L = v_L \tag{3.26}$$

$$\dot{v}_L = -a\,v_L + a\,\kappa\,u \tag{3.27}$$

und der Vereinbarung

$$u = u_{soll} + \delta u \tag{3.28}$$

wegen $\Delta x_s \simeq$ const die Gleichungen

$$\delta\dot{x} = \dot{x}_L - \dot{\hat{x}}_s = \delta v \tag{3.29}$$

$$\delta\dot{v} = -a\,v_L + a\,\kappa\,u_{soll} + a\,\kappa\,\delta u - \dot{\hat{v}}_s \quad , \tag{3.30}$$

woraus die Bewegungsgleichungen der um die Luftkissenfahrzeugbewegung linearisierten Laufkatzenbewegung folgen. Dazu wird aus der Forderung

$$\delta\dot{v} \overset{!}{=} - a\,\delta v + a\,\kappa\,\delta u \tag{3.31}$$

durch Gleichsetzen mit Gleichung (3.30) unter Verwendung von Gleichung (3.25) die Vorschrift für die Sollgröße

$$u_{soll} = \frac{1}{\kappa}\,\hat{v}_s + \frac{1}{\kappa a}\,\dot{\hat{v}}_s \tag{3.32}$$

abgeleitet, wobei eine Vernachlässigung des zweiten Terms der Gleichung (3.32) einer "sanften" Laufkatzenregelung eher entgegenkommt. Das Gleichungssystem (3.29) und (3.31) wird dann in ein Abtastmodell mit der Transitionsmatrix Φ_L und dem Eingangsvektor b_L überführt (siehe Anhang A.2b), woraus die Struktur der Regelung in der gebräuchlichen Standardform folgt (Bild 3.8):

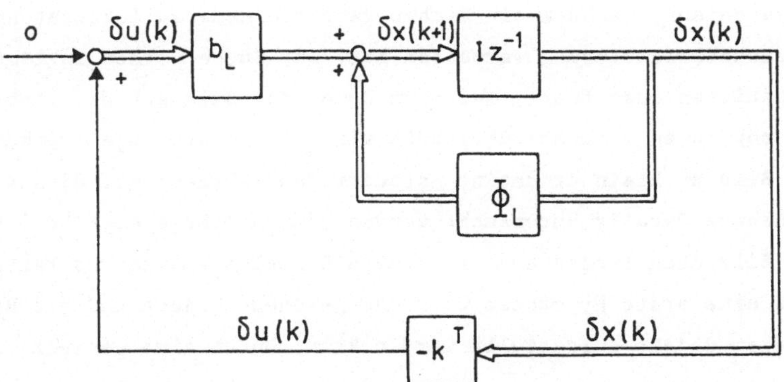

Bild 3.8 : Struktur der Laufkatzenregelung in Standardform

Die Berechnung des Zustandsreglers, d.h. der konstanten Reglerverstärkungsfaktoren $k^T = [k_x, k_v]$, erfolgt durch Polvorgabe, mit Eigenwerten für den geschlossenen Abtastkreis im z-Bereich entsprechend einer ungedämpften Kreisfrequenz von $\omega_o = 2.5\ \mathrm{s}^{-1}$ und einer Dämpfung von $\zeta = 0.7$. Zur "sanften" Ausregelung großer (Anfangs-)Abweichungen wird die Stellgrößenänderung zweier aufeinanderfolgender Zyklen zusätzlich beschränkt (auf $|\Delta u_{soll}| \overset{\wedge}{=} 1\ \mathrm{cm/s}$).

Die Störkräfte und -momente auf das Luftkissenfahrzeug werden über den
Druckluftschlauch und die beiden Zuleitungsstränge zu den Antennenstationen eingeleitet. In Abhängigkeit der Position des Fahrzeugs auf dem Tisch
ändert sich auch die rotatorische Lage der Antennenstationen, weshalb der
Offset Δx_s zwischen Fahrzeug und Laufkatze auch angepaßt wird. Insgesamt
können durch die zwei Freiheitsgrade der Laufkatzensteuerung aber nicht
alle drei Störfreiheitsgrade des Fahrzeugs gezielt beeinflußt werden. Da
durch die mitbewegte Kamera die Gierbewegung des Fahrzeugs am besten erfaßt werden kann, wurde bei der Laufkatzenregelung auf eine Minimierung
der rotatorischen Störbeschleunigungen verzichtet; die rotatorischen Störungen sollen vom optisch geschlossenen Regelkreis nicht nur verkraftet,
sondern zusätzlich zu den übrigen Zustandsgrößen mitgeschätzt werden.

3.3 Missionsablauf

Während einer Initialisierungs- und Orientierungsphase muß zunächst der
vorbestimmte Rendezvouspartner unter anderen vorhandenen Objekten gefunden
werden; dies geschieht, nachdem ein Eichvorgang die Kamerablickrichtung
relativ zur Stachelorientierung vermessen hat. Zur Suche werden inkremen-
telle Eigenrotationen ausgeführt, zwischen denen das Bild auf das Vorhan-
densein eines möglichen Partners überprüft wird. Falls ein Objekt erkannt
wird, aber im Bild zu klein erscheint, steuert das Fahrzeug auf dieses Objekt zu, bis nähere Details untersucht werden können (Phase A, Bild 3.9).
Dann wird das Bild nach (weiteren) erwarteten Einzelmerkmalen des Partners
abgesucht, bis eine erste Hypothese über das gesehene Objekt und die Relativlage zu diesem Objekt aufgestellt werden kann. Durch eine gezielte Suche nach eventuell vorhandenen
weiteren Merkmalen kann diese
Hypothese verifiziert oder unter Umständen korrigiert werden, wobei auch gezielte
Eigenbewegungen hilfreich sein
könnten (aber bislang nicht
erforderlich waren). Kann das
Objekt nicht identifiziert
werden, oder handelt es sich
nicht um den gewünschten Andockpartner, so wird weiterge-

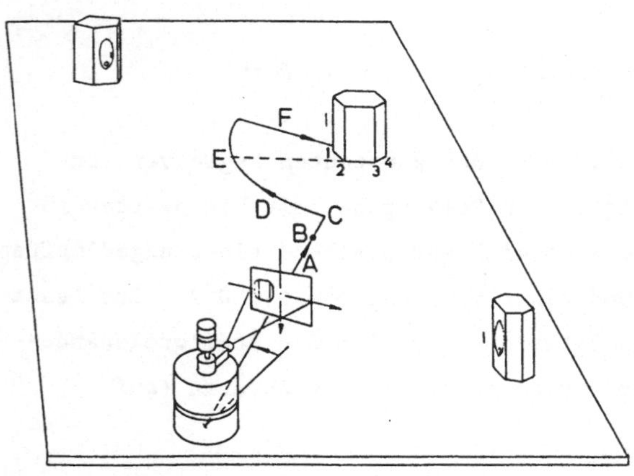

Bild 3.9 : Phasen einer typischen Mission

sucht. Ist dagegen der Partner gefunden und eine erste Relativlageschätzung möglich gewesen, so wird der weitere Missionsablauf geplant (Punkt B, Bild 3.9).

Dann beginnt die Echtzeitphase, nachdem zunächst diejenige Kombination von Einzelmerkmalen des Partners zur Verfolgung durch die Parallelprozessoren des BVV ausgewählt wurde, die sich für eine Relativlageschätzung am besten eignet. Nach einer weiteren Annäherung an den Partner, bis dessen Abbildung eine bestimmte Größe erreicht hat, folgt die kritischste Phase des Manövers, die sog. Zirkumnavigation (Phase D). Hier bewegt sich das Luftkissenfahrzeug seitwärts um den Partner herum, während gleichzeitig mit anderen Düsenpaaren versucht wird, sein Bild in Bildmitte und den radialen Abstand nahezu konstant zu halten. Während dieser Phase verschwinden einzelne Merkmale aufgrund der Eigenbewegung, wie z.B. die Kante Nr.3 an der Stelle E, während andere Merkmale des Partners auftauchen. Durch die Modellierung des Partners und der Bewegungen im 3D-Raum ist es möglich, diese nur in der 2D-Projektion auftretenden Situationen vorherzusagen. Über das entwickelte Merkmalselektionsverfahren werden andere Merkmale des Partners zur Verfolgung durch die Parallelprozessoren des BVV ausgewählt. Dies erfolgt auch, wenn einzelne Merkmale durch Verdeckungen, ungünstige Beleuchtungsverhältnisse oder andere Störungen nicht oder nicht mehr gut genug erkennbar sind. Alternativ zu der eigentlichen Aufgabe der Merkmalverfolgung zur Schätzung der Relativbewegung können einzelnen Parallelprozessoren des BVV während der Echtzeitphase auch Sonderaufgaben übertragen werden, um z.B. letzte Zweifel oder Zweideutigkeiten aus den Hypothesen der Initialisierungsphase auszuräumen. So kann z.B. aufgrund der Symmetrie der meisten Andockpartner eine Zweideutigkeit der möglichen Partnerorientierung erst nach Erkennen von speziellen Merkmalen der Andockstelle beseitigt werden.
Sobald die Andockrichtung erreicht wird, wird die laterale Bewegung beendet und der "Endanflug" beginnt. Auch während dieser Phase muß die augenblickliche Merkmalkombination ständig überprüft und ggfls. korrigiert werden, da Merkmale aus dem Blickbereich der Kamera verschwinden oder z.B. durch den kurz vor dem Andocken ausfahrenden Andockstachel verdeckt werden. Dieser rastet beim Andocken in eine entsprechende Vorrichtung des Partners ein, worauf ein vom Hauptrechner überwachter Schalter geschlossen wird, um die Gesamtanlage definiert abzuschalten.

3.4 Merkmalextraktion

Nachdem das Konzept der Erkennung elementarer Objektmerkmale aus kontinuierlichen Bildfolgen mittels der Parallelrechnerstruktur des Bildverarbeitungssystems BVV bereits in Kapitel 2 dargelegt worden ist, soll hier
kurz (und soweit für das weitere Verständnis notwendig) auf die Merkmalextraktionsverfahren eingegangen werden, die für die in diesem Kapitel
beschriebene Anwendung durch das Institut für Meßtechnik (Prof. Graefe)
zur Verfügung gestellt wurden. Es wurde bereits erwähnt, daß für diese
Arbeiten nur das in [Haas, 82] beschriebene, inzwischen als BVV1 bezeichnete System benutzt werden konnte, das zudem vor der Fertigstellung der
neueren BVV2 Systeme mit anderen Nutzern geteilt werden mußte. Aufgrund
der beschränkten Rechenkapazität der im BVV1 eingesetzten 8 bit Intel 8085
Einplatinenrechner ist die Klasse der in Echtzeit aus Bildfolgen extrahierbaren Merkmale dabei sehr eingeschränkt: neben der Erkennung und Verfolgung vertikaler Stäbe (dunkel vor hellem Hintergrund oder umgekehrt)
mit einem in [Haas, 82] vorgestellten Verfahren, das ursprünglich bei der
Stabilisierung des Stab/Wagen-Systems Anwendung fand, wurde vom Institut
für Meßtechnik im Rahmen eines 1984 ausgelaufenen BMFT Forschungsauftrages
ein Algorithmus zur Eckenverfolgung entwickelt und auf dem BVV1 implementiert [Kuhnert u. Graefe, 85].

Zusätzlich wurden vom Autor verschiedene Verfahren zur Merkmalextraktion
auf der VAX 750 implementiert. Es besteht nämlich die Möglichkeit, über
das BVV einzelne Bildbereiche unverarbeitet in die VAX einzulesen, was
allerdings wegen der langsamen Kommunikation über den IEC-Bus relativ
lange dauert (ca. 5 s für ein ganzes Bild), und daher nur während der
Initialisierungsphase angewendet werden kann. So wird zur Vermessung der
Stachelposition der Bildbereich in die VAX eingelesen, in dem der ausge-
fahrene Stachel erwartet wird. Über Gradientenverfahren nach [Haas, 82]
(siehe Abschnitt 3.4.1) kann dann zunächst horizontal nach dem hellen
Stachel und dann vertikal nach der Lage der Stachelspitze gesucht werden.
Ferner wird bei der Suche nach Objekten vor der Objekterkennung in vertikaler Bildmitte ein horizontaler Bildstreifen von sieben Zeilen Höhe in
die VAX eingelesen; auch dabei kann über das Gradientenverfahren ein helles Objekt im Bildstreifen gefunden werden.

3.4.1 Verfolgung vertikaler Stäbe

Der Algorithmus zur Staberkennung und -verfolgung wurde für die in [Meiss-
ner, 82] dokumentierte Steuerung eines instabilen Stab/Wagen-Systems durch
Rechnersehen entwickelt und benutzt eine Fenstergröße von 9 Zeilen à 32
Pixel. Durch eine vertikale Summenbildung über die neun Zeilen sowie eine
anschließende horizontale Differenzenbildung benachbarter Grauwertsummen
("Gradientenverfahren") wird die Position des Stabes innerhalb des Fen-
sters bestimmt. Diese horizontale Positionsbestimmung ist aufgrund der
Summation über neun Zeilen rauscharm und laut Haas bei (den hier gegebe-
nen) niedrigen Verfolgungsgeschwindigkeiten auf ein halbes Pixel genau.
Schließt man daraus auf eine Standardabweichung von ebenfalls einem halben
Pixel, so folgt für die Varianz dieses Meßwerts

$$\sigma_y^2 = 0.25 \ [\ Pixel^2 \ ]. \tag{3.33}$$

Die Bestimmung der Stabkoordinate dauert knapp zwei Videozyklen, d.h. bei
den hier verwendeten 60 Hz Bildfolgen ca. 30ms. Da der vertikale Stab nur
horizontal verfolgt wird, liefert der "Stabverfolger" nur einen Meßwert.

3.4.2 Verfolgung von Ecken

Der Algorithmus zur Eckenverfolgung versucht dagegen durch horizontale und
vertikale Verschiebung des hier 32 x 32 Pixel großen Auswertefensters eine
kontrastreiche Ecke in Fenstermitte zu halten. An den Hauptrechner gemeldet werden dann neben den augenblicklichen Koordinaten des Fensters im
Bild (y_F, z_F) die Koordinaten der Ecke im Fenster (y_E, z_E) und die Koordinaten des in Suchrichtung entlang der Fensterkanten gefundenen ersten dun-
kel-hell Übergangs (y_1, z_1) und des ersten hell-dunkel Übergangs (y_2, z_2)
(siehe Bild 3.10).

Zur Abschätzung der später benötigten Varianzen der ermittelten Eckenkoordinaten muß kurz auf deren Bestimmung eingegangen werden (Näheres in
[Kuhnert und Graefe, 85]). Zunächst werden die Fensterdaten durch eine
Schwelle, z.B. den Mittelwert zwischen höchstem und niedrigstem Grauwert
des tiefpass-gefilterten Fensters, binärisiert. Dann wird entlang der in
Bild 3.10 definierten Suchrichtung nach der Kontur gesucht, die mit Standardverfahren zur Konturfindung (nach [Niemann, 81]) verfolgt wird.

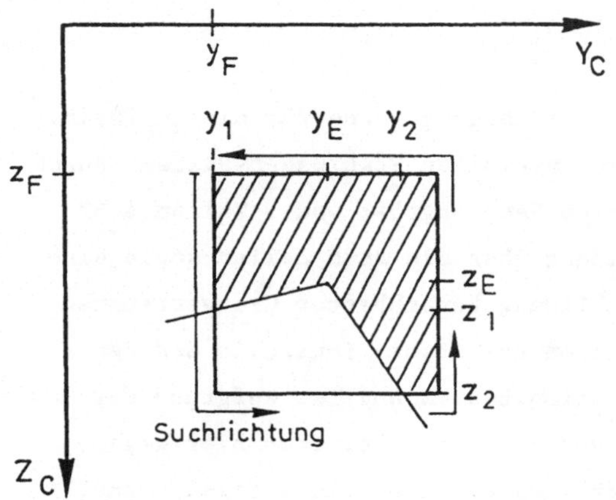

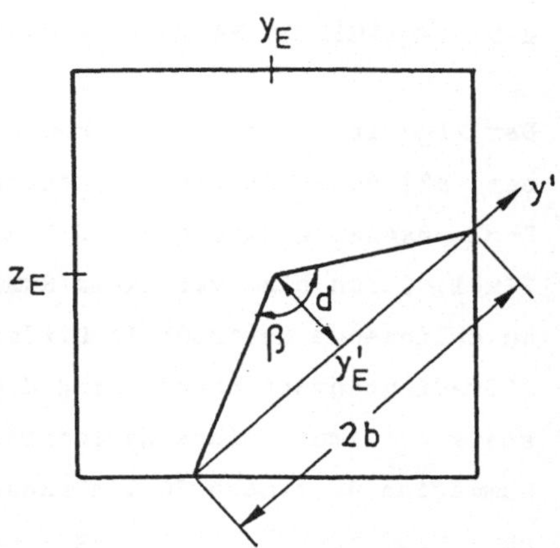

Bild 3.10: Durch den Eckenverfolger-
Algorithmus ermittelte Meßwerte

Bild 3.11: Zur Ecken-Extraktion
und -Koordinatenbestimmung

Die Liste der Konturelemente wird dann einer Koordinatentransformation unterzogen, mit der durch den Anfangswert und den Endwert der Kontur gehenden Verbindungslinie als Abszisse (Bild 3.11); daraufhin wird der maximale Abstand d der Kontur am Ort y_E' notiert (und in Fensterkoordinaten rücktransformiert). Die Bestimmung dieses Abstandes d erfolgt nach Kuhnert unabhängig von dem projizierten Öffnungswinkel β mit einer Standardabweichung von weniger als einem Pixel; für die Varianz erscheint somit

$$\sigma_d^2 = 0.5 \ [\text{Pixel}^2] \tag{3.34}$$

als ein guter Schätzwert. Die Genauigkeit der Bestimmung der Ortskoordinate y_E' ist dagegen in starkem Maße von β abhängig, was unmittelbar einleuchtet. Um Schätzwerte für die später benötigten Meßwertvarianzen σ_y^2 und σ_z^2 zu erhalten, wird zunächst die Varianz der Bestimmung von y_E' als Funktion von β abgeschätzt. Dazu wird davon ausgegangen, die Standardabweichungen von y_E' und d verhielten sich wie b zu d solange $\beta > 90^\circ$; damit folgt

$$\sigma_{y'}^2 = \frac{b^2}{d^2} \ \sigma_d^2 \ , \tag{3.35}$$

wobei zudem angenommen wird, die Meßgenauigkeit steige für b < d (d.h. $\beta < 90^\circ$) nicht weiter, d.h. für $\beta < 90^\circ$ gilt $\sigma_{y'}^2 = \sigma_d^2$. Diese Annahmen wur-

den vom Autor durch Messungen an $\beta = 90^{\circ}$ Ecken und $\beta = 125^{\circ}$ Ecken überprüft; letztere hatten eine doppelt so hohe Standardabweichung in der y-
Koordinate wie die ersteren (tan $62.5^{\circ} \simeq 2$ tan 45°). Nachdem über das dynamische Modell und das geometrische Abbildungsmodell nicht nur die Lage der
Ecken im Bild für den nächsten Abtastzyklus vorhergesagt werden kann, sondern auch die Orientierung ihrer Schenkel und somit auch der Winkel β,
kann die Varianz von y_E' über die Beziehung (3.35) mit der zusätzlichen Annahme

$$\tan \frac{\beta}{2} \simeq \frac{b}{d} \qquad\qquad (3.36)$$

abgeschätzt werden. Durch Koordinatenrücktransformation werden dann die
gesuchten Varianzen σ_y^2 und σ_z^2 berechnet. Die Höhe der Kovarianz σ_{yz}^2 von
y_E und z_E richtet sich nach der Neigung von y_E' gegen die Horizontale. In
den hier untersuchten Szenen treten große Öffnungswinkel aber hauptsächlich bei nahezu horizontaler oder nahezu vertikaler Ausrichtung von y_E'
auf, weshalb die Kovarianzen hier vernachlässigt wurden.
Die Rechenzeit eines Intel 8085 Prozessors zur Bestimmung der Eckenkoordinaten richtet sich nach der Konturlänge, und schwankt nach Messungen des
Autors normalerweise zwischen 70 ms und 90 ms. Der Grauwert der Kontur
wird dabei z.B. durch den Mittelwert zwischen höchstem und niedrigstem
Grauwert eines tiefpass-gefilterten Fensters definiert. Falls entlang der
Kontur eine größere Fläche mit diesem "Konturgrauwert" auftritt, wird die
Kontur nicht gefunden und die Rechenzeit wächst bis zur doppelten Zykluszeit. In diesem Fall muß der Hauptrechner den betreffenden Prozessor neu
synchronisieren und die entsprechende Ecke wird bis auf weiteres als
"nicht erkennbar" eingestuft.

3.4.3 Bestimmung maximal zulässiger Relativgeschwindigkeiten

Anders als beim Algorithmus zur Stabverfolgung erfolgt bei der Verfolgung
von Ecken keine lineare Bewegungsextrapolation auf der untersten Merkmal-
extraktionsebene (durch den betreffenden Parallelprozessor selbst), d.h.
das Fenster für den nächsten Auswertezyklus wird nur aufgrund der im lau-
fenden Auswertezyklus berechneten Eckenkoordinaten positioniert. Durch
eine Steuerung der Relativbewegung muß deshalb hier sichergestellt werden,
daß das verfolgte Merkmal zwischenzeitlich nicht um mehr als z.B. 10 Pixel
aus der Fenstermitte gewandert ist, um mit einem Abstand von dann 6 Pixeln

zum Fensterrand gerade noch erkennbar zu sein. Aus dem effektiven horizontalen Blickwinkel α_h der verwendeten Kamera-Objektiv-Kombination von ca. 47°, der in 256 Pixel aufgelöst wird, und der Abtastzeit T = 0.133 s, errechnet sich bei ruhender Umgebung somit eine maximal zulässige Gierwinkelgeschwindigkeit von

$$\omega_{max} = \frac{10}{256} \frac{\alpha_h}{T} = 13.8 \; ^o/s. \tag{3.37}$$

Demgegenüber wirken sich translatorische Bewegungen im Bild nicht so stark aus, was durch Sensitivitätsuntersuchungen über die später hergeleitete Jacobische Matrix leicht verifiziert werden kann. Von seiten der Merkmalextraktion werden demnach keine translatorischen Geschwindigkeitsgrenzen vorgegeben.

Treten bei anderen Anwendungen höhere Relativgeschwindigkeiten auf, muß die in [Haas, 82] beschriebene dynamische Fensterführung erfolgen, um einen Verlust des Merkmals durch den jeweiligen Parallelprozessor zu vermeiden. Dies geschieht durch eine Bewegungsextrapolation ohne jegliche Kenntnis der Bewegungsdynamik. Mit wachsender Leistungsfähigkeit der Parallelprozessoren des BVV und der Kommunikationsschnittstelle zwischen sogenanntem Hauptrechner und den Merkmalextraktionsrechnern ist aber auch eine Verwendung der über das dynamische Modell geschätzten Relativgeschwindigkeiten zur Fensterführung denkbar. Darüber hinaus muß die Kamera bei noch höheren Relativgeschwindigkeiten, die zu Verwischungen im Bild führen, nachgeführt werden, wenn nicht ein Objektiv mit noch kürzerer Brennweite verwendet werden kann (siehe z.B. [Mysliwetz u. Dickmanns, 86]).

3.5 Echtzeitphase: Erfassung und Steuerung der Luftkissen-fahrzeugbewegung durch Rechnersehen

Dieses Teilkapitel ist der inhaltliche Hauptteil der vorliegenden Arbeit. Es behandelt alle Algorithmen, die zur Erfassung und Steuerung des Luftkissenfahrzeuges durch Rechnersehen während der kritischen Echtzeit-Bewegungsphase notwendig sind, und ist dementsprechend umfangreich.

Die Abschnitte dieses Teilkapitels gliedern sich entsprechend der schon im Bild 2.3 gezeigten Aufgabenblöcke. Zunächst erfolgt die Modellierung der Bewegung des Luftkissenfahrzeugs. Das geometrische Abbildungsmodell beschreibt dann das 3D-Modell der Szene sowie die Perspektivabbildung der Szene auf die Bildebene der Kamera. Dies erlaubt die Konstruktion einer Ansicht der 3D-Modellvorstellung, die dann mit der "gemessenen" 2D-Ansicht der realen 3D-Szene verglichen werden kann. Im dritten Abschnitt wird auf mehrere Verfahren eingegangen, die über eine direkte Rückkopplung der Differenz zwischen "wirklicher" Ansicht und "gedachter" Ansicht auf die 3D-Modellvorstellung ermöglichen, diese 3D-Modellvorstellungen mit der 3D-Szene in Einklang zu bringen. Dabei wird nicht nur die 3D-Bewegung selbst geschätzt, sondern auch ein Maß für die Schätzqualität. Damit kann das Vertrauen in die eigene Modellvorstellung angegeben werden, was die Wissensbasis um eine Vertrauenskomponente erweitert. Das führt im vierten Abschnitt zu einem neuen Konzept zur Erkennung optischer Störungen. Im fünften Abschnitt wird ein Verfahren zur Auswahl der Merkmale angegeben, die von den Parallelprozessoren des BVV zur Erfassung der Relativbewegung verfolgt werden sollen. Dann werden Rechenzeiten und auftretende Totzeiten diskutiert, bevor im abschließenden Abschnitt Dreipunktregler zur Steuerung des Luftkissenfahrzeuges in den drei Bewegungsfreiheitsgraden kurz hergeleitet werden.

3.5.1 Das dynamische Modell zur Bewegungsprädiktion

Wie in Kapitel 2 ausgeführt, dient das dynamische Modell der Beschreibung all der Starrkörperbewegungen im 3D-Raum, die zu projizierten Bewegungen in den 2D-Bildfolgen führen. In dem hier beschriebenen Anwendungsbeispiel ist das Luftkissenfahrzeug mit der eingebauten, mitbewegten Kamera der einzige bewegte Körper, wohingegen die anderen Objekte der Szene ruhen. Das dynamische Modell besteht deshalb hier nur aus den Bewegungsgleichungen des Luftkissenfahrzeugs. Da nur die Relativbewegung zu <u>einem</u> Objekt der Szene, d.h. dem Andockpartner, interessiert, werden die Bewegungsgleichungen in einem partnerfesten Koordinatensystem aufgestellt, mit dem Ursprung auf der vertikalen Bezugsachse des Partners in der Höhe der Andockstelle (im 3D-Bewegungsfall würde hier der Schwerpunkt gewählt). Die Formulierung der Bewegungsgleichungen erfolgt in einem Polarkoordinatensystem

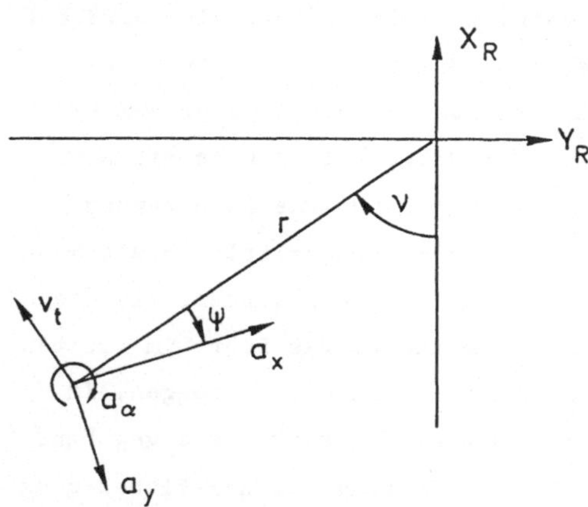

Bild 3.12: Polarkoordinatensystem

(siehe Bild 3.12), mit dem Schrägabstand r zwischen den vertikalen Achsen des Luftkissenfahrzeugs und des Partners (im allgemeinen Fall zwischen den Schwerpunkten), dem Aspektwinkel ν zwischen der Andockachse $-X_R$ und dem auf das Luftkissenfahrzeug gerichteten Schrägabstandsvektor r sowie dem Luftkissenfahrzeug-Gierwinkel ψ. Dieses Polarkoordinatensystem eignet sich besser für eine Bewegungssteuerung durch Rechnersehen als ein (zuerst verwendetes) kartesisches Koordinatensystem; denn die Partnerorientierung ν ist bei größeren Entfernungen schlecht oder noch nicht erkennbar, während r und ψ bereits erkannt (und gesteuert) werden können, was dazu führt, daß die Meßgleichungen in diesem System besser konditioniert sind.[+] Die rotatorischen Bewegungsgleichungen werden im partnerfesten System zunächst so hergeleitet wie in Abschnitt 3.2.3, wobei auch hier die von der Laufkatze herrührende Störbeschleunigung s_α als Brownscher Bewegungsprozeß mitmodelliert wird. Wegen

---

[+] Dies deckt sich mit den Beobachtungen von [Mehra, 71], der für eine Kalman Filter Formulierung in Radarmeß-Koordinaten bessere Ergebnisse erhielt als für eine Formulierung in kartesischen Koordinaten.

$$\alpha = \psi + \nu \tag{3.38}$$

lauten die rotatorischen Bewegungsgleichungen dann

$$\dot\psi = \omega - \omega_r \quad , \quad \omega_r = \dot\nu \tag{3.39}$$

$$\dot\omega = a_\alpha u_\alpha + s_\alpha \quad , \quad u_\alpha = -1,0,1 \tag{3.40}$$

$$\dot s_\alpha = z_\alpha \tag{3.41}$$

mit der rotatorischen Beschleunigung a_α, der diskreten Steuergröße u_α, die angepaßt an s_α vom Dreipunktregler berechnet wird, und dem weißen Störrauschen z_α.

Zur Herleitung der Längs- und Seitenbewegungsgleichungen des Luftkissenfahrzeugs wird in dessen Schwerpunkt ein mit ω_r drehendes Bezugssystem gelegt. In diesem Bezugssystem gilt für die zeitliche Ableitung des Geschwindigkeitsvektors $\mathbf{v}_r = [v_r, v_t, 0]^T$ mit $\omega_r = [0,0,\omega_r]^T$

$$\mathbf{a} = \begin{bmatrix} a_r \\ a_t \\ 0 \end{bmatrix} = \frac{\partial \mathbf{v}_r}{\partial t} + \omega_r \times \mathbf{v}_r = \begin{bmatrix} \dot v_r - \omega_r v_t \\ \dot v_t + \omega_r v_r \\ 0 \end{bmatrix} \tag{3.42}$$

Wegen der in Abschnitt 3.2.4 beschriebenen relativ guten Laufkatzenregelung wirken nur noch geringe translatorische Störbeschleunigungen auf das Luftkissenfahrzeug, die ursprünglich wie im rotatorischen Freiheitsgrad durch Brownsche Bewegungsprozesse modelliert wurden, aber über optische Information nur schlecht geschätzt werden konnten. Um die Systemordnung und damit die Rechenzeit niedrig zu halten, werden diese Störbeschleunigungen jetzt direkt durch weißes Rauschen angenähert, das auf die radialen und tangentialen Beschleunigungsterme

$$a_r = -a_x \cos\psi \; u_x + a_y \sin\psi \; u_y + z_r \tag{3.43}$$

$$a_t = -a_x \sin\psi \; u_x - a_y \cos\psi \; u_y + z_t \tag{3.44}$$

wirkt. Aus den Gleichungen (3.42) folgen dann mit (3.43)- (3.44) unmittelbar die nichtlinearen, gekoppelten Bewegungsgleichungen für die Längs- und Seitenbewegung zu

62

$$\dot{r} = v_r \tag{3.45}$$

$$\dot{v}_r = \omega_r^2 \, r - a_x \cos\psi \, u_x + a_y \sin\psi \, u_y + z_r \tag{3.46}$$

$$\dot{\nu} = \frac{1}{r} v_t \tag{3.47}$$

$$\dot{v}_t = -\frac{v_r}{r} v_t - a_x \sin\psi \, u_x - a_y \cos\psi \, u_y + z_t \tag{3.48}$$

wobei die Tangentialgeschwindigkeit $v_t = \omega_r r$ als Zustandsvariable anstelle
von ω_r eingeführt wurde.

Während der Initialisierungsphase wird die horizontale Bildmitte mit der
durch den Andockstachel gegebenen positiven X_B-Achse des Luftkissenfahrzeugs verglichen und geeicht; allerdings kann die Kamera manuell auf und
ab genickt werden, um das Bild des Rendezvouspartners zu zentrieren, weshalb der Anfangsnickwinkel zunächst unbekannt ist. Ferner führen einige
nicht modellierte Nichtlinearitäten (u.a. im optischen System) zu einer
leichten Verschiebung der vertikalen Bildmitte und damit des Nickwinkels θ
in Abhängigkeit von der Entfernung r, die, falls θ konstant gehalten wird,
zu einer Fehlschätzung von r führt. Auch eine später erläuterte Besonder-
heit der Merkmalselektion zeigt, daß eine zusätzliche Schätzung des Nickwinkels zu einer größeren Robustheit der Entfernungsbestimmung führt. Der
Nickwinkel wird deshalb als vierter Bewegungsfreiheitsgrad über

$$\dot{\theta} = z_\theta \tag{3.49}$$

in das dynamische Modell aufgenommen, wobei die virtuelle Störgeschwindig-
keit z_θ wiederum weißes Rauschen sei.

Die nichtlinearen Bewegungsgleichungen (3.39) - (3.41) und (3.45) - (3.49)
werden nun in Vektorschreibweise zu

$$\dot{x}(t) = f\left[\, x(t), u(t), z(t)\,\right] \tag{3.50}$$

zusammengefaßt, mit dem durch Rechnersehen zu ermittelnden Zustandsvektor

$$x = [\psi, \omega, s_\alpha, \ \theta, \ r, v_r, \ \nu, v_t]^T, \tag{3.51}$$

dem Steuergrößenvektor $u = [u_\alpha, u_x, u_y]^T$ sowie den Störgrößen $z = [z_\alpha, z_\theta, z_r, z_t]^T$.

Existiert dann zum Zeitpunkt t_{k-1} ein Schätzwert für den Zustandsvektor, genannt $\hat{x}(k-1)$, so kann durch eine Integration der Bewegungsgleichungen über die sog. Prädiktionsgleichung

$$x^*(k) = \hat{x}(k-1) + \int_{t_{k-1}}^{t_k} f\,[\hat{x}(\tau),\ u(\tau)]\ d\tau \qquad (3.52)$$

eine Vorhersage der Zustandsgrößen für den Zeitpunkt t_k erfolgen, wobei die Integration im Falle nichtlinearer Bewegungsgleichungen nur näherungsweise über zudem relativ rechenintensive numerische Verfahren möglich ist. Die Bewegungsgleichungen können hier allerdings linearisiert werden, wodurch auch die Prädiktionsgleichung wesentlich vereinfacht wird. Wegen der kurzen Zykluszeit von $T = t_k - t_{k-1} = 0.133$ s, und wegen des erläuterten Missionsablaufs, bei dem die Phasen größerer Seitenbewegung von den Phasen ausgeprägter Längsbewegung getrennt sind, kann die Linearisierung direkt ohne unmittelbaren Bezug auf eine Solltrajektorie erfolgen. Dazu wird neben ψ = const zwischen zwei Abtastzeitpunkten auch ω_r= const gesetzt, während sich r stark und ν kaum ändert (linearisiert Gl.(3.39) und (3.46)), wohingegen r = const und v_r= const neben ψ = const eine Linearisierung der Seitenbewegung (Gl.(3.47) - (3.48)) bewirkt. Aus den so linearisierten Bewegungsgleichungen

$$\dot{x}(t) = F\,x(t) + G\,u(t) + z(t) \qquad (3.53)$$

kann über Standardverfahren der Systemdynamik das diskrete dynamische Modell

$$x(k) = \Phi(k-1)\,x(k-1) + B(k-1)\,u(k-1) + v(k-1) \qquad (3.54)$$

abgeleitet werden, dessen deterministischer Teil die algebraische Differenzengleichung für die Prädiktion darstellt:

$$x^*(k) = \Phi(k-1)\,\hat{x}(k-1) + B(k-1)\,u(k-1)\ . \qquad (3.55)$$

Hierin ist Φ die zustandsgrößenabhängige (und deshalb variable) Transitionsmatrix, die in Anhang A.2c analytisch abgeleitet wird zu

$$\Phi(k-1) = \begin{bmatrix} 1 & T & T^2/2 & 0 & 0 & 0 & 0 & -T/r \\ 0 & 1 & T & 0 & 0 & 0 & 0 & 0 \\ 0 & 0 & 1 & 0 & 0 & 0 & 0 & 0 \\ 0 & 0 & 0 & 1 & 0 & 0 & 0 & 0 \\ 0 & 0 & 0 & 0 & 1 & T & 0 & 0 \\ 0 & 0 & 0 & 0 & \omega_r^2 T & 1 & 0 & 0 \\ 0 & 0 & 0 & 0 & 0 & 0 & 1 & Te/r \\ 0 & 0 & 0 & 0 & 0 & 0 & 0 & e \end{bmatrix} \qquad (3.56)$$

mit $r = \hat{r}(k-1)$, $\omega_r = \hat{\omega}_r(k-1)$ und $e = e^{-\frac{v_r}{r}T}$. B ist die ebenfalls zustandsgrößenabhängige Eingangsmatrix

$$B(k-1) = \begin{bmatrix} \frac{1}{2}\,a_\alpha T^2 & 0 & 0 \\ a_\alpha T & 0 & 0 \\ 0 & 0 & 0 \\ 0 & 0 & 0 \\ 0 & T^2 a_{rx}/2 & T^2 a_{ry}/2 \\ 0 & T a_{rx} & T a_{ry} \\ 0 & T^2 e\, a_{tx}/(2r) & T^2 e\, a_{ty}/(2r) \\ 0 & Te\, a_{tx} & Te\, a_{ty} \end{bmatrix} , \qquad (3.57)$$

wobei die Abkürzungen $a_{rx} = -a_x\cos\psi$, $a_{ry} = a_y\sin\psi$, $a_{tx} = -a_x\sin\psi$, $a_{ty} = -a_y\cos\psi$
und $\psi = \hat{\psi}(k-1)$ zusätzlich verwendet wurden.

Aufgrund von Modellierungsfehlern und unbekannten Störeinflüssen existiert
ein Vorhersagefehler zwischen den tatsächlichen Bewegungszustandsgrößen
zum Zeitpunkt t_k, $x(k)$ und den für diesen Zeitpunkt über Gl.(3.52) bzw.
Gl.(3.55) vorhergesagten Zustandsgrößen $x^*(k)$. Da die Bewegung im 3D-Raum
aber nicht direkt gemessen werden kann, sondern nur die über die perspektivischen Abbildungsgleichungen auf die Bildebene projizierte Position
einzelnen Merkmale zu den diskreten Zeitpunkten t_k, d.h.

$$y(k) = g(x(k)) + w(k) \quad , \qquad (3.58)$$

(wobei zudem der Meßfehler $w(k)$ gemacht wird), kann ein Vergleich zwischen
tatsächlicher Bewegung und vorhergesagter Bewegung nicht direkt im 3D-

Raum, sondern nur über die 2D-Projektion erfolgen. Die Differenz zwischen den über

$$\mathbf{y}^*(k) - g(\mathbf{x}^*(k)) \qquad\qquad (3.59)$$

geschätzten Meßwerten und den tatsächlichen Meßwerten wird dann dazu benutzt den vorhergesagten Bewegungszustand über die Innovationsgleichung

$$\hat{\mathbf{x}}(k) = \mathbf{x}^*(k) + K(k)\left[\,\mathbf{y}(k) - \mathbf{y}^*(k)\,\right] \qquad\qquad (3.60)$$

so zu verbessern, daß

$$\delta\mathbf{y}(k) = \mathbf{y}(k) - g(\hat{\mathbf{x}}(k)) \qquad\qquad (3.61)$$

minimiert wird, woraus (im Falle der sog. vollständigen Beobachtbarkeit des Systems von diesen Meßwerten aus) geschlossen werden kann, daß auch

$$\delta\hat{\mathbf{x}}(k) = \mathbf{x}(k) - \hat{\mathbf{x}}(k) \qquad\qquad (3.62)$$

minimiert wird, d.h. daß die Bewegung so gut wie möglich geschätzt wird. Nachdem in diesem Abschnitt die Berechnung von $\mathbf{x}^*(k)$ erfolgte, fehlt für Gl.(3.60) noch die Berechnungsvorschrift für die Meßwertprädiktion Gl.(3.59) sowie die Berechnung der Filtermatrix $K(k)$. Diese beiden Punkte werden in den nächsten beiden Hauptabschnitten behandelt.

3.5.2 Das geometrische Abbildungsmodell

Das geometrische Abbildungsmodell dient dem Ziel, die Position markanter Szenenmerkmale auf der Bildebene der Kamera als Funktion des augenblicklichen Bewegungszustandes anzugeben. Anstatt eine Vielzahl möglicher Szenenansichten abzuspeichern, wird die Szene als 3D-Raum modelliert; durch die Anwendung der Gesetze der Perspektivtransformation kann dann die der augenblicklichen Position entsprechende 2D-Szenenansicht konstruiert werden. Im dritten Teil werden die Abbildungsgleichungen so vereinfacht, daß das Wesentliche sichtbar wird. Dies erlaubt eine erste Fehlerabschätzung der über optische Information erreichbaren Genauigkeit der Relativlagebestimmung.

3.5.2.1 Das geometrische Modell der Szene

Bei der Modellierung der Szene wird davon ausgegangen, daß die Umwelt sich
aus definierten Objekten zusammensetzt, hier aus starren konvexen Körpern.
Diese Objekte seien durch markante Merkmale erkennbar, weshalb die einzelnen Objekte als ein starres 3D-Merkmalgefüge aufgefaßt werden können. Dabei ist als markantes Merkmal alles zulässig, was durch die Parallelprozessoren des Bildverarbeitungssystems BVV in Echtzeit erkennbar ist und
mit sinnvollen Attributen wie Position im Bild, Merkmalklasse, Farbe usw.
versehen werden kann. Dieses räumliche Merkmalgefüge kann dann durch ein
sog. Drahtmodell (engl.: wire-frame model) beschrieben werden, das wegen
der geometrischen Zuordnung der Merkmale zueinander als geometrisches
Objektmodell bezeichnet wird. Dies muß i.a. aber nicht heißen, daß die Objekte selbst geometrische Körper sind, weshalb die (gedachten) Verbindungslinien zwischen den markanten Merkmalen auch nicht mit sichtbaren Ob-
jektkanten zusammenfallen müssen.

Das geometrische Modell wird durch eine in FORTRAN gut kodierbare Darstellung mittels verschiedener Zeigerfelder in der Wissensbasis repräsentiert.
Eine sog. Punkteliste enthält dabei die (hier bekannten) 3D-Koordinaten
der markanten Merkmale in einem objektfesten Koordinatensystem, das seine
Achsen z.B. entlang der Hauptträg-
heitsachsen des Objektes hat und seinen Ursprung im Schwerpunkt. Hier liegen die Achsen wie in Bild 3.13 angegeben, mit der X_R-Achse durch die Andockstelle und der Z_R-Achse entlang
der vertikalen Hauptträgheitsachse.
Die Merkmale werden in dieser Liste
durchnumeriert; weitere Einträge der
Liste spezifizieren die Merkmalklasse,
aus der sich der zur Erkennung notwendige Algorithmus für das BVV ableiten
läßt sowie die Nummern von (gedachten)
Verbindungslinien, die an diesen

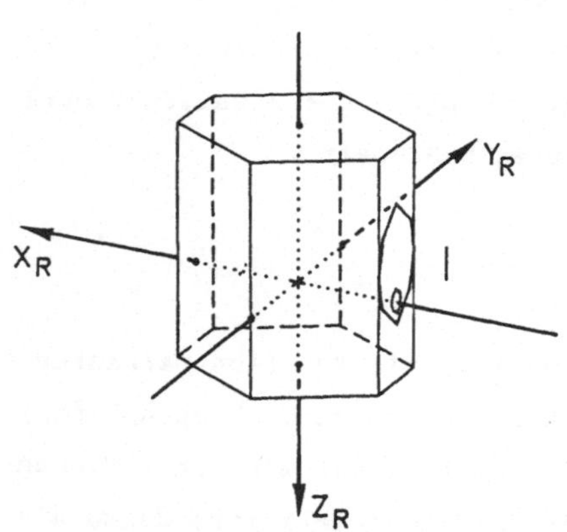

Bild 3.13: Das geometrische
Objektmodell

Punkten enden. Entsprechende Zeigerlisten für die Verbindungslinien und
die durch jeweils mindestens drei koplanare Merkmale definierten "Außen"-
Flächen vervollständigen das geometrische Modell. Die Liste dieser Flächen

enthält dabei für jede Fläche neben den Verweisen auf die sie definieren-
den Merkmale unter anderem auch die vier Parameter der Hesseschen Normal-
form der entsprechenden Ebenengleichung, wodurch der nach außen gerichtete
Normalenvektor gegeben ist. Dieser erlaubt später eine einfache Berechnung
der Sichtbarkeit der betreffenden Fläche.
Die Erzeugung dieser Zeigerlisten und damit der geometrischen Objektmodelle erfolgt über ein interaktives Programmsystem; die Daten verschiedener
Modelle werden in einer Modellsammlung gespeichert. Diese Modellsammlung
bildet das geometrische Modell der Szene.

3.5.2.2 Die perspektivischen Abbildungsgesetze

Die perspektivischen Abbildungsgesetze beschreiben die Abbildung eines
markanten Szenenmerkmals P_i auf die Bildebene der Kamera, d.h. die horizontale Koordinate y_{ci} und die vertikale Koordinate z_{ci}; diese werden in
Pixel-Einheiten des auf 221 Zeilen à 256 Pixel digitalisierten Videobildes
angegeben.

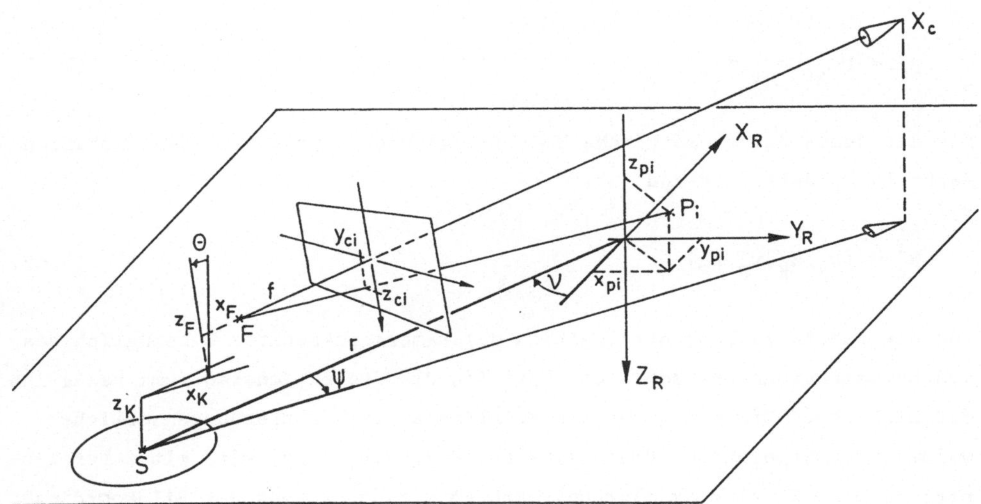

Bild 3.14: Perspektivabbildung relevanter Szenenmerkmale

Die Abbildungsgleichungen werden in Anhang A.3 unter Verwendung homogener
Transformationsmatrizen abgeleitet und lauten

$$y_{ci} = \frac{f\,K_y}{D_i} \left[y'_{pi} - r\,\sin\psi \right] \tag{3.63}$$

$$z_{ci} = \frac{f\,K_z}{D_i} \left[(x'_{pi} + r\,\cos\psi - x_K)\sin\Theta + (z_{pi} - z_K)\cos\Theta - z_F \right], \tag{3.64}$$

wobei die Abkürzungen

$$x'_{pi} = x_{pi}\,\cos(\psi+\nu) + y_{pi}\,\sin(\psi+\nu) \tag{3.65}$$

und

$$y'_{pi} = -x_{pi}\,\sin(\psi+\nu) + y_{pi}\,\cos(\psi+\nu) \tag{3.66}$$

eingeführt werden. In diesen Gleichungen stellt

$$D_i = (x'_{pi} + r\,\cos\psi - x_K)\cos\Theta - (z_{pi} - z_K)\sin\Theta - x_F \tag{3.67}$$

den auf die Sichtachse X_c projizierten Abstand zwischen dem Projektionszentrum F und dem Szenenmerkmal P_i dar. Es wird nun der Vektor

$$p_i^T = [x_{pi}, y_{pi}, z_{pi}] \tag{3.68}$$

für die durch das geometrische Modell gegebenen Koordinaten des markanten
Merkmals P_i definiert und

$$k_c^T = [x_K, z_K, x_F, z_F] \tag{3.69}$$

für die ebenfalls bekannte Position des Kameranickpunktes K bezüglich des
Fahrzeugschwerpunktes sowie die Position des Projektionszentrums bezüglich
der Nickachse. Die (im Gegensatz zu allen anderen Entfernungen üblicherweise in mm angegebene) Brennweite des Kameraobjektivs wird mit f bezeichnet; K_y bzw. K_z sind Skalierungsfaktoren zur Umrechnung der Bildkoordinaten in Pixel- Einheiten, die zusammen mit x_F und z_F während einer Kamerakalibrierung bestimmt werden. Mit diesen Vereinbarungen können die Abbildungsgleichungen (3.63) bis (3.67) in vektorieller Form als

$$[y_{ci}, z_{ci}]^T = g_i(x, p_i, k_c) \tag{3.70}$$

geschrieben werden. Mit dem für den Zeitpunkt t_k über die Prädiktionsgleichung vorhergesagten Bewegungszustand $x^*(k)$ können nun die Merkmalpositionen im Bild über

$$[y_{ci}^*, z_{ci}^*]^T(k) = g_i(x^*(k), p_i, k_c) \qquad (3.71)$$

vorhergesagt werden; dies erlaubt dann einen Vergleich der echten über die Bildverarbeitung zum Zeitpunkt t_k <u>ermittelten</u> Meßwerte $y_{ci}(k)$ bzw. $z_{ci}(k)$ mit den für t_k vorhergesagten Meßwerten (aufgrund der Totzeit der Bildverarbeitung sind die zum Zeitpunkt t_k in den Hauptrechner eingelesenen Meßwerte nicht gleich den zu t_k ermittelten Meßwerten! Dies wird in Abschnitt 3.5.6 vertieft). Ist die Differenz zwischen gemessenen und vorhergesagten Merkmalkoordinaten für mindestens eine der beiden Koordinaten größer als eine Schranke ϵ_{yi} bzw. ϵ_{zi}, d.h. gilt

$$| y_{ci}(k) - y_{ci}^*(k) | > \epsilon_{yi} \qquad (3.72)$$

oder

$$| z_{ci}(k) - z_{ci}^*(k) | > \epsilon_{zi} \quad , \qquad (3.73)$$

so wird auf eine größere Störung bei der Erkennung dieses Merkmals geschlossen und beide Meßwerte dieses Merkmals werden im weiteren ignoriert (Näheres hierzu und zu der Bestimmung der Schranken ϵ_{yi} bzw. ϵ_{zi} in Abschnitt 3.5.4). Die übrigen j "gültigen" Meßwerte definieren den Meßvektor

$$y(k) = [y_{c1}, z_{c1}, y_{c2}, z_{c2}, \ldots, y_{cj}, z_{cj}]^T = g(x(k), p, k_c) + w(k) \qquad (3.74)$$

mit der zeitvariablen Dimension m(k), die je nach Ausmaß der Störung im Bereich

$$0 \leq m(k) \leq 2n_E(k) + n_S(k) \qquad (3.75)$$

schwanken kann, wobei $n_E(k)$ die Zahl der gerade verfolgten Ecken (je zwei Meßwerte) und $n_S(k)$ die Zahl der gerade verfolgten vertikalen Stäbe (je ein Meßwert) ist. (Da der Stabverfolger erst im Endteil des Manövers zur Verfolgung des vertikalen Steges der Andockmarkierung aktiviert wird, ist $n_S(k)$ bis dahin gleich Null, dann gleich Eins).

Die in Gl.(3.74) eingeführten Meßwertverrauschungen $w(k)$ werden als
Rauschprozesse mit dem Mittelwert Null angenommen, die zeitlich nicht korreliert sind (weißes Meßrauschen); ferner seien die Verrauschungen nicht
untereinander korreliert, d.h. die Kovarianzmatrix der Meßwerte sei diagonal, mit den in Abschnitt 3.4 abgeschätzten Kovarianzen

$$\text{Diag } \{ E(w(k)w^T(k)) \} = \text{Diag}(R) = [\sigma^2_{y1}, \sigma^2_{z1}, \sigma^2_{y2}, \ldots, \sigma^2_{zj}]. \qquad (3.76)$$

(Diese Annahme ist nur insoweit richtig, als die Parallelprozessoren des
BVV unabhängig voneinander arbeiten; die Meßwerte y_{ci} und z_{ci} eines Prozessors sind aber i.a. korreliert, was aus den in Abschnitt 3.4 dargeleg-
ten Gründen hier allerdings vernachlässigt werden kann).

Die Differenzen zwischen den echten Messungen $y(k)$ und den vorhergesagten
Meßwerten $y^*(k)$ werden jetzt zur Verbesserung der vorhergesagten Bewegungszustandsgrößen $x^*(k)$ benutzt, wodurch der neue Schätzwert $\hat{x}(k)$ erhalten wird. Unter anderem dazu wird im folgenden des öfteren die sogenannte
Jacobische Matrix der Meßgleichungen benötigt, die durch

$$C(k) = \frac{\partial g(x^*(k))}{\partial x(k)} \qquad (3.77)$$

definiert ist und deren Elemente in Anhang A.3 angegeben sind.

3.5.2.3 Vereinfachte Abbildungsgleichungen und Fehlerabschätzung

Einer der wesentlichen Vorzüge des in dieser Arbeit verwendeten Ansatzes
ist, daß die Abbildungsgleichungen nicht explizit nach den unbekannten Parametern aufgelöst zu werden brauchen; deshalb sind auch keine besonderen
Merkmalkombinationen, z.B. spezielle Markierungen notwendig. Trotzdem ist
es für das Verständnis hilfreich, die relativ komplex erscheinenden Abbildungsgleichungen (3.63) bis (3.67) so zu vereinfachen, daß sie nach den
Unbekannten aufgelöst werden können, um zu erkennen, welche Merkmale und
Merkmalanordnungen letztendlich zur Schätzung der einzelnen Relativlageparameter beitragen. Vor allem erlaubt dies eine Abschätzung der erzielbaren Schätzgenauigkeit.
Vernachlässigt man den Einfluß des Abstandes $(x_K + x_F)$ zwischen der Hochachse des Luftkissenfahrzeugs und dem Brennpunkt F der Kamera, so kann der

Gierwinkel ψ aus der optischen Objektmitte, oder einem ungefähr dort liegenden Merkmal P_i entsprechend Bild 3.15 zu

$$\psi \approx \psi' \approx \tan\psi' = \frac{-y_{ci}}{f\,K_y} \qquad (3.78)$$

bestimmt werden, woraus sofort der Hauptterm der partiellen Ableitung (A.51) zu

$$\frac{\partial y_{ci}}{\partial \psi} = -f\,K_y \qquad (3.79)$$

folgt.

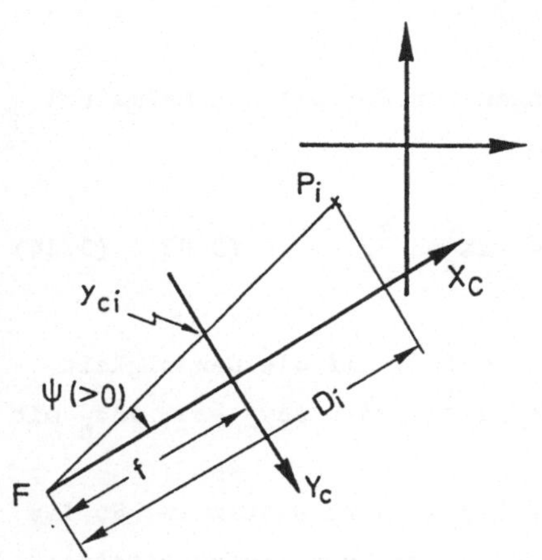

Bild 3.15: Vereinfachte Berechnung
des Gierwinkels

In entsprechender Weise ergibt sich für den Nickwinkel θ

$$\theta \approx \frac{z_{ci}}{f\,K_z} \qquad \text{sowie} \qquad \frac{\partial z_{ci}}{\partial \theta} \approx f\,K_z\,. \qquad (3.80),\ (3.81)$$

Dies bedeutet, daß die optische Erfassung des eigenen Gier- und Nickwinkels bezüglich eines Objekts in der Szene in erster Näherung nur von der Auflösung des digitalisierten Bildes (gegeben durch K_y und K_z) sowie der Brennweite f der Kamera abhängt, während sie von der Entfernung zu diesem Objekt sowie dessen Orientierung im Raum unabhängig ist. Das gleiche gilt in etwas abgeschwächter Form auch für die eigene Roll-Lage, solange eine Bezugsachse erkennbar ist (z.B. Roll-Lage bezgl. des Horizontes!). Damit ist die rotatorische Eigenbewegung die am einfachsten über optische Information zu erfassende Bewegung.

Dagegen müssen zur Erfassung der Entfernung zu einem Objekt und zur Erfassung von dessen relativer Orientierung Distanzen Δ im Bild und damit jeweils mindestens zwei Merkmale erkannt werden. Zum Beispiel kann die Entfernung r zu einem Objekt bei <u>bekannter</u> Absoluthöhe ΔH bzw. -breite ΔB dieses Objektes aus dessen im Bild gemessener Höhe Δz_c bzw. Breite Δy_c berechnet werden.[+] Dazu wird aus dem Strahlensatz die einfache Beziehung

---

[+] Diese Forderung soll in weitergehenden Untersuchungen fallengelassen werden: kann bei Kenntnis der eigenen Bewegungsdynamik sowohl auf die Entfernung zu einem Objekt als auch auf dessen Größe geschlossen werden?

$$r \simeq D_1 = f \ K_z \ \frac{\Delta H}{\Delta z_c} \quad \left(= f \ K_y \ \frac{\Delta B}{\Delta y_c} \right) \qquad\qquad (3.82)$$

abgeleitet; die entsprechenden Vereinfachungen der Jacobischen Meßmatrix lauten dann

$$\frac{\partial}{\partial r} \ \Delta y_c \ = \ -f K_y \ \Delta B \ \frac{1}{r^2} \quad \text{sowie} \quad \frac{\partial}{\partial r} \ \Delta z_c \ = \ -f K_z \Delta H \ \frac{1}{r^2} \ . \qquad (3.83), \ (3.84)$$

Die Inversion der letzten beiden Gleichungen zeigt, daß die Genauigkeit der Entfernungsbestimmung bei konstanter Meßgenauigkeit $\delta \Delta y_c$ bzw. $\delta \Delta z_c$ mit dem Entfernungsquadrat abnimmt.

Am schwierigsten ist die Orientierung eines Objektes zu bestimmen. So ist z.B. zur Erfassung des Aspektwinkels ν die Erfassung von tiefengestaffelten Merkmalen am besten geeignet. Bei bekanntem Gierwinkel ψ läßt sich der Aspektwinkel dann entsprechend Bild 3.16 mit der annehmbaren Vereinfachung

$$D_1 \simeq D_2 \simeq D = 0.5 \ (D_1 + D_2) \ \text{über}$$

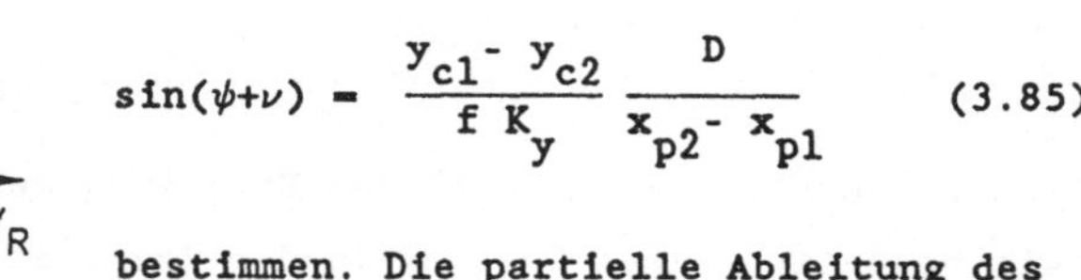

$$\sin(\psi + \nu) \ = \ \frac{y_{c1} - y_{c2}}{f \ K_y} \ \frac{D}{x_{p2} - x_{p1}} \qquad (3.85)$$

Bild 3.16: Bestimmung von ν

bestimmen. Die partielle Ableitung des "Meßwertes" $\Delta y_c = y_{c1} - y_{c2}$ nach ν lautet dann

$$\frac{\partial}{\partial \nu} \ \Delta y_c = \ -f \ K_y \ \frac{x_{p2} - x_{p1}}{D} \ \cos(\psi + \nu), \qquad (3.86)$$

woraus durch Inversion ersichtlich ist, warum eine Tiefenstaffelung der Merkmale notwendig ist $(\psi + \nu \to 90^o!)$. Zur Gewährleistung kleiner Fehler $\partial \nu$ bei gegebenen Meßfehlern $\partial \Delta y_c$ müßte deshalb rechtzeitig (z.B. bei $(\psi + \nu) > 45^o$) auf andere Merkmale (z.B. P_3 und P_4) umgeschaltet werden (siehe Abschnitt 3.5.5). Die erreichbare Genauigkeit bei der Bestimmung von ν ist somit von dem Verhältnis von Entfernung (D) zur Tiefenstaffelung der Merkmale

$$d \ = \ (x_{p2} - x_{p1}) \ \cos(\psi + \nu) \qquad\qquad (3.87)$$

abhängig, d.h. bei gegebenem Partnerobjekt nimmt die erreichbare Schätzqualität in ν linear mit zunehmender Entfernung ab. Dies wird später bei
der Filterung berücksichtigt werden.

3.5.3 Korrektur der Modellvorstellungen durch visuelle Information

Aus den bisherigen Ausführungen sowie aus Kapitel 2 ist hervorgegangen,
daß die Bewegungszustandsgrößen x aus den optisch ermittelten Meßwerten y
unter Einbeziehung der Bewegungsdynamik über einen diskreten Kalman Filter
Ansatz geschätzt werden sollen. Dieser besteht im wesentlichen aus den
beiden Vektorgleichungen

$$x^*(k) = \Phi(k-1)\ \hat{x}(k-1) + B(k-1)\ u(k-1) \tag{3.88}$$

$$\hat{x}(k) = x^*(k) + K(k)\left[\ y(k) - y^*(k)\ \right], \tag{3.89}$$

wobei die erste Gleichung die Bewegung im 3D-Raum zwischen den Zeitpunkten
t_{k-1} und t_k widerspiegelt und i.a. als Extrapolations- oder Prädiktionsgleichung bezeichnet wird (im Englischen auch als "time update" oder als
"time propagate"); Gl.(3.88) kann auch durch eine Integration entsprechend
Gl.(3.52) ersetzt werden, in welchem Fall man von einem kontinuierlich-
diskreten Kalman Filter spricht. Die zweite Gleichung (3.89) wird als
Innovationsgleichung bezeichnet ("measurement update"); sie hat zum Ziel,
die durch die Prädiktion aufgrund von Modellierungsfehlern entstandene
Abweichung

$$\delta x^*(k) = x(k) - x^*(k) \tag{3.90}$$

durch die Messungen y zu verringern, und zwar so, daß zum einen

$$\delta\hat{x}(k) = x(k) - \hat{x}(k) < \delta x^*(k) \tag{3.91}$$

gilt, und daß zum anderen die Schätzfehler $\delta\hat{x}(k)$ bei Ausbleiben weiterer
Störungen schnell genug abklingen. Das Problem dabei ist die Verrauschung
der Meßwerte y. Die Filtermatrix $K(k)$ zur Korrektur der Modellvorstellungen muß deshalb so gewählt werden, daß einerseits das (als hochfre-
quent angenommene) Meßrauschen weitgehend herausgefiltert wird; andererseits sollen aber die, aufgrund der (als niederfrequenter angenommenen)

tatsächlichen Störungen auf die Strecke entstandenen Schätzfehler so
schnell wie möglich (mit der sog. Schätzfehlerdynamik) abklingen.

Die Berechnung der Gewichtungs- oder Filtermatrix $K(k)$ ist demnach die
zentrale Aufgabe des Filterentwurfs und kann auf verschiedene Weisen ange-
gangen werden: über rein deterministische Ansätze, was auf die sog. "Beobachter" führt, oder über stochastische Ansätze, die zu der Klasse der
Kalman Filter führen.

Auf diese beiden Konzepte soll im folgenden eingegangen werden; dabei wird
der deterministische Beobachteransatz nur kurz der Vollständigkeit halber
vorgestellt. Dann werden die Kalman Filter Rekursionsgleichungen zur Berechnung der Filtermatrix diskutiert, wobei besonders auf die numerischen
Probleme wie Rechenzeitbedarf und Stabilität eingegangen wird. Diese Probleme verbieten im vorliegendem Fall die Berechnung der Filtermatrix über
die gewöhnlichen Rekursionsgleichungen, weshalb zwei Lösungsalternativen
vorgestellt werden: die erste bewirkt eine Entkoppelung der Bewegungsfreiheitsgrade bei der Innovation durch Verwendung eines Gauß-Markov-Schätzers, worauf die Filtermatrix diagonal wird mit direkt vorwählbaren Elementen; die zweite, elegantere Lösung wird durch eine numerisch sehr effektive und stabile Kalman Filter Formulierung gegeben, die der Klasse der
sog. "Square Root Filter" zugeordnet werden kann; sie ist die Grundlage
für wesentliche Ergebnisse dieser Arbeit. Der Einsatz dieses Filters wird
durch die sog. sequentielle Innovation ermöglicht, die allerdings prinzipiell bei allen Kalman Filter Formulierungen angewendet werden kann und
daher gesondert diskutiert wird.

An dieser Stelle sollte darauf hingewiesen werden, daß entsprechend der
Natur dieser Arbeit die grundlegenden Filter-Algorithmen nur diskutiert,
aber nicht hergeleitet werden; der mit den angesprochenen Filtertechniken
weniger vertraute Leser findet die entsprechenden Herleitungen nicht nur
in der Primärliteratur ([Kalman, 60], [Luenberger, 64], [Thornton u. Bierman, 77]), sondern auch in Lehrbüchern wie z.B. in [Brammer u. Siffling,
75], einem guten Einführungswerk für die klassischen Filterformulierungen.
[Krebs, 80] beleuchtet die in der Praxis häufig auftretenden nichtlinearen
Fälle, während in [Maybeck, 79] tiefere Details wie z.B. numerische Probleme oder das sog. "Filter Tuning" erörtert werden; letzteres Werk ist
auch eines der wenigen Lehrbücher, das einen guten Überblick über die
fortgeschritteneren "Square Root" Filtertechniken bietet.

3.5.3.1 Der erweiterte vollständige Beobachter

Der diskrete, vollständige Beobachter hat die Schätzgleichung

$$\hat{x}(k) = \Phi(k-1)\,\hat{x}(k-1) + B(k-1)\,u(k-1) + K(k-1)\left[\,y(k-1)-g(\hat{x}(k-1))\,\right] \tag{3.92}$$

und sei hier wegen der Verwendung der m nichtlinearen Meßgleichungen in Analogie zur Kalman Filter Terminologie als "erweiterter" vollständiger Beobachter bezeichnet. Die Schätzfehlerdynamik wird nach Subtraktion der Gl.(3.92) von den Bewegungsgleichungen

$$x(k) = \Phi(k-1)\,x(k-1) + B(k-1)\,u(k-1) \tag{3.93}$$

durch die Schätzfehlergleichungen

$$\delta\hat{x}(k) = \left[\Phi(k-1) - K(k-1)C(k-1)\right]\delta\hat{x}(k-1) = L(k-1)\,\delta\hat{x}(k-1) \tag{3.94}$$

gegeben, wobei die Linearisierung

$$y(k-1)-g(\hat{x}(k-1)) = \delta\hat{y}(k-1) = C(k-1)\,\delta\hat{x}(k-1) \tag{3.95}$$

benutzt wurde. Die n x m dimensionale Gewichtungs- oder Filtermatrix K kann nun rein deterministisch über eine sog. Polvorgabe festgelegt werden, d.h. man versucht die n Eigenwerte der Schätzfehlerdynamikmatrix L(k-1) in geeigneter Weise vorzugeben, woraus sich durch Koeffizientenvergleich aber nur n Werte von K(k-1) ermitteln lassen. Bei m > 1, d.h. mehr als einer Meßgröße führt dies deshalb im allgemeinen nur zum Ziel, wenn die Struktur der Bewegungsgleichungen vernünftig entkoppelt werden kann, so daß nur n von Null verschiedene Elemente in K(k-1) vorkommen. Die "on-line" Berechnung einer zeitvariablen Filtermatrix ist obendrein praktisch nur bei niedrigen Systemordnungen möglich; im allgemeinen muß die Transitionsmatrix und die Jacobische Meßmatrix daher konstant sein, was die Verwendungsmöglichkeit des Beobachters hier zusätzlich einschränkt.
Beim vollständigen Beobachter werden im Gegensatz zum Kalman Filter die aktuellen Meßwerte nicht mehr zur Schätzung des aktuellen Bewegungszustandes benutzt, was im allgemeinen eine Verschlechterung der Schätzung be-

wirkt. In [Wünsche, 83b] wurde deshalb ein verbesserter vollständiger Beobachter vorgeschlagen, der die Struktur des Kalman Filters mit den Pol-
vorgabemethoden des Beobachters verbindet (dieser Schätzer wird in der
amerikanischen Literatur als "current estimator" bezeichnet und anders
hergeleitet [Franklin u. Powell, 80]).
Beide Beobachter wurden in [Wünsche, 83b] zusammen mit einem sogenannten
reduzierten Beobachter und einem Kalman Filter bei der Stabilisierung des
Stab/Wagen-Systems durch Rechnersehen erprobt. Hier soll das Beobachter-
konzept aber nicht weiter vertieft werden.

3.5.3.2 Kalman Filter Rekursion

Im Gegensatz zu dem deterministischen Beobachteransatz wird beim Kalman
Filter die Filtermatrix $K(k)$ durch eine stochastische Betrachtung des
Schätzproblems gewonnen. Dabei wird vorausgesetzt, daß die auf die Strecke
wirkenden Störungen $v(k)$ (vgl. Gl.(3.54)) und die auf die Messungen wirkenden Störungen $w(k)$ (vgl. Gl.(3.74)) durch diskretes weißes Rauschen beschrieben werden können, mit den Kovarianzmatrizen $Q(k)$ bzw. $R(k)$. Bezogen
auf diese als gegeben angenommenen Kovarianzmatrizen wird ein erwartungs-
treuer und im Sinne minimaler Varianz optimaler Schätzwert dann durch die
Filtermatrix

$$K(k) = P^*(k)C^T(k) \left[C(k)P^*(k)C^T(k) + R(k) \right]^{-1} \tag{3.96}$$

erreicht, wobei $C(k)$ die Jacobische Matrix der Meßgleichungen ist und
$P^*(k)$ die Kovarianzmatrix der Extrapolationsfehler $\delta x^*(k) = x(k) - x^*(k)$.
Diese Schätzfehlerkovarianz spiegelt die Qualität der augenblicklichen
Schätzwerte wieder und muß deshalb mit jeder Innovation und Prädiktion
entsprechend angepaßt werden. Die Verkleinerung der Schätzfehlerkovarianzen bei der Innovation wird dabei über

$$P(k) = P^*(k) - K(k)C(k)P^*(k) \tag{3.97}$$

gegeben und die Vergrößerung der Varianzen bei der Extrapolation durch

$$P^*(k+1) = \Phi(k)P(k)\Phi^T(k) + Q(k) \tag{3.98}$$

wobei die Anfangskovarianzmatrix $P^*(0)$ je nach Vertrauen in den Anfangswert $x^*(0)$ gewählt wird.

Für den Fall konstanter Systemmatrizen Φ und C, sowie konstanter Kovarianzmatrizen R und Q, kann die Filtermatrix $K(k)$ vorab über das Gleichungssystem (3.96) - (3.98) für alle k berechnet werden, wobei die Elemente der
Filtermatrix je nach Vorgabe von $P^*(0)$ nach einigen Zyklen auf konstante
Werte einschwingen. Falls die Systemmatrizen und damit auch die Filtermatrix nur von wenigen Zustandsgrößen abhängen, kann auch noch der Aufwand
für die Erstellung und Abspeicherung einer Filtermatrix-Datenbank erwogen
werden, um die rechenintensive "on-line" Rekursion zu umgehen. Hier ist
aber vor allem die Meßmatrix C nicht nur in ihren Elementen unbekannt,
sondern auch in der Dimension variabel, so daß die Gleichungen (3.96) -
(3.98) zu jedem Zyklus neu berechnet werden müssen. Bezüglich der numerischen Implementation von Gl.(3.97) auf einem Prozeßrechner kurzer Wortlänge (z.B. 32 bit) ist dabei Vorsicht geboten: durch Auslöschung signifikan-
ter Stellen kann (besonders bei hohen Werten für $P^*(0)$) eine definitions-
gemäß nicht erlaubte Asymmetrie in $P(k)$ entstehen, die zur Instabilität
des gesamten Rekursionsalgorithmus führen kann (und bei Untersuchungen des
Autors auch aufgetreten ist). Gleichung (3.97) sollte deshalb mit doppel-
ter Genauigkeit berechnet werden oder durch die numerisch stabilere Beziehung

$$P(k) = [I-K(k)C(k)] \, P^*(k) \, [I-K(k)C(k)]^T + K(k)R(k)K^T(k) \qquad (3.99)$$

ersetzt werden, in welchem Fall von einem stabilisierten Kalman Filter ge-
sprochen wird (auch "Joseph Form").
Damit ist der Rechenaufwand für die Berechnung der Filtermatrix aber so
hoch, daß eine Berechnung in Echtzeit nicht mehr möglich ist: bei acht Be-
wegungszuständen (n=8) und drei verfolgten Merkmalen (m_k=6) benötigen die
Gln.(3.96), (3.98) und (3.99) bei Verwendung üblicher Matrixmultiplika-
tions- und -inversionsroutinen auf der VAX 750 ca. 85 ms (optimierender
Compiler). Eine Analyse der notwendigen Multiplikationen und Additionen
zeigt, daß dieser Wert bei "expliziter Programmierung" in etwa halbiert
werden kann (Berücksichtigung von Nullspalten in C und Nullen bzw. Einsen
in Φ), was allerdings im vorliegenden Fall auch noch auf nicht tolerier-
bare Rechenzeiten führt. Es mußte deshalb nach anderen Lösungen gesucht
werden; die zwei wesentlichen Lösungsvorschläge werden in den folgenden
Abschnitten vorgestellt.

3.5.3.3 Gauß-Markov Schätzung mit quasistationärer Nachfilterung

Bei der Herleitung des dynamischen Modells wurde ein Koordinatensystem
verwendet, welches ein gut konditioniertes Meßgleichungssystem ergibt. In
der Terminologie der Systemdynamik heißt das, daß die Zustandsgrößen so
gewählt wurden, daß sie von den gegebenen Meßgrößen einer mitgeführten Videokamera aus gut beobachtbar und gut separierbar sind. Davon wird im folgenden Gebrauch gemacht, indem die um den vorhergesagten Meßvektor linearisierte Meßgleichung

$$\delta y(k) = y(k) - y^{*}(k) = C(k)\, \delta x(k) \tag{3.100}$$

mittels einer verfeinerten Gaußschen Ausgleichsrechnung nach den Abweichungen $\delta x(k)$ aufgelöst wird. Die so erhaltenen Schätzwerte $\delta\hat{x}(k)$ werden
nun als Pseudomeßwerte gedeutet, und erlauben wegen der weitgehenden Entkoppelung der vier Bewegungsfreiheitsgrade in den Prädiktionsgleichungen
eine Entkoppelung des Schätzproblems, indem jedes zu einem Bewegungsfreiheitsgrad gehörende Teilsystem von jeweils nur einer Pseudomeßgröße aus
geschätzt wird. Damit kann die Berechnung der Filtermatrix $K(k)$ wesentlich
vereinfacht werden, was schließlich auf das Verfahren einer direkten Fil-
terfaktorvorgabe mit Zustandsgrößenadaption führte; dieses ist dem Autor
in der Literatur bislang nicht begegnet.

Zunächst müssen jedoch die Schätzwerte $\delta\hat{x}(k)$ bestimmt werden. Solange mindestens ebenso viele Meßwerte wie Bewegungsfreiheitsgrade vorhanden sind
(d.h. hier: $m_k \geq 4$), wovon bei diesem Verfahren ausgegangen wird, kann aus
Gl.(3.100) über eine Verallgemeinerung der Gaußschen Ausgleichsrechnung
der sog. Gauß-Markovsche Schätzwert

$$\delta\hat{x}(k) = [C^{T}(k)R^{-1}(k)C(k)]^{-1}\, C^{T}(k)R^{-1}(k)\, \delta y(k) \tag{3.101}$$

bestimmt werden (siehe z.B. [Brammer u. Siffling, 75]), wobei $R(k)$ die in
Abschnitt 3.5.2 bestimmte diagonale Kovarianzmatrix der Meßwerte ist; zur
Bestimmung des Schätzwertes $\delta\hat{x}(k)$ wird also jeder Meßwert entsprechend
seiner durch die Standardabweichung gegebenen Güte gewichtet. Die Berechnung von Gl.(3.101) kann aber noch weiter verbessert und vereinfacht werden. Dazu wird als erstes die Dimension der sog. Pseudoinversen durch
Streichung der Nullspalten aus der Jacobimatrix C im vorliegenden Fall

halbiert; die so reduzierte Matrix sei mit C_R bezeichnet, der entsprechend reduzierte Zustandsvektor

$$x_R = [\psi, \; \Theta, \; r, \; \nu]^T \tag{3.102}$$

enthält dann nur die in den Abbildungsgleichungen vorkommenden Relativlageparameter. Zusätzlich werden die Zustandsgrößen durch Einführung einer diagonalen Skalierungsmatrix S(k) noch so balanciert, daß zum einen die Spalten der Jacobimatrix Maximalwerte in der Größenordnung von Eins besitzen, was die numerische Kondition von Gl.(3.101) verbessert, und daß zum anderen eine erwünschte Gewichtung der Schätzfehler der einzelnen Zustandsgrößen erreicht wird; denn bei der Gaußschen Ausgleichsrechnung wird nur die Summe der Schätzfehlerquadrate minimiert (s. Abschnitt 3.5.5.3). Über die so skalierte und gewichtete vektorielle Meßgleichung

$$\sqrt{R}^{\;-1} \; \delta y = \left(\sqrt{R}^{\;-1} \; C_R S \right) \; S^{-1} \delta x_R \;, \tag{3.103}$$

in der der Zeitbezug k der Einfachheit halber fallengelassen wurde, wird dann über die Gaußsche Ausgleichsrechnung $S^{-1} \delta \hat{x}_R$ bestimmt, woraus der balancierte Gauß-Markovsche Schätzwert

$$\delta \hat{x}_R = S \left[(C_R S)^T \; R^{-1} (C_R S) \right]^{-1} (C_R S)^T \; R^{-1} \delta y \tag{3.104}$$

folgt. Diese Gleichung wird auch bei der Merkmalselektion eine entscheidende Rolle spielen, wobei besonders der Einfluß der Skalierungsmatrix S deutlich werden wird; deren Wahl wird deshalb dort erörtert.
Gleichung (3.104) wird aus numerischen Gründen nicht direkt in dieser Form im Rechner implementiert. Vielmehr wird das Gleichungssystem (3.103) z.B. über Householder Transformationen in eine Dreiecksform gebracht, die dann rekursiv nach den Unbekannten $S^{-1} \delta \hat{x}_R$ aufgelöst wird. Dazu wurde der sehr effektive Algorithmus "HFTI" aus [Lawson u. Hanson, 74] verwendet; bei $n = 8$ und $m_k = 6$ dauert der gesamte Schätzvorgang zur Bestimmung von $\hat{x}$ mit vorheriger Berechnung von R ca. 12 ms auf der VAX 750. [Lawson u. Hanson, 74] gibt übrigens auch eine gute Übersicht über verschiedene numerische Verfahren zur Auflösung über- oder unterbestimmter, schlecht konditionierter Gleichungssysteme und bildet z.B. die Grundlage einiger Routinen des Softwarepakets [RASP, 84].

Mit den Schätzwerten $\delta \hat{x}_R = [\delta\hat{\psi}, \delta\hat{\theta}, \delta\hat{r}, \delta\hat{\nu}]^T$ als Pseudomeßgrößen lautet die neue Innovationsgleichung

$$\hat{x}(k) = x^*(k) + K(k)\, \delta\hat{x}_R(k) \; ; \qquad\qquad (3.105)$$

wie eingangs erwähnt, werden nun die vier Bewegungsfreiheitsgrade entkoppelt, was auf die vier Innovationsgleichungen

$$\hat{x}_\psi(k) = x^*_\psi(k) + k_\psi(k)\, \delta\hat{\psi}(k) \qquad\qquad (3.106)$$

$$\hat{\theta}(k) = \theta^*(k) + f_\theta(k)\, \delta\hat{\theta}(k) \qquad\qquad (3.107)$$

$$\hat{x}_r(k) = x^*_r(k) + k_r(k)\, \delta\hat{r}(k) \qquad\qquad (3.108)$$

$$\hat{x}_\nu(k) = x^*_\nu(k) + k_\nu(k)\, \delta\hat{\nu}(k) \qquad\qquad (3.109)$$

führt, wobei zunächst die Vereinbarungen

$$x_\psi = [\psi,\, \omega,\, s_\alpha]^T, \qquad x_r = [r,\, v_r]^T, \qquad x_\nu = [\nu,\, v_t]^T \qquad (3.110)$$

$$k_\psi = [f_\psi,\, f'_\omega,\, f'_{s\alpha}]^T, \qquad k_r = [f'_r,\, f'_{vr}]^T, \qquad k_\nu = [f'_\nu,\, f'_{vt}]^T \qquad (3.111)$$

getroffen werden.

Die Filtervektoren k_ψ, k_r und k_ν sowie der Filterfaktor f_θ könnten nun rekursiv über je ein Gleichungssystem nach (3.96), (3.98), (3.99) bestimmt werden, wobei der Rechenaufwand wegen der zur skalaren Division vereinfachten Inversion in Gl.(3.96) sowie wegen der einfachen Struktur der C-Matrizen (z.B. $C_\psi = [1,0,0]$) gegenüber dem nichtentkoppelten Fall wesentlich niedriger ist. Die dazu benötigten Varianzen der Pseudomeßgrößen $\delta\hat{x}_R$ sind durch die Diagonalelemente der Kovarianzmatrix

$$R_x = E\{w_x w_x^T\} = S\,[(C_R S)^T\, R^{-1}\, (C_R S)]^{-1}\, S \qquad\qquad (3.112)$$

gegeben, welche durch die Substitutionen $\delta\hat{x}_R \rightarrow (\delta\hat{x}_R + w_x)$ und $\delta y \rightarrow (\delta y + w)$ mit $R = E\{ww^T\}$ aus Gl.(3.104) direkt abgeleitet werden kann. Daneben müssen aber auch noch die Elemente der als diagonal angenommenen Kovarianzmatrix $Q(k)$ der Streckeneingangsstörungen bekannt sein. Da dies normalerweise nicht der Fall ist, besteht das übliche ingenieurmäßige Vorgehen

darin, Annahmen über die Elemente von Q zu treffen, dann die Filterelemen-
te über die Rekursionsgleichungen zu berechnen und schließlich die mit
(möglichst) echten Meßwerten gewonnenen Schätzwerte x^* z.B. hinsichtlich
ihres Zeitverlaufs zu untersuchen; daraufhin können dann neue, hoffentlich
bessere Annahmen über die Elemente von Q getroffen werden. Diesen iterati-
ven Arbeitsschritt bezeichnet man im Englischen als "Filter Tuning"; er
ist eines der wesentlichen Probleme des Kalman Filter Entwurfs und im allgemeinen Fall äußerst zeitaufwendig.

Hier wird die Innovation jeder Zustandsgröße nur von einer Meßgröße und
damit nur von einem Filterfaktor bestimmt. Eine gegenüber obigem Standardverfahren wesentlich direktere Vorgehensweise bietet sich daher mit einer
unmittelbaren Wahl der Filterfaktoren selbst an. Diese Vorgehensweise hat-
te sich schon in [Wünsche, 84] bewährt und wird auch bei der Schätzung der
Luftkissenfahrzeugbewegung in geodätischen Koordinaten angewandt. Dort
kann allerdings in guter Näherung davon ausgegangen werden, daß die Verrauschung der aus den Ultraschallentfernungsmeßwerten berechneten Pseudomeßwerte kaum von der Fahrzeugposition abhängt (d.h. $R_x(k) \approx$ const), woraus wegen der Konstanz der übrigen Systemmatrizen konstant gehaltene Filterfaktoren gerechtfertigt erscheinen. Bei optischer Informationserfassung
ist die Qualität der Pseudomeßwerte $\delta \hat{x}_R$ jedoch, wie in Abschnitt 3.5.2.3
festgestellt wurde, z.T. von der Entfernung zu den ausgewerteten Szenen-
merkmalen abhängig. Es bietet sich daher eine Adaption der entsprechenden
Filterfaktoren mit der Entfernung r an. Zusätzlich mit einer Normierung
auf die Abtastzeit T lauten die Innovationsgleichungen dann

$$\hat{\psi}(k) = \psi^*(k) + f_\psi \, \delta\hat{\psi}(k) \tag{3.113}$$

$$\hat{\omega}(k) = \omega^*(k) + \frac{f_\omega}{T} \, \delta\hat{\psi}(k) \tag{3.114}$$

$$\hat{s}_\alpha(k) = s_\alpha^*(k) + \frac{f_{s\psi}}{0.5T^2} \, \delta\hat{\psi}(k) \tag{3.115}$$

$$\hat{\theta}(k) = \theta^*(k) + f_\theta \, \delta\hat{\theta}(k) \tag{3.116}$$

$$\hat{r}(k) = r^*(k) + \frac{f_r}{r^2} \, \delta\hat{r}(k) \tag{3.117}$$

$$\hat{v}_r(k) = v_r^*(k) + \frac{f_{vr}}{r^2 T} \, \delta\hat{r}(k) \tag{3.118}$$

$$\hat{\nu}(k) = \nu^*(k) + \frac{f_\nu}{r}\,\hat{\delta\nu}(k) \tag{3.119}$$

$$\hat{v}_t(k) = v_t^*(k) + \frac{f_{vt}}{r\,T}\,\hat{\delta\nu}(k), \tag{3.120}$$

wobei die direkt vorgegebenen Filterfaktoren

$$f_\psi = 0.6, \quad f_\omega = 0.3, \quad f_{s\alpha} = 0.01, \quad f_\theta = 0.2,$$

$$\tag{3.121}$$

$$f_r = 0.4, \quad f_{vr} = 0.003, \quad f_\nu = 0.2, \quad f_{vt} = 0.001$$

durch Versuchsreihen gefunden wurden und so gute Schätzergebnisse liefern, daß sich die in umfangreichen Simulationsläufen (unter Einbeziehung echter Meßdaten) untersuchten vollständigen Kalman Filter ebenso an diesem Verfahren messen lassen müssen wie das weiter unten vorgestellte faktorisierte Kalman Filter.

Der Nachteil dieses Verfahrens ist die abnehmende Schätzqualität des Gauß-Markov-Schätzers bei schlecht konditionierten Meßgleichungen, die durch eine quasistationäre Filterung kaum ausgeglichen werden kann. Schlecht konditionierte Meßgleichungen treten besonders dann auf, wenn durch optische Störungen nur noch wenige Merkmale ausgewertet werden können, und wenn diese wenigen Merkmale nur eine geringe relative Objekttiefe d/D aufweisen (vgl. Abschnitt 3.5.2.3). Wenn zudem durch eine größere Verdeckung oder Störung die Zahl der linear unabhängigen Meßgrößen unter der Zahl der Bewegungsfreiheitsgrade liegt, können über diesen Ansatz keine Pseudo-Meßgrößen erzeugt werden, da die Meßgleichungen singulär werden.

Aus diesen Gründen ist ein vollständiges Kalman Filter diesem Verfahren vorzuziehen, wenn gut konditionierte Meßgleichungen nicht gewährleistet werden können. Denn über ein vollständiges Kalman Filter kann auch bei vorübergehendem Vorliegen von nur einem einzigen Merkmal noch eine vernünftige Schätzung stattfinden [Wünsche, 86b]. Dazu wird zunächst ein Algorithmus zur sequentiellen Innovation angegeben, der die zum Zeitpunkt t_k eintreffenden m_k Meßwerte sequentiell zur Verbesserung der Schätzwerte heranzieht und damit die Matrixinversion bei der Berechnung der Filtermatrix (Gl.(3.96)) vermeidet; damit wird dann der Einsatz der numerisch stabilen und effizienten U-D faktorisierten Formulierung des Kalman Filter

Algorithmus von Bierman ermöglicht, die in vielen Aspekten nicht nur auf einen wesentlich leistungsfähigeren, sondern auch auf einen wesentlich eleganteren Gesamtansatz führt.

3.5.3.4 Kalman Filter mit sequentieller Innovation

Ein m_k-dimensionaler Meßvektor kann immer wie m_k skalare Einzelmessungen behandelt werden. Ist die Kovarianzmatrix der Meßwerte diagonal, so können die m_k Komponenten als unabhängige Messungen betrachtet werden und sequentiell zur Innovation der Bewegungszustandsgrößen eingebracht werden; bei blockweise diagonaler Meßwertkovarianzmatrix können die entsprechenden Teilvektoren sequentiell verarbeitet werden [Singer u. Sea, 71]. Darüber hinaus können korrelierte Messungen aber auch durch eine Transformation in unkorrelierte Pseudomeßwerte umgeformt werden, die dann sequentiell verarbeitet werden (siehe z.B. [Maybeck, 79]).

Über die nach Verarbeitung von i Messungen erzielte Teilinnovation

$$\delta\hat{x}_i = \delta\hat{x}_{i-1} + k_i \, (y_i - y_i^*) \, , \quad i = 1,..,m_k, \quad \delta\hat{x}(0){=}0, \qquad (3.122)$$

kann dann ein entsprechender Zwischenschätzwert

$$\hat{x}_i = x^* + \delta\hat{x}_i \, , \qquad \hat{x}_o = x^* \qquad\qquad (3.123)$$

angegeben werden, der unabhängig von der Reihenfolge der Meßwertverarbeitung nach m_k Meßwerten über

$$\hat{x} = x^* + \delta\hat{x}_{m_k} \qquad\qquad (3.124)$$

auf den gleichen Schätzwert führt wie Gl.(3.89). Der 8 x 1 Filtervektor k_i wird analog zu Gl.(3.96) über die Beziehung

$$k_i = P_{i-1}c_i^T \, (c_i P_{i-1} c_i^T + \sigma_i^2)^{-1} \qquad\qquad (3.125)$$

berechnet, bei der nun aber nur noch eine skalare Division erforderlich ist. Allerdings ist jetzt P_{i-1} die nach Verarbeitung der i-1 vorangegangenen Meßwerte augenblicklich gültige Kovarianzmatrix der Schätzfehler $\hat{x}_{i-1} - x$, die mit $P_o = P^*(k)$ über die aus Gl.(3.97) abgeleitete Beziehung

$$P_i = P_{i-1} - k_i c_i P_{i-1} \quad , \quad i=1,..,m_k \tag{3.126}$$

nach jeder skalaren Messung neu berechnet werden muß und die für $i = m_k$ die neue Kovarianzmatrix ergibt, d.h. $P = P_{mk}$; c_i bezeichnet die zu dem Meßwert y_i gehörende i-te Zeile der Jacobischen Matrix $C(k)$, σ_i^2 das entsprechende Element aus R. Ferner ist in Gl.(3.122) zu beachten, daß y_i^* der augenblicklich bestmögliche Schätzwert für y_i zu sein hat, d.h. basierend auf $x_i^* = \hat{x}_{i-1}$; vereinfachend kann dazu aber anstatt einer erneuten Berechnung über die nichtlinearen Abbildungsgleichungen die linearisierte Beziehung

$$y_i^* = y_{io}^* + c_i \, \delta\hat{x}_{i-1} \tag{3.127}$$

verwendet werden, wobei y_{io}^* der schon vor der ersten Teilinnovation berechnete Schätzwert für y_i ist und $\delta\hat{x}$ aus Gl.(3.122) bekannt ist. Als weitere Vereinfachung können die Zeilen c_i der Jacobischen Matrix während der Innovation konstant gehalten werden. Damit folgt der Algorithmus zur skalaren sequentiellen Innovation wie in Anhang A.4 zusammenfassend angegeben; zur besseren Übersicht wird dort auch der Algorithmus zur vektoriellen Innovation wiederholt.

3.5.3.5 Kalman Filter mit UDU^T- faktorisierter Kovarianzmatrix

Die schlechten numerischen Eigenschaften der Kovarianzmatrixinnovation (Gl.(3.97), auch in der sog. stabilisierten Formulierung, siehe z.B. [Bierman u. Thornton, 77]) führten schon wenige Jahre nach den fundamentalen Arbeiten von Kalman auf das erste "Square Root" Filter [Potter, 64], damals motiviert durch die kurze Wortlänge des Bordrechners der APOLLO Raumkapsel. Dabei werden die Rekursionsgleichungen für die Schätzfehlerkovarianzmatrix P ersetzt durch eine Rekursion für deren Quadratwurzel $\sqrt{P}$; die Filtermatrix K wird dann direkt als Funktion von $\sqrt{P}$ berechnet, die Kovarianzmatrizen selbst tauchen im Algorithmus nicht mehr explizit auf. Grund hierfür ist der bei beschränkter Rechengenauigkeit vorgegebene erlaubte Wertebereich der Eigenwerte der Kovarianzmatrizen P und R (Quotient aus größtem zu kleinstem Eigenwert), der z.B. bei kleinen Eigenwerten von R relativ zu P (sehr genaue Messungen), relativ hohen Werten von $P^*(0)$ (wenig Vertrauen in den Anfangsschätzwert) oder bei schlecht balancierten

Zustandsgrößen überschritten wird; die Verwendung der Quadratwurzeln halbiert dann in etwa die Zahl der gültigen Stellen der Eigenwerte der verwendeten Matrizen, d.h. die gültige Stellenzahl der Kovarianzen wird verdoppelt, wodurch die Genauigkeit der numerischen Ergebnisse bei vorgegebenen Kovarianzen auch in etwa verdoppelt wird. Eine weitere Genauigkeitssteigerung kann dann durch eine geschickte, Differenzen vermeidende Formulierung des Innovationsalgorithmus erreicht werden, so wie bei Gl.(3.99) im Vergleich zu Gl.(3.97). Da im Gegensatz zum skalaren Fall zu einer gegebenen Matrix eine Vielzahl von Quadratwurzeln angegeben werden kann, werden bei den "Square Root" Filtern entweder die (z.B. über eine Cholesky Zerlegung aus einer positiv semidefiniten Matrix immer berechenbare) untere Dreiecksmatrix L und deren Transponierte verwendet, also

$$P = L\,L^T \tag{3.128}$$

(z.B. bei [Potter, 64]), oder aber (z.B. bei [Carlson, 73]) die in ähnlicher Weise zu gewinnende obere Dreiecksmatrix U' sowie U'^T also

$$P = U'U'^T. \tag{3.129}$$

Bei Verwendung dieser Zerlegungen müssen allerdings zur Innovation der Dreiecksmatrizen zu jedem Zyklus mindestens n skalare Quadratwurzeln explizit berechnet werden; dies veranlaßte Bierman eine Zerlegung der Kovarianzmatrix in

$$P = U\,D\,U^T \tag{3.130}$$

vorzuschlagen, wobei U jetzt eine obere Einheitsdreiecksmatrix ist, bei der alle Diagonalelemente gleich Eins sind, und wobei D eine Diagonalmatrix ist. Obwohl dies im strengen Sinne keine Quadratwurzelzerlegung ist, wird der Biermansche Algorithmus wegen $U\sqrt{D} = U'$ trotzdem zu den "Square Root" Filtern gezählt.

Die Rekursionsgleichungen (3.96) bis (3.98) zur Berechnung der Filtermatrix werden nun durch die Faktoren U und D ausgedrückt. Zur Herleitung der Innovationsgleichungen für die U und D Faktoren wird nach Einsetzen von Gl.(3.96) in Gl.(3.97) P^* durch $U^*D^*U^{*T}$ und P durch $U\,D\,U^T$ ersetzt. Dies führt bei skalaren, unkorrelierten Messungen y_i mit den Definitionen

$$e = D^* f \quad , \quad f = U^{*T} c_i^T \qquad (3.131), \ (3.132)$$

$$\epsilon'^2 = c_i P^* c_i^T + \sigma_i^2 = f^T D^* f + \sigma_i^2 = \sigma_i^2 + \sum_{j=1}^{n} D_{jj} f_j^2 \qquad (3.133)$$

auf

$$U \, D \, U^T = U^* \, [D^* - \frac{1}{\epsilon'^2} \, e \, e^T] \, U^{*T} \ , \qquad (3.134)$$

wodurch das Problem der U-D Faktorisierung der Kovarianzmatrixinnovation auf das Problem der Faktorisierung des Klammerausdrucks in $\bar{U} \, \bar{D} \, \bar{U}^T$ reduziert wird, die über eine einfache, numerisch gut konditionierte Rekursion berechnet werden kann [Bierman, 75]. Da die Multiplikation von zwei Einheitsdreiecksmatrizen wieder eine solche ergibt, folgen die Innovationsgleichungen zu

$$U = U^* \, \bar{U} \qquad (3.135)$$
$$D = \bar{D}. \qquad (3.136)$$

Die Berechnung des n x 1 Filtervektors **k** ist ein Nebenprodukt dieser Innovation und kann direkt aus Gl.(3.96) abgeleitet werden zu

$$k = \frac{1}{\epsilon'^2} \, U^* \, e \ . \qquad (3.137)$$

Dagegen ist die Gl.(3.98) entsprechende Extrapolation der U und D Faktoren etwas komplexer und soll hier nicht im Detail nachvollzogen werden; der interessierte Leser findet den in [Thornton u. Bierman, 77] vorgeschlagenen, auf einer Gram-Schmidt Vektor Orthogonalisierung beruhenden Algorithmus z.B. auch in [Bierman, 77], [Thornton u. Bierman, 80] oder [Maybeck, 79].

Eine (Rechenzeit sparende) Vereinfachung für den Fall spärlich besetzter Transitionsmatrizen, die eine vektorielle Darstellung für U, D und Φ benutzt, ist zusammen mit einer FORTRAN Implementierung in [Thornton u. Bierman, 80] angegeben und wurde vom Autor nach einigen Modifikationen (effizientere Indizierung) übernommen. Zusammen mit dem ebenfalls auf einer FORTRAN Implementation aus [Thornton u. Bierman, 80] aufbauenden Innovationsalgorithmus benötigt die gesamte Innovation und Prädiktion des Bewegungszustandsvektors und der U und D Faktoren der Schätzfehlerkovarianzmatrix nur ca. 22ms auf der VAX 750 bei Verfolgung von drei Merkmalen der Szene (d.h. sechs Meßwerten). Dies ist zwar langsamer als die Schätzung über den im vorletzten Abschnitt beschriebenen Gauß-Markov-Schätzer mit Nachfilterung; gegenüber jenem bietet das Kalman Filter aber den schon mehrfach erwähnten Vorteil nicht nur die Bewegungszustandsgrößen zu schätzen, sondern, hier implizit über die U und D Faktoren, auch die Qualität dieser Schätzung, d.h. also das Vertrauen in diese Schätzung anzugeben. Dies bedeutet eine Erweiterung der Wissensbasis um eine Erfahrungskomponente, die nicht nur über Plausibilitätstests das Erkennen von optischen Störungen und Verdeckungen erlaubt, sondern auch hilft, Zeiten mit wenig Information zu überbrücken; denn über Gl. (3.122) führt auch schon ein einzelner Meßwert zu einer Verbesserung der augenblicklichen Schätzung.

Zur Berechnung der Filtervektoren k_i ist noch das sog. "Filter Tuning" notwendig, also die Wahl der Kovarianzmatrix $P^*(0)$ der Anfangsschätzfehler (aus der dann $U^*(0)$ und $D^*(0)$ folgen) sowie die Wahl der Kovarianzmatrix $Q(k)$ der auf das Luftkissenfahrzeug einwirkenden Störungen. Durch die Nachiteration der Schätzung der Anfangsposition (siehe Abschnitt 3.6.2.2) ist diese relativ genau; ferner ist bekannt, daß die Relativgeschwindigkeiten zu Anfang Null sind. Werden die Korrelationen der Anfangsschätzung vernachlässigt, so kann $P^*(0)$ diagonal gewählt werden, wodurch $U^*(0) = I$ folgt. Die Anfangsdiagonalmatrix wird damit zu

$$D^*(0) = P^*(0) = \text{Diag } \{0.1, 0, 0, \ 0.1, \ 0.1, 0, \ 0.1, 0\} \tag{3.138}$$

gewählt (höhere Werte der Diagonalelemente sind nicht nur physikalisch nicht sinnvoll, sondern sollten auch im Hinblick auf numerische Stabilität und Einschwingverhalten vermieden werden).
Die Kovarianzmatrix $Q(k)$ wird ebenfalls diagonal und als zeitlich konstant angenommen. Über das bereits weiter vorne beschriebene heuristische Verfahren wird dann versucht, die besten Werte für Q zu finden, wobei die Schätzergebnisse des Gauß-Markov Schätzers als Maßstab dienen können. Als beste Wahl von Q erwies sich schließlich

$$Q(k) = \text{Diag } \{7 \cdot 10^{-6}, \ 7 \cdot 10^{-5}, \ 3 \cdot 10^{-6}, \ 0.04, \ 1 \cdot 10^{-4}, \ 1.4 \cdot 10^{-4}, \ 1.5 \cdot 10^{-5}, \ 4 \cdot 10^{-6}\}$$
$$\tag{3.139}$$

entsprechend Standardabweichungen von $\sigma_\psi = 0.15°$, $\sigma_\omega = 0.5°/s$, $\sigma_{s\alpha} = 0.1°/s^2$, $\sigma_{zco} = 0.2$ Pixel, $\sigma_r = 1$ cm, $\sigma_{vr} = 1.2$ cm/s, $\sigma_\nu = 0.22°$, sowie $\sigma_{vt} = 0.2$ cm/s.

3.5.4 Situationsgerechte Reaktion auf optische Störungen

Wird an ein sich autonom bewegendes System die Forderung gestellt, es solle sich intelligent verhalten, so versteht man darunter zunächst meist die Fähigkeit, daß es auf Störungen und andere unvorhersehbare Ereignisse flexibel und situationsgerecht reagieren soll. Dies erfordert die Fähigkeit, auch unbekannte Situationen richtig zu erkennen und daraus die entsprechenden Schlußfolgerungen für das eigene Handeln abzuleiten.

So haben in der Natur nicht nur die besser geschützten Lebewesen überlebt (z.B. Schildkröte), sondern vor allem diejenigen, die durch ihre Intelligenz in der Lage waren bzw. sind, Gefahren rechtzeitig zu erkennen, um diesen dann auszuweichen. Dabei muß dieses intelligente, situationsgerechte Reagieren unterschieden werden von elementaren Reflexen, die gleichsam nur eine vorprogrammierte, fest "verdrahtete" Reaktion auf bekannte Reizmuster bilden. In diesem Abschnitt sollen erste Ansätze aufgezeigt werden, wie beide Verhaltensweisen in ein autonom-mobiles System eingebracht werden können. Voraussetzung für solche Reaktionen ist aber zunächst das Erkennen unvorhergesehener Situationen und Störungen. Einfache Störungen können dabei noch durch statisches Faktenwissen erkannt werden; Beispiele für diese Fälle werden im nächsten Abschnitt aufgezeigt. Danach wird ein Ansatz zur Erkennung optischer Störungen und Verdeckungen erläutert, der zur Elimination der in statischen Einzelbildern oft vorhandenen Zweideutigkeiten das _Bewegungsverhalten_ der gemessenen Einzelmerkmale berücksichtigt. Hierbei wird erstmals auch das Vertrauen in die Schätzung dieses Bewegungsverhaltens explizit verwendet. Die Entscheidungen, die aufgrund von erkannten Störungen getroffen werden, können dann je nach ihrer Bedeutung hierarchisch in Ebenen gegliedert werden.

3.5.4.1 Erste Datenfilterung und Störungserkennung durch Faktenwissen

Der Systemprozessor des BVV faßt die Nachrichtentelegramme aller arbeiten-
den Parallelprozessoren zusammen und überträgt diese blockweise an den
Hauptrechner. Dort werden diese Nachrichten als erstes gesichtet und nach
der in den Telegrammen enthaltenen Aufnahmezeit geordnet; dadurch wird erkannt, ob z.B. ein Prozessor hinter dem allgemeinen Nachrichtentakt "hin-
terherhinkt", in welchem Fall er neu mit den übrigen Prozessoren synchro-
nisiert werden muß. Als nächstes müssen die Nachrichtentelegramme ent-
schlüsselt werden, um festzustellen, ob der betreffende Prozessor überhaupt ein Merkmal finden konnte und ob die Verfolgung noch ordnungsgemäß
arbeitet; falls dies der Fall ist, werden die Merkmalkoordinaten aus den
gemeldeten Meßwerten bestimmt. Zusätzlich werden von den Parallelprozessoren bestimmte Merkmalattribute gemeldet, z.B. in der Endphase des Manövers
von den Stabverfolgern die Breite des verfolgten vertikalen Steges der Andockmarkierung. Diese Attribute können über statisches Modellwissen mit
bekannten oder geschätzten Daten verglichen werden, um über einfache Plausibilitätstests die Gültigkeit der gemeldeten Daten festzustellen. Hier
werden auch deterministische Meßfehler und bekannte Eigenheiten der Merkmalextraktionsalgorithmen korrigiert. Darüberhinaus wird darüber Buch geführt, welcher Prozessor welches Merkmal verfolgt und wann er auf dieses
Merkmal dirigiert wurde; falls dies zu Beginn des letztes Abtastzyklus
war, so sind die jetzt gemeldeten Daten unzuverlässig und werden daher
sicherheitshalber für ungültig erklärt.

Am Ende dieser ersten Störungserkennung und Datenvorfilterung ist über jeden Parallelprozessor bekannt, ob, und wenn ja, wo er ein Merkmal des von
ihm zu verfolgenden Typs finden konnte. Nicht bekannt ist dagegen, ob er
wirklich das "richtige" Merkmal verfolgt oder z.B. ein ähnliches Merkmal
der Umgebung oder eines Störobjektes. Wie schon in Kapitel 2 anhand des
Stab/Wagen-Systems verdeutlicht wurde, kann die Erkennung solcher Störungen und Verdeckungen auch nicht sinnvoll anhand von statischem Modellwissen erfolgen. Als gültig gemeldete Daten werden deshalb in der nächsten
Störerkennungsebene näher analysiert; das Vorliegen ungültiger Daten wird
direkt an die untere Entscheidungsebene gemeldet.

3.5.4.2 Störungserkennung anhand von vertrauensbehafteten Bewegungs-analysen

In [Wünsche, 83b] wurde zur Steuerung eines Stab/Wagen-Systems durch Rechnersehen bei Vorliegen starker optischer Störungen ein Verfahren zur Störungserkennung entwickelt, das statisches Modellwissen mit Wissen über die Dynamik der zugrundeliegenden Bewegung kombiniert. Darauf wurde bereits in Kapitel 2 kurz eingegangen. Wesentlich ist dabei, daß die Entscheidung, ob eine Störung (z.B. eine Verdeckung) im Bild vorliegt, nicht anhand des gerade gemessenen "statischen" Einzelbildes getroffen wird, da hierbei oft Zweideutigkeiten auftreten können. Vielmehr wird das <u>Bewegungsverhalten der gemessenen Einzelmerkmale</u> analysiert. Letzteres ist insofern von Bedeutung, als aufgrund der oftmals schlecht konditionierten Transformationsbeziehungen kleine Störungen der Meßdaten nicht unbedingt kleine Abweichungen der daraus berechneten Pseudomeßgrößen oder Relativlageparameter zur Folge haben müssen, so wie umgekehrt große Meßstörungen nur kleine Änderungen der Resultate bewirken können; daher müssen Störungen der Meßdaten vor diesen Transformationen ermittelt werden.

Dazu werden die über das dynamische Modell und die nichtlinearen Abbildungsgleichungen vorhergesagten Merkmalkoordinaten (y^*_{cj}, z^*_{cj}) mit den aktuellen Meßwerten (y_{cj}, z_{cj}) verglichen. Liegen die gemessenen Merkmalkoordinaten nicht innerhalb einer Fehlerellipse um die erwarteten Koordinaten, so wird auf eine Störung geschlossen. Der Einfachheit halber wird für den Test nur ein zu den Bildkoordinatenachsen paralleles Fehlerrechteck berechnet; der Test lautet damit:

Das Merkmal ist "gültig", wenn

$$|y_{cj} - y^*_{cj}| \le \epsilon_{yj} \quad \text{und} \quad |z_{cj} - z^*_{cj}| \le \epsilon_{zj} \qquad (3.140)$$

erfüllt ist.

Die Schranken ϵ_{yj} und ϵ_{zj} müssen dabei so hoch bemessen sein, daß die normalen Meßwertverrauschungen sowie die echten Systemstörungen - die ja gerade gemessen werden sollen - nicht zu einem Verlust der Meßwerte führen. Andererseits sollen natürlich die durch optische Störungen herbeigeführten Meßwertstörungen herausgefiltert werden. In vielen Fällen, so z.B. beim Stab/Wagen-System, genügt dazu eine feste Schranke, die über die Erfahrung

des Programmierers festgelegt wird. Bei der optischen Erfassung der vier
Bewegungsfreiheitsgrade des Luftkissenfahrzeugs (einschl. Kameranicken)
wurde dies zunächst auch versucht, führte aber auf keine befriedigenden
Ergebnisse. Erstens ist hier das Meßrauschen von Merkmal zu Merkmal je
nach dessen Erscheinungsbild und dem zur Erkennung verwendeten Algorithmus
unterschiedlich. Zweitens schwankt auch die Qualität der Meßwertprädiktion
mit der Qualität der Relativlageschätzung; und letztere wiederum nimmt ab,
je länger wenige Merkmale oder gar keine Merkmale erkannt werden können.
Es muß daher eine Schranke ϵ gefunden werden, die entsprechend klein ist,
wenn die Relativlageschätzung gut ist, um diese durch einen gestörten Meßwert nicht unnötig zu verschlechtern; dagegen sollte diese Schranke in
Zeiten einer schlechten Relativlageschätzung entsprechend groß sein, um
"gültige" Meßwerte nicht schon aufgrund der entsprechend schlechten Meßwertprädiktion zu verlieren.
Solch eine Schranke wird über die sog. Innovationskovarianz

$$\epsilon_i'^2 = c_i P^* c_i^T + \sigma_i^2 \tag{3.141}$$

gegeben, die bereits in Gl.(3.125) und Gl.(3.133) erschien: Der erste Term
in Gl.(3.141) gibt als "Abbildung der Extrapolationsfehler-Kovarianzmatrix
P^* auf die Bildebene" die Varianz des Meßwert-Extrapolationsfehlers
$\delta y_i^* = y_i - y_i^*$ an, also das <u>Vertrauen</u> in die Meßwert-Extrapolation, während
der zweite Term die Varianz des Meßfehlers $\delta y_{im} = y_i - y_{im}$ ist, und somit
das Vertrauen in die Messung widerspiegelt. Zusammen ergibt dies die Varianz der zur Innovation benutzten Differenz zwischen echtem und geschätz-
tem Meßwert $\delta y_i = y_{im} - y_i^*$. Geht man davon aus, daß die Streuung der Messungen Gauß-verteilt ist, so sollten 99% der Meßwerte im Bereich der dreifa-
chen Standardabweichung um die vorhergesagte Koordinate liegen, d.h. das
Quadrat der Differenz δy_i sollte die neunfache Varianz nicht übersteigen.

Damit wird ein Merkmal als "gültig" eingestuft, wenn beide gemessenen Koordinaten dieses Merkmals die Bedingung

$$(y_{im} - y_{io}^*)^2 \leq \epsilon_i^2 = 9 \, \epsilon_i'^2 = 9 \, (c_i P_o^* c_i^T + \sigma_i^2) \tag{3.142}$$

erfüllen. Der Vektor c_i ist dabei wieder die zu y_{cj} bzw. z_{cj} gehörende
Zeile der Jacobischen Matrix, der Index 0 bei y_{io}^* und P_o^* bezieht sich wie
in Abschnitt 3.5.3.5 auf den Zeitpunkt der Schätzung vor Einbringen der

ersten Innovation. Die Berechnung von ϵ_1^2 erfolgt natürlich direkt über den rechten Teil der Gl.(3.133), d.h. ohne explizite Berechnung der Kovarianzmatrix. Zusätzlich kann die Schranke ϵ_1 nach unten begrenzt werden, um die u.U. negativen Effekte eines zu hohen Selbstvertrauens in die eigene Schätzqualität zu begrenzen.

Störungen wie in Bild 3.17 werden mit diesem Verfahren sicher erkannt; dort verfolgt der Parallelprozessor links oben nach wie vor eine 'Ecke', und zwar die, die von dem Störobjekt "Hand" und dem Andockpartner-Umriß erzeugt wird. Diese Störung wird über die Innovationskovarianz erkannt, und nun an die untere Entscheidungsebene weitergemeldet, wo sie über mehrere Zyklen beobachtet und weiter analysiert wird. Darauf soll im folgenden Abschnitt eingegangen werden.

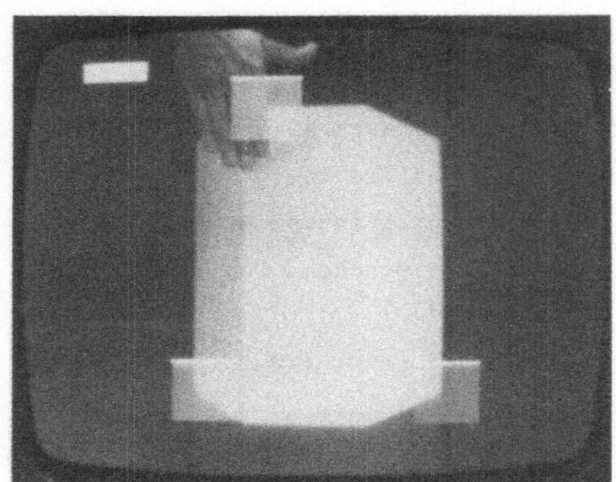

Bild 3.17: Zur Erkennung optischer Verdeckungen

3.5.4.3 Die untere Entscheidungsebene: erfahrungsbasierte Reaktionen auf optische Störungen

Die untere Entscheidungsebene tritt erst in Aktion, wenn die von den Störerkennungsebenen gemeldeten Störungen länger als einen Zyklus dauern. Zusätzlich wird hier Buch über die "Geschichte" der bisher von der Merkmalselektion zur Verfolgung ausgewählten Merkmale geführt, um bei auftretenden Störungen Erfahrungswerte über die bisherige Erscheinung dieses Merkmals zu haben.

Bei Störfällen wie in Bild 3.17, bei denen der Prozessor zwar ein Merkmal findet, die ermittelten Koordinaten aber nicht mit der geschätzten Position dieses Merkmals übereinstimmen, wird zunächst überprüft, ob der Prozessor vielleicht ein ähnliches, ebenfalls bekanntes Merkmal der Umgebung verfolgt. Dazu wird der Abstand zwischen der gemessenen Merkmalposition und den geschätzten Positionen der Umgebungsmerkmale gebildet; liegt der kleinste gefundene Abstand unter einer Schwelle entsprechend Gl.(3.142), so wird dieses Merkmal als augenblicklich verfolgtes Merkmal akzeptiert und zur Innovation der Relativbewegungsschätzung mitverwendet. Das ursprünglich verfolgte Merkmal ist dagegen offensichtlich schlechter erkennbar und wird für 30 Zyklen "gesperrt". Bild 3.18 verdeutlicht solch eine Situation, bei der der verfolgende Parallelprozessor "eigenmächtig" auf ein benachbartes, anscheinend besser erkennbares Merkmal übergegangen ist, das zunächst auch akzeptiert wird. In aller Regel wird diese 'nicht eingeplante' Merkmalkombination allerdings über die nächste Merkmalselektion zu weiteren Veränderungen führen.

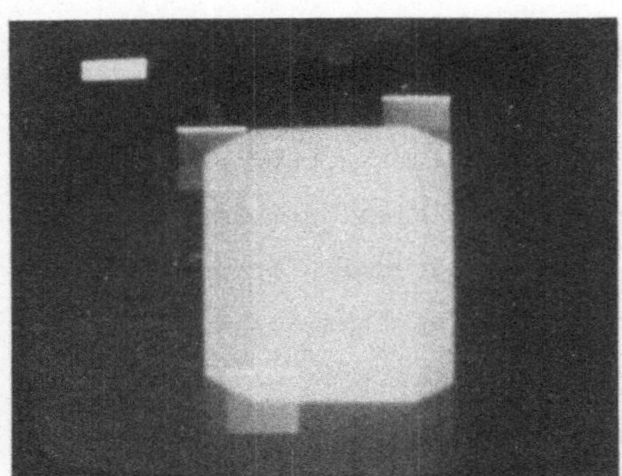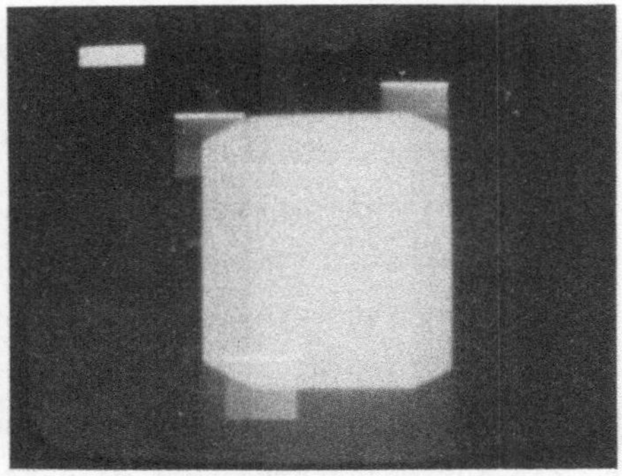

Bild 3.18: Eigenmächtiges Wechseln auf ein besser zu verfolgendes Merkmal durch einen Parallelprozessor

Kann dagegen, wie bei dem in Bild 3.17 gezeigten Fall, eine gemeldete Merkmalposition nicht mit der eines bekannten Merkmals zur Deckung gebracht werden, so werden die Daten als ungültig erklärt und so verfahren, als ob nichts gefunden worden wäre. Ist das betreffende Merkmal noch nie negativ aufgefallen, so wird der entsprechende Parallelprozessor noch zweimal beauftragt, es an der Sollposition zu finden; kann es nach 10 Zyklen immer noch nicht gefunden werden, so wird es für 30 Zyklen gesperrt. Während dieser Zeit steht es für die Merkmalselektion nicht mehr zur Verfügung, worauf ein anderes Merkmal ausgewählt wird. Sollte es danach wieder ausgewählt und wieder nicht gefunden werden, so wird es ohne zweite Suche sofort für 10 Zyklen länger als beim letzten Mal gesperrt; Merkmale, die immer wieder nicht erkennbar sind, werden somit langsam ausgesondert. Kann es dagegen wiedergefunden und erkannt werden, so ist offensichtlich die Verdeckung dieses Merkmals vorbei und die entsprechenden Einträge werden gelöscht.
Die eben geschilderte Vorgehensweise könnte in einer weiteren Ausbaustufe auch dazu benutzt werden, die internen Modellvorstellungen zu korrigieren.

So könnte eine systematische Nichterkennbarkeit bestimmter Merkmale darauf
hinweisen, daß während der Objekterkennung in der Initialisierungsphase
ein falsches Objekt erkannt wurde; oder es könnte die Vorstellung von der
3D-Form des Objektes entsprechend adaptiert werden. Dies wurde hier aber
noch nicht versucht. Diese Reaktionen müßten aufgrund ihrer globalen Bedeutung einer oberen Entscheidungsebene vorbehalten bleiben.

3.5.4.4 Die obere Entscheidungsebene

In der oberen Entscheidungsebene werden alle zum Betrieb des Fahrzeugs
notwendigen übergeordneten Entscheidungen gefällt. Dazu gehören die Entscheidungen, die während der Initialisierungs- und Orientierungsphase an-
fallen, ebenso wie alle Eingriffe in den geplanten Missionsablauf während
der Echtzeitphase. Viele der während der Initialisierung öfters auftretenden Fehler werden automatisch erkannt und durch eine nochmalige Initialisierung der entsprechenden Teilsysteme behoben; falls dies nicht möglich
ist, erfolgt eine Benutzerführung zur Fehlerlokalisation. Die Entscheidungen, die zur Objekterkennung notwendig sind, werden in Abschnitt 3.6.2
behandelt.

Bei den Entscheidungen der Echtzeitphase muß zwischen wohlüberlegten Reaktionen und sog. Notreflexen im Sinne einer Sicherheitsabschaltung unterschieden werden. Letztere können z.B. durch längere Ausfälle bestimmter
zum Betrieb erforderlicher Teilsysteme (z.B. Ultraschallentfernungsmeßan-
lagen) verursacht werden. Dagegen zählt die Missionsplanung und -steuerung
zu den langfristigeren Entscheidungen. So kann z.B. eine anfangs getrof-
fene Hypothese über die Partnerorientierung ν mitunter erst während der
Zirkumnavigation überprüft werden, worauf der Missionsablauf entsprechend
geändert wird, falls die Hypothese falsch war. Weitere Beispiele für die
von der oberen Entscheidungsebene ausgelösten Reaktionen können [Wünsche,
83b] entnommen werden. Wegen der stark anwendungsspezifischen und daher
wenig grundsätzlichen Natur dieser Reaktionen wurde hier nicht der Aufwand
für einen "fail-safe"-Betrieb unternommen, der einer Inbetriebnahme eines
wirklich autonomen mobilen Systems vorangehen müßte.

3.5.5 Merkmalselektion

Normalerweise enthält eine Szene mehr markante Merkmale, die für eine Verfolgung durch die Parallelprozessoren des BVV geeignet erscheinen, als Parallelprozessoren im BVV vorhanden sind, und auch mehr, als zur Schätzung der Relativbewegung notwendig sind. Wieviele Merkmale notwendig sind, wird dabei durch den in der Systemdynamik klar definierten Begriff der "Beobachtbarkeit" gegeben. Darüberhinaus soll aber unter allen Merkmalkombinationen, die eine Beobachtbarkeit des Systemzustandes gewährleisten, diejenige zur Verfolgung durch die Parallelprozessoren des BVV ausgewählt werden, die sich für eine Schätzung der Relativlage am besten eignet.

Bei den ersten Vorhaben zur Bewegungssteuerung durch Rechnersehen sowie bei entsprechend einfachen Szenen konnte diese Merkmalselektion noch vom menschlichen Bediener vorgenommen werden. So hatten bei der Steuerung des Stab/Wagen-Systems vier Parallelprozessoren den Auftrag, den schwarzen Stab in fest vorgegebenen vertikalen Abständen horizontal zu verfolgen ([Meissner, 82], [Wünsche, 83b]). Auch bei der Führung eines Straßenfahrzeugs durch bildhafte Informationen können die "besten" markanten Merkmale als Teilbereiche der Straßenränder klar vorgegeben werden ([Zapp, 85]). Zusätzlich ist in diesem Fall die Führung des Fahrzeugs so ausgerichtet, daß sich das Bild der Fahrbahn wenig ändert, womit auch die Merkmalsuche eingeschränkt wird. Selbst Bewegungen in sechs Freiheitsgraden, wie der Landeanflug durch Rechnersehen, können durch Auswertung fest vorgegebener Mermalkombinationen über visuelle Information gesteuert werden ([Eberl, 87]).

Lebewesen können sich aber auch in weniger gut strukturierten Umgebungen sehend bewegen. So sind wir Menschen auch in völlig ungewohntem Gelände innerhalb kürzester Zeit in der Lage, uns eine 3D-Modellvorstellung von unserer Umwelt zu verschaffen; diese Modellvorstellung erlaubt uns dann die zur optischen Erfassung der Relativbewegung gerade notwendigen Fixationspunkte (= markante Merkmale!) auszuwählen, auch wenn plötzliche Unstetigkeiten im Bildfluß auftreten: durch die Eigenbewegung oder durch Störungen können Merkmale, die gerade zur Schätzung der Relativbewegung verwendet werden, verschwinden; an anderer Stelle können neue Merkmale im Bild auftauchen.

Solche Situationen muß ein sehender mobiler Roboter beherrschen, wenn er als autonom gelten soll. Dabei kann der Aufbau einer 3D-Modellvorstellung

zunächst von der reinen Merkmalselektion getrennt werden und auch getrennt
behandelt werden; dies ist in den letzten Abschnitten anhand der geometrischen 3D-Modelle der Szene (vorgegeben und fest) sowie der dynamischen Modelle der 3D-Relativbewegung (in Grenzen vorgegeben und ständig aktuali-
siert) erfolgt. Hier soll nun ausgehend von dieser 3D-Modellvorstellung
ein Ansatz zur automatischen Merkmalselektion entwickelt werden.

Bevor die Merkmale zur Verfolgung ausgewählt werden können, die sich für
eine Relativlageschätzung am besten eignen, müssen die Merkmale aus dem
gesamten 3D-Merkmalraum gefunden werden, die von der augenblicklichen Position aus sichtbar, d.h. nicht verdeckt sind. Dann werden die sichtbaren
Merkmale auf ihre Erkennbarkeit untersucht, wobei neben Vorwissen über Kamera, Objektiv und BVV auch Wissen über die Merkmalextraktionsverfahren
einfließen muß.

3.5.5.1 Sichtbarkeitsanalyse

Ziel der Sichtbarkeitsanalyse ist die Ermittlung aller Merkmale, die von
der augenblicklichen Relativposition aus sichtbar, d.h. nicht durch den
eigenen oder durch andere Körper verdeckt sind. Somit können hierzu die
aus dem Gebiet der Computergraphik bekannten Verfahren zur Berechnung ver-
deckter Punkte eingesetzt werden (siehe z.B.[Newman u. Sproull, 79]).
Solch ein Algorithmus wurde in [Burkhardt u. Neuwinger, 85] im Rahmen
einer Studienarbeit implementiert; er gestattet die Berechnung der verdeckten Punkte beliebiger 3D-Körper bei
bekannter Relativlage. Wegen der hohen
Laufzeit dieses Algorithmus (ca.10ms auf
einer VAX 750 für Objekte wie in Bild
3.13) wurde ein wesentlich schnelleres
Verfahren zur Einbindung in die Echtzeit-
programmsysteme gewählt. Dieses Verfahren
ist allerdings nur für konvexe, sich gegenseitig nicht verdeckende Körper gültig
und wird daher in der Literatur als "weak
visibility test" bezeichnet [Silberberg
u.a., 84]. Dabei wird die Sichtbarkeit
von einzelnen Merkmalen aus der Sichtbar-

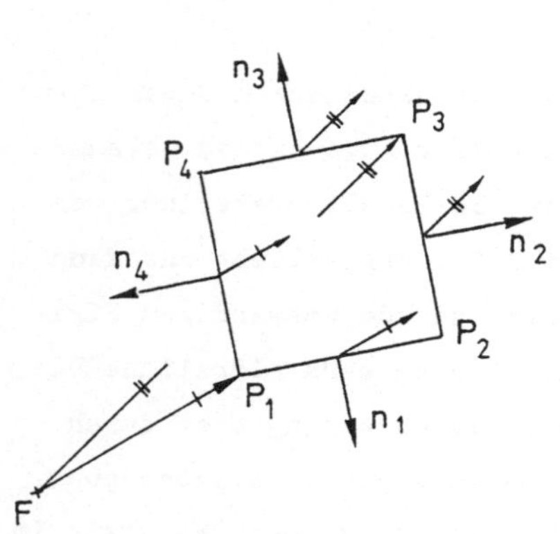

Bild 3.19: Zur Berechnung der
Sichtbarkeit

keit der entsprechenden (gedachten) Außenflächen der konvexen Hülle des
Objektes abgeleitet; eine Außenfläche ist dann sichtbar, wenn das Skalar-
produkt zwischen dem Vektor FP (vom Projektionszentrum F zu einem beliebigen Merkmal P) und dem entsprechenden Normalenvektor n (bekannt aus dem
geometrischen Modell) ein negatives Vorzeichen hat (siehe Bild 3.19).
Nur diejenigen Merkmale sichtbarer Außenflächen, deren Bildkoordinaten innerhalb der Bildgröße liegen, d.h. die

$$-y_{co} \leq y_{ci}^* \leq 255 - y_{co} \tag{3.143}$$

und

$$-z_{co} \leq z_{ci}^* \leq 221 - z_{co} \tag{3.144}$$

erfüllen, und die in der Wissensbasis gegenwärtig nicht als "verdecktes
Merkmal" geführt werden (siehe Abschnitt 3.5.4), gelten dann als sichtbare
Merkmale.

3.5.5.2 Erkennbarkeitsanalyse

Alle sichtbaren Merkmale müssen noch auf ihre Erkennbarkeit überprüft werden, die im wesentlichen von dem für das jeweilige Merkmal verwendeten
Merkmalextraktionsverfahren abhängt. So muß zur Erkennung der Umrißecken
deren Kontrast zum (dunklen) Hintergrund gut sein und deren projizierter
Öffnungswinkel β kleiner als ca. 160° (vgl. Bild 3.11, Abschnitt 3.4.2).
Außerdem müssen die Ecken bei den verwendeten Programmen mindestens eine
halbe Fensterbreite (d.h. 16 Pixel) vom Bildrand entfernt sein, um erkannt
werden zu können. Aufgrund der Fenstergröße müssen die Abbildungen gleich-
artiger Merkmale zudem einen gewissen Abstand voneinander haben, um separierbar zu sein. Liegen z.B. zwei Ecken im Bild weniger als eine halbe
Fensterbreite auseinander, so würde aufgrund des in Abschnitt 3.4 beschriebenen Verfahrens nicht eine der Ecken selbst verfolgt, sondern ir-
gendein Punkt dazwischen. In diesem Fall werden daher beide Merkmale als
nicht erkennbar eingestuft. Liegt der Abstand zweier Ecken im Bild zwischen einer halben Fensterbreite und einer ganzen Fensterbreite, so ten-
dieren die Extraktionsalgorithmen zur Verfolgung der leichter verfolgbaren
"spitzeren" Ecke; die Ecke mit dem größeren projizierten Öffnungswinkel
wird deshalb in diesem Fall in Abhängigkeit der beiden Winkel und des Abstandes mit einem Erkennbarkeitsfaktor zwischen 0 und 1 beaufschlagt, was
eine entsprechende Gewichtung bei der Merkmalselektion nach sich zieht.

98

Der dunkle Steg der Andockmarkierung ist naturgemäß nur vor einem hellen
Hintergrund erkennbar, d.h. wenn sein Bild innerhalb des Objektumrisses zu
liegen kommt. Dabei muß ein Mindestabstand von 15 Pixeln zum Objektumriß
gegeben sein. Für Entfernungen größer ca. r = 1.3 m wird die Abbildung des
Steges zu schmal; er ist dann (zwar noch sichtbar, aber) nicht mehr erkennbar.

Die Erkennbarkeit wird zu jedem Zyklus in das geometrische Modell eingetragen; nur die erkennbaren Merkmale werden im folgenden berücksichtigt.

3.5.5.3 Vollständige Merkmalselektion

Aus den s erkennbaren Merkmalen sollen <u>diejenigen</u> p Merkmale zur Verfolgung durch die gerade verfügbaren p Prozessoren des BVV ausgewählt werden,
die eine bestmögliche Schätzung der Relativlage ermöglichen. Für den konkreten Anwendungsfall wird diese Aufgabe durch Bild 3.20 verdeutlicht: es
seien z.B. p = 3 Prozessoren zur Eckenverfolgung verfügbar; welche drei

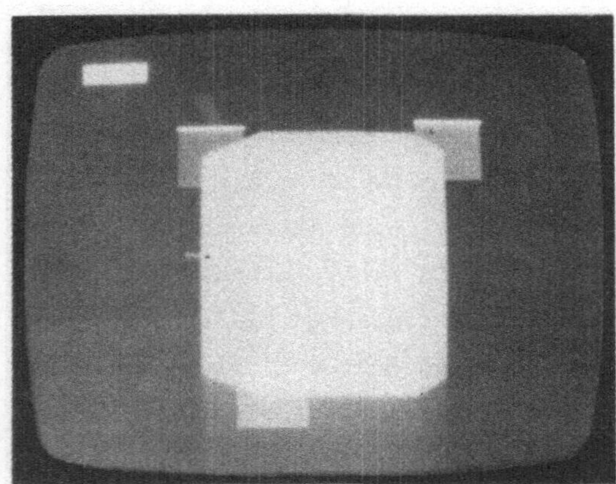

Bild 3.20: Auswahl von drei Merkmalen
aus acht

Ecken erlauben unter den acht
erkennbaren Ecken dann z.Zt. die
beste Relativlageschätzung? Zur
Lösung dieser Frage muß zunächst
geklärt werden, wodurch die
Schätzqualität definiert werden
kann; bei der vollständigen
Merkmalselektion muß das so gefundene Gütekriterium dann für
jede mögliche Merkmalkombination
(hier $\binom{8}{3}$ = 56 mal) ausgewertet
werden, um die beste Kombination
zu finden.

Zur Herleitung eines geeigneten Gütekriteriums werden zunächst einige Definitionen getroffen und Voraussetzungen wiederholt: zu jedem in zwei
Richtungen in der Bildebene verfolgten Merkmal P_j existieren zwei Abbildungsgleichungen, die um eine vorhergesagte Merkmalposition y_j^* linearisiert werden können; die resultierenden beiden linearisierten Meßgleichungen werden als Meßgleichungspaar dieses Merkmals bezeichnet. Mit
$y_j = [y_{cj}, z_{cj}]^T$ als den "idealen Meßwerten", y_{mj} den gemessenen, mit w_j

verrauschten Meßwerten und dem Vorhersagefehler der Bewegungszustandsgrößen $\delta x = x - x^*$ lautet das Meßgleichungspaar in Vektorschreibweise

$$\delta y_{mj} = y_{mj} - y_j^* = y_j + w_j - y_j^* = C_j \delta x + w_j \quad , \tag{3.145}$$

wobei C_j die entsprechenden zwei Zeilen der Jacobischen Matrix enthält.
Von den s erkennbaren Merkmalen werden dann jeweils p Meßgleichungspaare
zu einem Meßgleichungssystem

$$\delta y_m = C \, \delta x + w = \begin{bmatrix} C_1 \\ \cdot \\ \cdot \\ C_p \end{bmatrix} \delta x + \begin{bmatrix} w_1 \\ \cdot \\ \cdot \\ w_p \end{bmatrix} =: C \, \hat{\delta x} \tag{3.146}$$

zusammengefaßt, aus dem die sog. Innovation δx wegen der Verrauschung w
nicht direkt bestimmt werden kann, sondern nur ein Schätzwert $\hat{\delta x} = \hat{x} - x^*$.
Dieser Schätzwert soll dabei so bestimmt werden, daß zum einen der Schätzfehler

$$\tilde{\delta x} = \delta x - \hat{\delta x} = x - \hat{x} \tag{3.147}$$

bei gegebener Merkmalkombination so klein wie möglich wird, z.B. durch Minimierung des Schätzfehlerquadrats

$$\tilde{\delta x}^T \tilde{\delta x} = \sum_{j=1}^{n} \tilde{\delta x}_i^2 = \tilde{\delta \psi}^2 + \tilde{\delta \theta}^2 + \tilde{\delta r}^2 + \tilde{\delta \nu}^2, \tag{3.148}$$

und daß zum anderen unter allen Merkmalkombinationen diejenige bestimmt
werden kann, die den kleinsten Schätzfehler verspricht.
Aus Gl. (3.148) wird deutlich, daß die Minimierung dieser Summe nur dann
sinnvoll ist, wenn die einzelnen Zustandsgrößen vorher so skaliert worden
sind, daß die erreichbaren Schätzfehler die gleiche Größenordnung haben.
Außerdem sollten zur Bestimmung der Schätzwerte die Meßgleichungen entsprechend ihrer Qualität, die über deren Varianzen gegeben ist, gewichtet
werden. Dies führt über eine Verallgemeinerung der Gaußschen Ausgleichsrechnung auf den in Abschnitt 3.5.3.2 näher betrachteten Gauß-Markov-
Schätzer für die skalierten Zustandsgrößen $\delta x_N = S^{-1} \delta x_R$, der über

$$\tilde{\delta x}_N = \left[(C_R S)^T R^{-1} (C_R S) \right]^{-1} (C_R S)^T R^{-1} \delta y_m \tag{3.149}$$

einen linearen, erwartungstreuen Schätzwert minimaler Varianz $\delta\tilde{x}\delta\tilde{x}^T$ erzeugt; der Index R bezeichnet dabei wieder den in Gl. (3.102) definierten reduzierten Zustandsvektor x_R sowie die dazu gehörende reduzierte Jacobische Matrix C_R.

Die Kovarianzmatrix der Schätzfehler $\delta\tilde{x}_N$ wird in Anhang A.5 abgeleitet und ist mit der Definition

$$C_N = \sqrt{R}^{-1} \, C_R S \tag{3.150}$$

durch

$$P = [C_N^T \, C_N]^{-1} \tag{3.151}$$

gegeben; in der Hauptdiagonale dieser Matrix stehen die kleinsten Werte der Varianzen $\delta\tilde{x}_i^2$, die sich ohne a-priori-Kenntnisse der zu erwartenden Schätzfehler $\delta\tilde{x}_N$ erreichen lassen [Brammer u. Siffling, 75, S.71 f]. Damit wird auch die Summe (3.148) minimiert; die Suche nach der "besten" Merkmalkombination bedeutet somit eine Suche nach einer "minimalen Schätzfehlerkovarianzmatrix", wobei dieser Begriff noch definiert werden muß.

Dazu ist es sicherlich nicht verkehrt, wenn zusätzlich zur Forderung minimaler Diagonalelemente von P die Forderung möglichst wenig korrelierter Schätzfehler erhoben wird, d.h. die Nichtdiagonalelemente von P sollen so klein wie möglich sein. Damit würde eine "Diagonaldominanz" von P erreicht, die durch den Wert der Determinante von P auch absolut quantifizierbar ist, da die Spalten von C durch die Skalierungsmatrix S größenordnungsmäßig zu Vektoren der Länge eins normalisiert werden.

Somit lautet das Gütekriterium zur Suche nach der für die Relativlageschätzung am besten geeigneten Merkmalkombination: finde die Kombination von p Meßgleichungspaaren unter den s zur Auswahl stehenden Meßgleichungspaaren, die die Determinante von P minimiert bzw. den Güteindex

$$J = |C_N^T \, C_N| \tag{3.152}$$

maximiert.

Zum gleichen Ergebnis kommt man aber auch durch andere Überlegungen: erstens ist aus der linearen Algebra bekannt, daß ein überbestimmtes Gleichungssystem wie Gl.(3.146) dann am besten nach den Unbekannten $\delta \hat{x}$ auflösbar ist, wenn die sog. Pseudoinverse $C' = (C^T C)^{-1} C^T$ und damit auch die Matrix $P = (C^T C)^{-1}$ möglichst gut konditioniert ist; die Kondition kann dabei durch Skalieren der Zustandsgrößen verbessert werden. Als Konditionsmaß werden in der Literatur z.B. [Westlake, 75] oder [Lawson u. Hanson, 74] verschiedene Verfahren vorgeschlagen, z.B. das Verhältnis der Eigenwerte $\lambda_{max}(P)$ zu $\lambda_{min}(P)$, deren Berechnung allerdings selbst schlecht konditioniert und rechenaufwendig ist. Als Konditionsmaß dient auch hier die lineare Unabhängigkeit der Meßgleichungen bzw. der Zeilen der Pseudoinversen P. Die zweite Überlegung führt über die sog. "Fisher information matrix" [Maybeck, 79, S.240 f]

$$M = C^T R^{-1} C \tag{3.153}$$

zum gleichen Ergebnis. Die Größe der Eigenwerte dieser Matrix ist ein Maß für die Meßinformation; Eigenwerte nahe Null zeigen schlecht beobachtbare Richtungen des Zustandsraumes an. Die Determinante von M als Produkt der Eigenwerte erscheint auch hier als ein zulässiges Gütekriterium für den Informationsgehalt der Messungen. Ein dritter Weg führt schließlich über das aus der Systemdynamik bekannte Konzept der Beobachtbarkeit zu dem gleichen Ergebnis. Denn zu der bekannten Beobachtbarkeitsmatrix

$$M_1 = \left[\; C^T \; \vdots \; \Phi^T C^T \; \vdots \; \dots \; \vdots \; \Phi^{T^{n-1}} C^T \; \right] \; , \tag{3.154}$$

die für lineare, zeitinvariante diskrete Systeme den Rang n besitzen muß, um alle Zustandsgrößen aus den vorliegenden Messungen rekonstruieren zu können, existiert eine zweite, allgemeinere Formulierung der Form

$$M_2 = \sum_{i=1}^{N} \Phi^T(i,1) \; C^T(i) C(i) \; \Phi(i,1) \tag{3.155}$$

[Kwakernaak u. Sivan, 72]; hierin muß M_2 nach N Abtastschritten den Rang n besitzen. Soll der Systemzustand während eines einzigen Abtastzyklus rekonstruiert werden, bzw. zumindest die nötige Information hierfür vorhanden sein, so wird mit $N = 1$ und $\Phi(1,1) = I$ die Dualität zwischen "Meßinformation" und "Beobachtbarkeit" deutlich. Letztendlich kann der vorgeschlagene Güteindex somit auch als ein Beobachtbarkeitsmaß bei der Schätzung stationärer Parametervektoren ($\Phi = I$) aufgefaßt werden.

3.5.5.4 Sequentielle Merkmalselektion

Das Gütekriterium (3.152) muß für jede in Frage kommende Merkmalkombination ausgewertet werden. Damit kommt dieses Verfahren wegen der resultierenden kombinatorischen Explosion (3 aus 8 = 56, 4 aus 10 = 210, 6 aus 49 ≃ 14 10^6!) nur für die Initialisierungsphase in Betracht. Für die Echtzeitphase besser geeignet wäre ein Verfahren, das ausgehend von einer einmal gegebenen Merkmalkombination die Frage zu untersuchen gestattet, inwieweit der Austausch eines Merkmals dieser Kombination durch ein anderes, eventuell besseres Merkmal der Szene den Güteindex dieser Kombination verbessert oder verschlechtert.

Dieses Verfahren wird gefunden, wenn der zur Herleitung des bisherigen Güteindexes benutzte Gauß-Markov-Schätzer in einen rekursiven (sequentiellen) Gauß-Markov-Schätzer für die zu einem Zeitpunkt t_k benutzten p Meßgleichungspaare entwickelt wird. Dazu wird davon ausgegangen, daß p-1 Meßgleichungspaare vorliegen; aus diesen sei eine Teilinnovation $\delta\hat{x}_{p-1}$ geschätzt worden, mit einer Schätzfehlerkovarianzmatrix P_{p-1}. Analog zu der Vorgehensweise beim Kalman Filter (speziell der sequentiellen Innovation), das auch über den rekursiven Gauß-Markov-Schätzer abgeleitet werden kann, wird nun ein zusätzliches Meßgleichungspaar δy_p über das Gleichungssystem

$$K_p = P_{p-1}\, C_p^T\, (\, C_p P_{p-1} C_p^T + R_p\,)^{-1} \tag{3.156}$$

$$\delta\hat{x}_p = \delta\hat{x}_{p-1} + K_p \delta y_p \tag{3.157}$$

$$P_p = P_{p-1} - K_p C_p P_{p-1} \tag{3.158}$$

zur Verbesserung von $\delta\hat{x}_{p-1}$ und P_{p-1} verwendet. Zur Herleitung der sequentiellen Formulierung des Güteindexes wird nun die Gleichung der Schätzfehlerkovarianz P_p umformuliert: dazu wird der rechte Term aus Gl.(3.158) in die umgestellte Gl.(3.156) eingesetzt, die dann wieder nach K_p aufgelöst wird und in Gl.(3.158) eingesetzt wird. Nach einigen Umformungen resultiert für die inverse Schätzfehlerkovarianzmatrix

$$P_p^{-1} = P_{p-1}^{-1} + C_p^T\, R_p^{-1}\, C_p \; . \tag{3.159}$$

Da die Merkmale gefunden werden sollen, die den höchsten Informations<u>zu</u><u>wachs</u> versprechen, wird die Anfangskovarianzmatrix zu

$$P_o \rightarrow \infty \quad \text{bzw.} \quad P_o^{-1} = 0 \ , \tag{3.160}$$

gesetzt. Damit ergibt sich aus Gl.(3.159) die Beziehung

$$P_p^{-1} = \sum_{j=1}^{P} C_j^T \ R_j^{-1} \ C_j \ , \tag{3.161}$$

woraus für den gesuchten Güteindex

$$J = \left| \sum_{j=1}^{P} C_{Nj}^T \ C_{Nj} \right| \tag{3.162}$$

folgt. Hierin enthält C_{Nj} die beiden zum Merkmal P_j gehörenden Zeilen aus C_N (Gl.(3.150)), d.h. im vorliegenden Beispiel Dim $(C_{Nj}) = 2 \times 4$.
Zur numerischen Berechnung kann Gl.(3.162) noch weiter vereinfacht werden.
Dazu wird C_{Nj} über die Definition $C_{Nj} = [C_{aj}, \ C_{bj}]$ in zwei quadratische 2×2 Matrizen partitioniert, von denen die erste (d.h. C_{aj}) wegen

$$\frac{\partial}{\partial\theta}y_{ci} \ll \frac{\partial}{\partial\psi}y_{ci} \quad \text{und} \quad \frac{\partial}{\partial\psi}z_{ci} \ll \frac{\partial}{\partial\theta}z_{ci} \tag{3.163}$$

als diagonal angenommen werden kann. Damit hat $C_{Nj}^T \ C_{Nj}$ nur neun unterschiedliche, von Null verschiedene Terme, die für jedes erkennbare Merkmal P_j einmal pro Zyklus berechnet werden. Durch Partitionierung in vier 2×2 Matrizen läßt sich dann die Berechnung der 4×4 Determinante aus Gl. (3.162) über die Beziehung

$$\left| \sum_{j=1}^{P} C_{Nj}^T C_{Nj} \right| =: \left| \begin{array}{cc} A_1 & A_2 \\ A_2^T & A_3 \end{array} \right| = |A_1| \cdot |A_3 - A_2^T \ A_1^{-1} A_2| \tag{3.164}$$

wesentlich vereinfachen, da

$$A_1 =: \sum_{j} C_{aj}^T \ C_{aj} \tag{3.165}$$

auch diagonal ist, wodurch $|A_1|$ und A_1^{-1} durch eine Multiplikation bzw. zwei Divisionen folgen. Für eine Auswertung des Güteindexes J werden damit nur 16 Multiplikationen, 2 Divisionen sowie $9(p-1) + 7$ Additionen benötigt, wenn Gl.(3.164) effizient implementiert wird.

Ausgehend von der am Ende der Initialisierungsphase durch eine vollständige Merkmalselektion gefundenen Merkmalkombination wird nun zu jedem Zyklus der Echtzeitphase mittels Gl.(3.162) (bzw. Gl.(3.164)) eine Gradientensuche nach einer besseren Merkmalkombination durchgeführt, bei der nacheinander alle gerade verfolgten Merkmale durch eines der erkennbaren, nicht verfolgten Merkmale ersetzt werden. Hierbei wird darauf geachtet, daß normalerweise nur _ein_ Merkmal durch ein "besseres" Merkmal ersetzt wird; denn wird einem Parallelprozessor der Auftrag erteilt, ein anderes Merkmal zu verfolgen, so benötigt dieser einen Zyklus um brauchbare Daten zu liefern, d.h. mit jedem Merkmalwechsel ist für einen Zyklus ein Informationsverlust verbunden. Diese Zeiten "reduzierter Information" sollen natürlich minimiert werden. Aus diesem Grund wird auch ein Mindestzuwachs des Güteindexes gefordert: nur wenn der Güteindex J_{neu} der neuen Merkmalkombination den Güteindex J_{alt} der bisherigen Kombination um mehr als einen Faktor $\alpha > 1$ überschreitet, d.h. nur wenn

$$J_{neu} > \alpha \, J_{alt} \, , \qquad \alpha > 1 \, , \qquad\qquad (3.166)$$

gilt, wird auf die neue Merkmalkombination gewechselt.

Ein Sonderfall tritt ein, wenn ein oder mehrere Merkmale der gerade verfolgten Merkmalkombination durch Störungen oder andere, z.B. durch die Eigenbewegungen auftretende Verdeckungen von einem Zyklus zum anderen als nicht mehr erkennbar eingestuft werden. Dann werden bei der Suche nach Ersatz für die fehlenden Merkmale die nach wie vor erkennbaren Merkmale aus der letzten gewählten Kombination beibehalten; ausgehend von einer willkürlichen Anfangskombination wird nun lediglich für die wegfallenden Merkmale sequentiell nach dem besten Ersatz gesucht.

Im nächsten Abschnitt soll gezeigt werden, daß zumindest in dem hier untersuchten Anwendungsbeispiel über die sequentielle Merkmalselektion ähnliche Resultate erzielt werden wie bei einer vollständigen Merkmalselektion zu jedem Abtastschritt. Letztere konnte wegen der nötigen Rechenzeit nur in Simulationsläufen durchgeführt werden. Für den Faktor α in Gl.(3.166) muß noch ein geeigneter Wert gefunden werden. Abschließend soll die Wahl der Skalierungsmatrix S diskutiert werden, die über die Gewichtung der einzelnen Zustandsgrößen einen wesentlichen Einfluß auf den Güteindex und somit auf die ausgewählten Merkmale hat.

3.5.5.5 Merkmalselektion während einer typischen Mission

Bild 3.21 zeigt eine typische Rendezvous- und Docking-Mission, wie sie schon in Abschnitt 3.3 skizziert wurde.

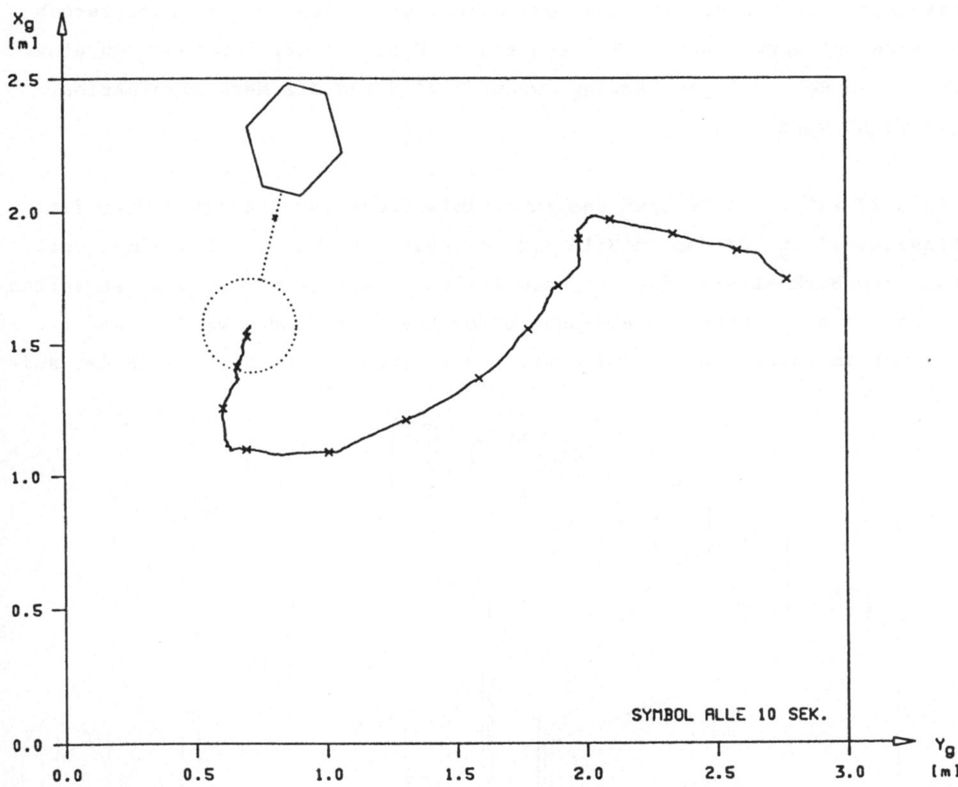

Bild 3.21: Bahn einer typischen Rendezvous- und Docking-Mission

Aufgetragen sind die aus den Ultraschallmessungen geschätzten geodätischen Koordinaten der Luftkissenfahrzeugbewegung, die u.a. zur Ansteuerung der Laufkatze verwendet werden. Die für die Steuerung des Rendezvousmanövers notwendige Relativlage zu dem (im Grundriß eingezeichneten) Rendezvous- partner wurde aus diesen geodätischen Koordinaten über die hier bekannte Lage des Andockpartners berechnet. Dies wurde in der ersten Ausbaustufe eines Simulationsprogramms benutzt, um für eine typische Mission "off- line" die verschiedenen Merkmalselektionsverfahren zu entwickeln und zu vergleichen. In der zweiten Ausbaustufe konnten dann die "Meßwerte" der Parallelprozessoren für die selektierten Merkmale über das geometrische Abbildungsmodell berechnet und künstlich verrauscht werden; dies diente

zur Entwicklung und zum Vergleich der verschiedenen, in Abschnitt 3.5.3
vorgestellten Schätzverfahren. In der dritten Ausbaustufe des Simulationsprogramms wurde dann diese, aus den simulierten optischen Messungen geschätzte Relativlage für die Merkmalselektion verwendet, wodurch eine gewisse Rückkopplung der Qualität der Merkmalselektion auf das Schätzergeb-
nis erreicht wurde. Denn eine "schlechte" Merkmalselektion führt zu einer
schlechten Relativlageschätzung, wodurch wiederum die Merkmalselektion
beeinflußt wird.

Bild 3.22 zeigt den Verlauf des zu maximierenden Güteindexes J über der
(Missions-)Zeit für das in Bild 3.21 dargestellte Manöver bei einer vollständigen Merkmalselektion zu jedem Zyklus. Hier ist p = 3, d.h. es sollen
die besten drei unter den erkennbaren Merkmalen gefunden werden. Jeder
Einbruch im Verlauf des Güteindexes kennzeichnet einen Wechsel in der aus-

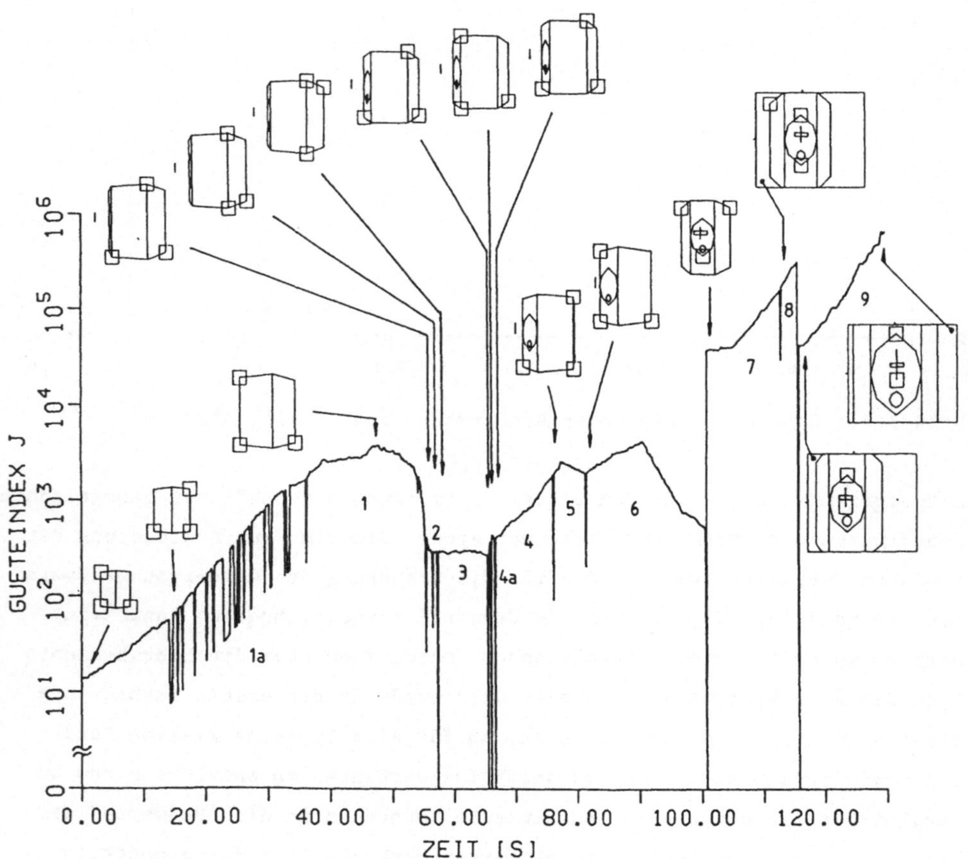

Bild 3.22: Verlauf des Güteindexes für eine vollständige Merkmalselektion

gewählten Merkmalkombination, da das Ergebnis des betreffenden Parallel-
prozessors in diesem Fall für einen Zyklus nicht verwertbar ist, was hier
auch simuliert wurde. Werden die Abbildungsgleichungen durch den Merkmalwechsel für einen Zyklus singulär, so wird der Güteindex Null, was die
großen Einbrüche in Bild 3.22 erklärt. Da bei der vollständigen Merkmalselektion hier die kleinste Verbesserung im Güteindex zu einer neuen Merkmalkombination führt, wird in Phasen, in denen mehrere Kombinationen nahezu gleich gut erscheinen, schon bei kleinsten Änderungen der Zustandsgrößen auf die jeweils "bessere" Kombination umgeschaltet. Dies führt zu Phasen der Unentschlossenheit (1a, 2, 4a in Bild 3.22), die im Endeffekt nur
durch häufige Informationsverluste gekennzeichnet sind; durch den in
Gl.(3.166) eingeführten Faktor α kann in diesen Phasen eine Stabilisierung
der Merkmalselektion erfolgen. Generell sind während des gesamten Manövers
durch die indirekte, Schlagschatten vermeidende Beleuchtung Kanten, die
innerhalb des Objektumrisses liegen, nicht zu erkennen. Deshalb werden
während der Phase 1 die beiden Eckenmerkmale der mittleren Objektkante
nicht zur Verfolgung ausgewählt, weil sie, aufgrund des großen Öffnungs-
winkels der entsprechenden Umrißecken, zunächst nicht und dann nur sehr
schlecht erkennbar sind. Durch die Annäherung nimmt die mögliche Schätzqualität zu, bis die beiden linken Ecken durch das Auftauchen der Frontfläche "flacher" werden, wodurch die Varianz der ermittelbaren Bildkoordinaten dieser Merkmale ansteigt. Deshalb fällt die Schätzgüte ab $t \simeq 48s$
wieder ab (der gleiche Effekt führt zu der Änderung im Schätzgüteverlauf
in den Phasen 5 und 6!). Durch die enge Nachbarschaft dieser Merkmale zu
den hinzugekommenen Merkmalen der Frontfläche wird deren Erkennbarkeit zusätzlich verringert (siehe Abschnitt 3.5.5.2), bis ihre Abbildungen im
Laufe der weiteren Bewegung so nahe beieinander liegen, daß sie nicht mehr
separierbar wären und somit als nicht mehr erkennbar eingestuft werden.
Dies führt zu den Merkmalkombinationen der Phasen 2 und 3, die erst durch
die wachsende Separation der Frontflächenmerkmale wieder verlassen werden
können (Phase 4).

Durch die Berücksichtigung der Meßqualität können neu auftauchende Merkma-
le langsam in den Merkmalselektionsprozeß "eingephast" werden, wegfallende
Merkmale werden ebenso graduell "unattraktiver". Durch diese graduellen
Änderungen in der Erkennbarkeit einzelner Merkmale wird der Verlauf der
Hüllkurve der Schätzgüte auch in den weiteren Phasen 5 und 6 weitgehend
stetig.

Dagegen führen schlagartige Veränderungen der Erkennbarkeit relevanter
Merkmale auch zu schlagartigen Änderungen im Schätzverlauf, wie z.B. durch
den hinzukommenden Steg der Andockmarkierung, der die 3D-Tiefenwirkung des
Partners erhöht und damit besonders die laterale Bewegungsinformation verbessert. Umgekehrt wird durch das Verschwinden bisher verfolgter Merkmale
aus dem Bildbereich bzw. durch deren Verdeckung durch den ausfahrenden Andockstachel, im Endanflug der Übergang auf eine schlechtere Kombination
erzwungen (Phase 8 → 9).

Bei der vollständigen Merkmalselektion müssen zur Auswahl der zu verfolgenden p Merkmale aus den s erkennbaren Merkmalen

$$q = \binom{s}{p} = \frac{s!}{p!(s-p)!} \qquad (3.167)$$

Merkmalkombinationen ausgewertet werden. Um Rechenzeit zu sparen, kann die
Berechnung natürlich auch hier über Gl.(3.164) erfolgen. Trotzdem ist dieses Verfahren zu aufwendig und deshalb für die Echtzeit-Bewegungssteuerung
ungeeignet, weshalb über die sequentielle Formulierung des Güteindexes in
Abschnitt 3.5.5.4 ein Gradientenverfahren eingeführt wurde. Durch die Ein-
schränkung, jeweils möglichst nur ein Merkmal zu ersetzen, wird hierbei
der Berechnungsaufwand i.a. auf

$$q = p \ (s-p) \qquad (3.168)$$

reduziert.

Bild 3.23 zeigt den Verlauf der Schätzgüte sowie die ausgewählten Merkmalkombinationen für eine sequentielle Merkmalselektion. Das zugrundeliegende
Manöver ist wieder die in Bild 3.21 gezeigte Bahn. Zusätzlich wurde hier
$\alpha = 1.3$ gewählt, um zu häufige Wechsel der gewählten Kombinationen zu un-
terbinden. Dies resultiert in einem wesentlich "ruhigeren" Verlauf der
Schätzgüte; so bleibt hier von den sechs Änderungen der Merkmalkombination, die zu einem absoluten Informationsausfall führten (siehe Bild 3.22)
nur noch eine übrig. Stellenweise werden gute Kombinationen erst etwas
später erkannt (Phase 6) oder es werden geringfügig schlechtere Kombinationen ausgewählt (Phasen 7 und 8).

In vielen weiteren Simulationsläufen konnte für ähnliche Rendezvous- und
Dockingmanöver gezeigt werden, daß über die sequentielle Merkmalselektion

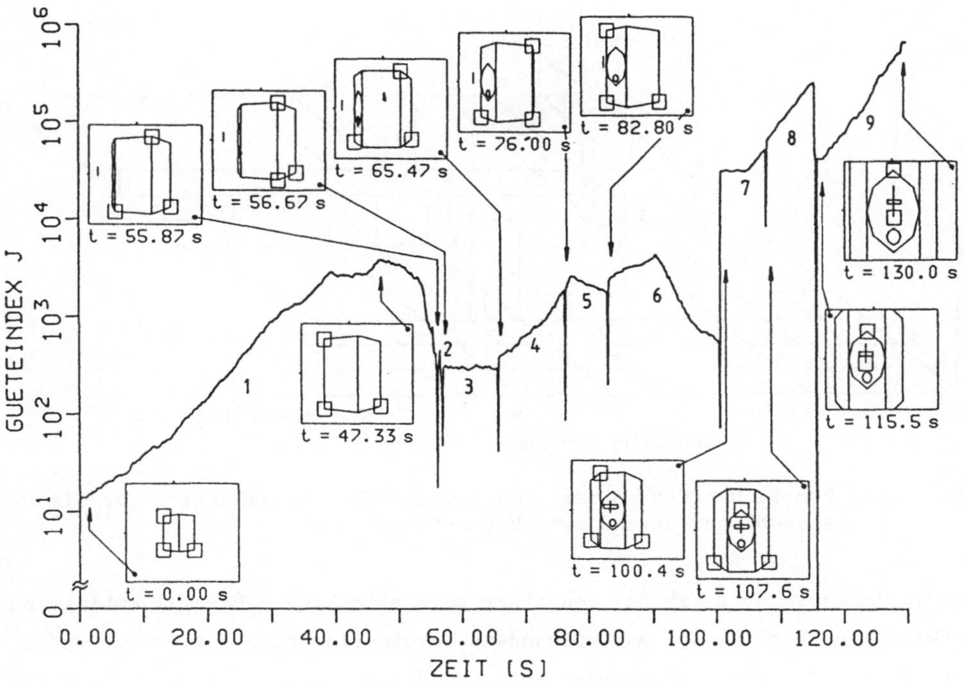

Bild 3.23: Verlauf des Güteindexes für eine sequentielle Merkmalselektion

auch über längere Zeiträume (mehrfaches Umrunden eines Partners!) ähnlich
gute oder nur geringfügig schlechtere Kombinationen ausgewählt werden, wie
über eine vollständige Merkmalselektion. Dabei wurden auch verschiedene
Objekte aus der erkennbaren Objektklasse untersucht.
Trotzdem birgt die sequentielle Merkmalselektion die Gefahr, nur lokale
Maxima des Güteindexes zu finden und ein globales, isoliertes Maximum
nicht zu erreichen. Denn bei der Suche wird wie folgt vorgegangen: in
einem p-dimensionalen Suchraum, der durch Achsen der Länge s aufgespannt
wird, wird entlang der Achsen jeweils über die volle Achsenlänge nach
einem Maximum gesucht. So würde bei dem in Bild 3.24 gezeigten Beispiel
zur Auswahl der besten 2 aus 8 (p = 2, s = 8), bei dem der Güteindex über
dem Raum der Merkmalkombinationen aufgetragen ist, ausgehend von der Kombination (1,12) nach einem Abtastschritt die bessere Kombination (2,12)
gewählt, und nach einem weiteren Abtastzyklus die noch bessere Kombination
(2,9). Da jede Merkmalkombination unabhängig von der "Reihenfolge" der
Merkmale den gleichen Güteindex ergibt, existiert jedes Maximum im Suchraum p! mal (im Beispiel (2,9) = (9,2)), was die Chance, dieses Maximum zu

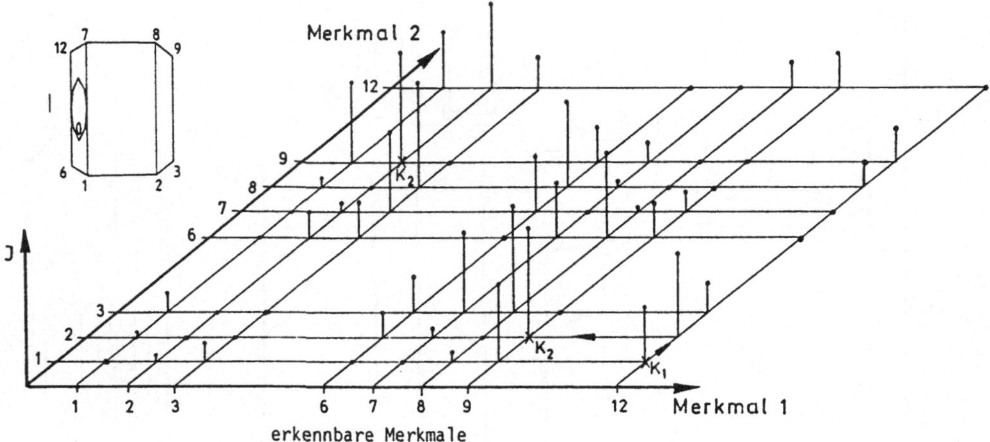

Bild 3.24: Zum Suchverfahren der sequentiellen Merkmalselektion für die
Auswahl der besten zwei Merkmale aus acht.

finden, entsprechend erhöht. Von einer augenblicklichen Merkmalkombination
K_1 kann eine bessere, p! mal vorhandene Kombination K_2 somit nur gefunden
werden, wenn 1. ein Schnittpunkt zwischen den p durch K_1 gehenden Parallelen zu den Koordinatenachsen (PKa) und den p*(p!) PKa von K_2 existiert
(was nur bei p = 2 immer der Fall ist), und wenn 2. die Kombination dieses
Schnittpunktes selbst einen höheren Wert als K_1 aufweist. Andererseits
würde eine nicht zu den Koordinatenachsen parallele Suche wenig Sinn machen, da die Lage der einzelnen Kombinationen im Suchraum durch die völlig
willkürliche Numerierung der Merkmale auch völlig willkürlich ist.

Damit wird durch eine höhere Dimension des Suchraums (d.h. mehr Parallelprozessoren stehen für die Verfolgung von Merkmalen zur Verfügung) die
Gefahr, ein isoliertes, globales Maximum nicht zu finden, größer. Andererseits steigt bei Verfolgung einer höheren Anzahl von Merkmalen das allgemeine Informationsniveau und damit auch die absolute Zahl von Kombinationen, die für eine gute Schätzung der Relativbewegung ausreichen; zudem
schwankt der Gütewert aller Kombinationen durch die Relativbewegung, wodurch ständig im gesamten Suchraum Maxima entstehen und verschwinden. Das
Finden der zu einem Zeitpunkt absolut besten Kombination ist dann nicht
mehr von so hoher Bedeutung. Trotzdem könnte einem separaten Parallelprozessor die Aufgabe einer vollständigen Merkmalselektion übertragen werden,
die parallel zur Bewegungssteuerung und nicht in Echtzeit abläuft; dabei

wäre auch schon eine Suche in einem niederdimensionalen Suchraum (z.B.
p = 3) ausreichend. Dieser Prozessor initialisiert dann ggfls. die sequentielle Merkmalsuche alle $T_m \gg T$ Sekunden neu.

3.5.5.6 Wahl und Skalierung der Zustandsgrößen

Welche Merkmale bei einer gegebenen Relativlage ausgewählt werden, hängt
im wesentlichen von der richtigen Skalierung und Gewichtung der Jacobischen Matrix ab. Damit hat auch die Wahl der Zustandsgrößen über die Meßgleichungen einen wesentlichen Einfluß auf die Merkmalselektion.

Da die Kamera während eines Versuchslaufes fest im Luftkissenfahrzeug eingebaut ist, wurde der Kameranickwinkel Θ nach dessen Bestimmung in der
Initialisierungsphase zunächst als fest und konstant angenommen und somit
nicht in das dynamische Modell mit aufgenommen. Dies führte dazu, daß bei
der Merkmalselektion die in Bild 3.25 gezeigten Merkmalkombinationen den
gleichen Güteindex erhielten. Denn bei exakt bekannter vertikaler Bildmitte z_{co} genügen die Differenzen $z_{ci} - z_{co}$ zur Bestimmung der Entfernung zu
diesem Objekt. Falls, wie im vorliegendem Fall, die Bildmitte z_{co} und damit der Kameranickwinkel Θ aber nicht exakt bekannt ist, entstehen Fehler
bei der Entfernungsbestimmung, deren Größe und Vorzeichen zudem in starkem
Maße von der augenblicklich verfolgten Merkmalkombination abhängen. Wird
dagegen der Kameranickwinkel als vierter Bewegungsfreiheitsgrad mit in das
dynamische Modell aufgenommen, wird bei der Merkmalselektion eine vertikale Spreizung der ausgewählten Merkmale erzwungen, die neben einer besseren

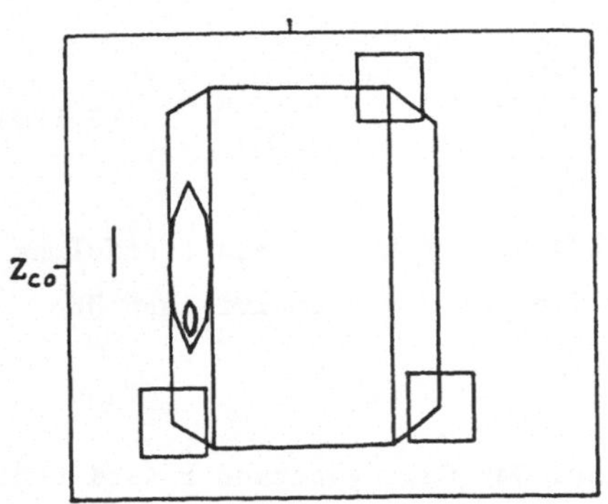
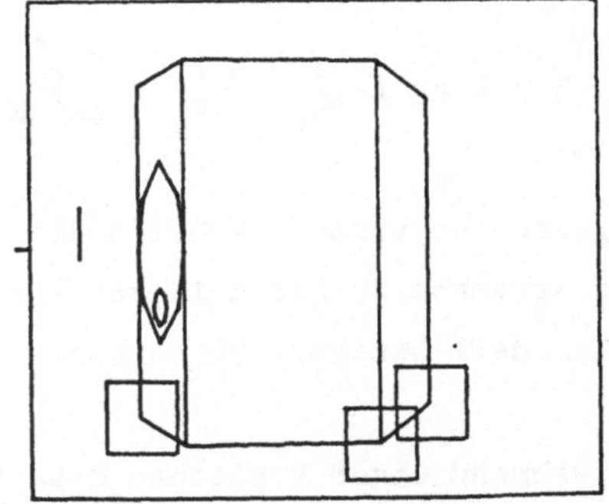

a: mit Schätzung von z_{co} b: mit bekanntem z_{co}

Bild 3.25: Einfluß der Nickwinkelschätzung auf die Merkmalselektion

Schätzung der Entfernung auch eine Schätzung der Nicklage erlaubt. Die zusätzliche Schätzung des Kameranickwinkels bringt somit eine Verbesserung der möglichen Relativbewegungsschätzung bei nur wenig erhöhtem Aufwand (Zunahme von 7 auf 8 Zustandsgrößen).

Die mögliche Qualität der einzelnen Messungen wird bei der Merkmalselektion durch eine Gewichtung der entsprechenden Zeilen der Jacobischen Matrix berücksichtigt, wozu die Kovarianz der Messungen so gut wie möglich geschätzt wird. Um Unruhen der Merkmalselektion an der Erkennbarkeitsgrenze einzelner Merkmale zu vermeiden, werden die entsprechenden Meßgleichungen zusätzlich mit einem Erkennbarkeitsfaktor multipliziert. Dieser wird z.B. für Ecken je nach dem Öffnungswinkel ihrer Projektion zwischen $\beta = 140^\circ$ und $\beta = 170^\circ$ linear zwischen Eins und Null variiert.

Schließlich übt auch das korrekte Skalieren der Spalten der Jacobischen Matrix durch die Skalierungsmatrix S einen wesentlichen Einfluß auf die Merkmalselektion aus, insbesondere wenn nur wenige Prozessoren zur Merkmalextraktion zur Verfügung stehen. Als gute Wahl erweist sich eine Skalierung mit den Maximalwerten der gewichteten Meßgleichungen aller erkennbarer Merkmale, d.h. die vier Diagonalelemente s_i der Skalierungsmatrix S werden über die sog. Tschebyscheff- oder Maximumnorm

$$s_i = 1 \ / \ (\ \mathrm{Max}_j | \ \sigma_j \ c_{ji} \ | \ ) \ , \qquad i = 1,4 \ , \qquad j = 1,s' \tag{3.169}$$

zu jedem Abtastzyklus neu bestimmt, wobei s' die Gesamtzahl der Meßgleichungen der s Meßwerte bezeichnet. Vereinfachend können die Elemente von S aber auch durch die in Abschnitt 3.5.2.3 angegebenen vereinfachten Ableitungen der Abbildungsgleichungen zu

$$S = \mathrm{Diag} \ (\ \frac{1}{fK_y} \ , \ \frac{1}{fK_z} \ , \ \frac{r^2}{fK_z \, H} \ , \ \frac{r-d}{d \, fK_y} \ ) \tag{3.170}$$

abgeschätzt werden, wobei d die in Gl.(3.87) eingeführte Tiefenstaffelung der erkennbaren Merkmale bezeichnet und H die aus dem geometrischen Objektmodell bekannte Objekthöhe.

Da während einer typischen Mission nicht nur der Schrägabstand r variiert, sondern auch die Tiefenstaffelung d der jeweils gerade erkennbaren Merkmale, ändert sich somit nicht nur die Balance der Zustandsgrößen, sondern auch die Korrelation zwischen Güteindex J und absoluter Schätzgüte: der

Güteindex ist nur noch ein Maß für die relative Schätzgüte verschiedener Kombinationen zu einem Zeitpunkt. Da die kritische Phase der Merkmalselektion die Zirkumnavigationsphase mit $r \approx$ const ist, wurden die Elemente von S der Einfachheit halber als konstant angesetzt, wodurch auch die Zeitverläufe in Bild 3.22 und Bild 3.23 an Aussagekraft gewinnen. Mit $r = 1.2$ m, $H = 0.45$ m, einer mittleren Objekttiefe von $d = 0.2$ m, sowie $f = 8$ mm und $K_y = K_z = 38$ Pixel/mm ergibt sich

$$S = \text{Diag} (0.0033, 0.0033, 0.01, 0.016), \tag{3.171}$$

wobei die Elemente von S die bei einer Meßgenauigkeit von ca. 1 Pixel erzielbaren Schätzgenauigkeiten der Zustandsgrößen während der Zirkumnavigationsphase widerspiegeln.

3.5.6 Zeitlicher Programmablauf, Rechen- und Totzeiten

Insbesondere für die im nächsten Abschnitt auszulegenden Regler ist es von Interesse, welche Rechenzeiten und damit Totzeiten zwischen der Aufnahme eines Videobildes über die Auswertung dieses Videobildes, die Zustandsschätzung und die Berechnung einer Regelgröße bis zur Steuerwirksamkeit dieser Regelgröße vergehen. Deshalb soll hier kurz auf diese Rechenzeiten und Totzeiten eingegangen werden, deren Wirkungskette aus Bild 3.26 deutlich wird.

Die gesamte Bewegungssteuerung wird vom Videotakt der aufnehmenden Kamera getriggert; nur jedes achte Videobild einer 60 Hz Bildfolge wird ausgewertet, woraus eine Abtastzeit von $T = 133$ ms folgt. Innerhalb eines 16.6 ms dauernden Videotaktes wird das Bild zeilenweise, beginnend links oben, abgetastet; Prozessoren des BVV, die ihr Merkmal gerade im unteren Bildbereich verfolgen, können die Bilddaten ihres Fensters daher erst entsprechend später übernehmen als Prozessoren, die im oberen Bildbereich arbeiten, woher die Zeitspanne für die Fensterübernahme resultiert. Darauf aufbauend resultiert die Bandbreite für das Ende der Merkmalextraktion; am "schnellsten" ist ein Stabverfolger der am oberen Bildrand arbeitet (≈ 30 ms), ein am unteren Bildrand arbeitender Eckenverfolger ist entsprechend später fertig ($\approx 70...90$ ms; diese Zeitangaben entstammen [Haas, 82] bzw. Angaben von Kuhnert). Wenn p Prozessoren arbeiten und ihre Ergebnisse beim Systemprozessor abliefern, schickt dieser nach Vorliegen der ersten

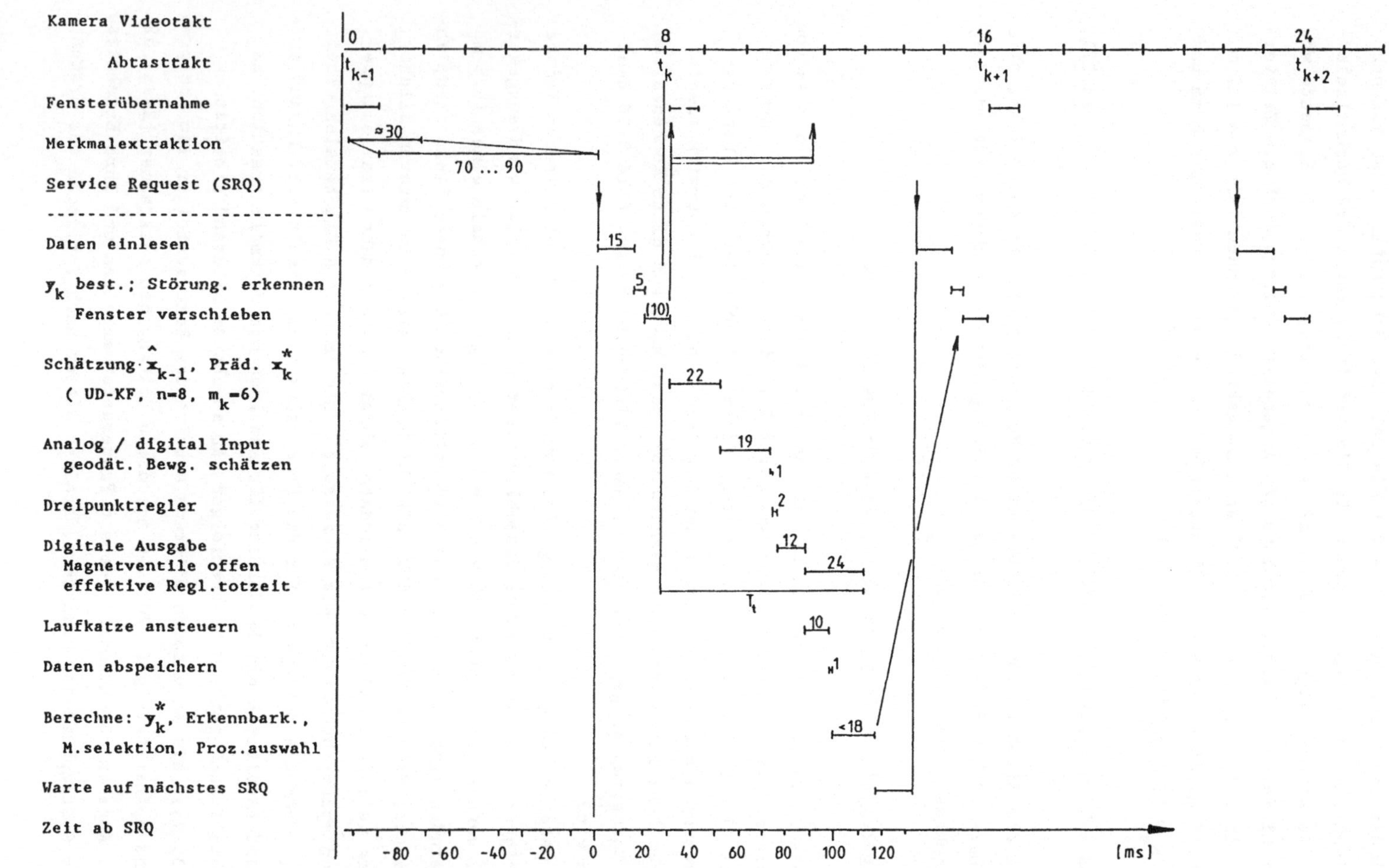

Bild 3.26: Zeitlicher Programmablauf, Rechenzeiten, Totzeiten

p Nachrichten einen "Service Request" (SRQ) über den IEC-Bus an den Hauptrechner.

Dort dauert es bis zu 15 ms, bis die Daten eingelesen sind. Diese Zeit bezieht sich, wie alle folgenden Zeitangaben, auf die als Hauptrechner verwendete VAX 750 unter dem Betriebssystem VMS 3.5; die Zeitmessungen der I/O Operationen erfolgten mit einem Logic Analysator wie folgt: sowohl der Logic Analysator als auch ein entsprechendes Testprogramm wurden durch das SRQ Signal getriggert, worauf mit dem Logic Analysator die Zeitspanne bis zum Anliegen einer durch das Testprogramm über die D/A-Wandler (oder digitale Ausgänge) ausgegebenen analogen (oder digitalen) Steuergröße gemessen wurde. Die Dauer der Bearbeitung des Service Request konnte durch Beobachtung der "Handshake" Signale direkt mit dem Logic Analysator bestimmt und von der oben ermittelten Zeit abgezogen werden; dies ergibt die Zeitspanne, die auf der VAX für eine analoge bzw. digitale Ausgabeoperation benötigt wird. Anschließend wurden die analogen bzw. digitalen Eingabeoperationen in das Testprogramm aufgenommen und deren Zeitbedarf bestimmt; dies ermöglichte auch eine Optimierung des Gesamtzeitbedarfs durch geschickte Schachtelung der entsprechenden Operationen. Die Software-Laufzeiten wurden in getrennten Testprogrammen durch Vielfachaufrufe mit der "Echtzeit-Uhr" der VAX (Auflösung 10 ms) ermittelt.

Nach der in Abschnitt 3.5.4 behandelten Meßwertextraktion und Störungserkennung (Zeit geschätzt: ca. 5 ms), wird gegebenenfalls das Auswertefenster von ein oder zwei Parallelprozessoren umdirigiert; je zwei Fenster können auf einmal verschoben werden, dies dauert jeweils 10 ms. Erst nach weiteren 60 ms kann nach Angaben von Haas (persönliche Kommunikation) sicher davon ausgegangen werden, daß die Parallelprozessoren ihre Auswertefenster auf die neue Position verschoben haben. Damit sind die zum Abtasttakt t_k aufgenommenen Daten in der Regel noch gestört, weshalb "bessere" Daten erst nach zwei Zyklen zu erwarten sind. Nach der eventuell erfolgten Fensterpositionierung erfolgt die Zustandsschätzung entsprechend Abschnitt 3.5.3; da die Meßwerte inzwischen schon etwa einen Abtastzyklus alt sind, wird $\hat{x}_{k-1}$ geschätzt und daraus der "aktuelle", für t_k gültige Bewegungszustand vorhergesagt (x_k^*). Daraufhin können die Steuergrößen (unter Verwendung von x_k^*) berechnet und digital an die Magnetventile ausgegeben werden. Bis diese geöffnet sind, vergeht die auf t_k bezogene, je nach Dauer der Merkmalextraktion schwankende Totzeit T_t.

Einer der wesentlichen Vorzüge dieser Luftkissenfahrzeug-Versuchsanlage gegenüber anderen, mittels Rechnersehen gesteuerten Fahrzeugen, liegt in

der Möglichkeit des Vergleichs der optisch ermittelten Bewegungszustandsgrößen mit denen, die über konventionelle Messungen ermittelt werden können. Daher werden die konventionellen Messungen möglichst nahe bei t_k eingelesen; zudem besteht dann die schon erwähnte Möglichkeit, das Fahrzeug
während der Testphase ganz oder teilweise über die konventionellen Größen
zu regeln. Nach der Laufkatzenansteuerung und der Datensicherung erfolgt
die Bestimmung der sichtbaren Merkmale. Nur für die sichtbaren Merkmale
werden die Bildkoordinaten geschätzt, worauf die Erkennbarkeitsanalyse,
die Merkmalselektion und die Zuordnung Merkmal-Parallelprozessor erfolgen
kann. Dieser Aufgabenkomplex dauert bei Verwendung der sequentiellen Merkmalselektion zwischen 12 ms (wähle 3 aus 6 Merkmalen) und 18 ms (4 aus 10)
(vollständige Merkmalselektion: 14 ms...54 ms).

Da der Systemprozessor des BVV nur dann Nachrichten vom Hauptrechner (HR)
empfangen kann, wenn er selbst keine Nachrichten an den HR zu übermitteln
hat, können die Bildkoordinaten der von der Merkmalselektion für t_k ausgewählten neuen Merkmale erst zur Zeit t_{k+1} an das BVV übermittelt werden;
die entsprechenden Meßwerte sind dann erst in dem zu t_{k+2} aufgenommenen
Videobild zu erwarten und stehen erst zum Zeitpunkt t_{k+3} im Hauptrechner
zur Verfügung. Der zu treibende Aufwand im Datenmanagement wird aus fol-
gendem Beispiel deutlich: ein Merkmal sei zum ersten Mal bei t_{k-10} durch
eine Verdeckung im Bild nicht mehr erkannt worden; wie im letzten Abschnitt beschrieben, wird es bei t_{k-7} und t_{k-4} noch einmal an der erwarteten Position gesucht, um erst bei t_k als unerkennbar eingestuft zu werden.
Daraufhin wird ein anderes Merkmal ausgewählt, die neuen Daten sind aber
erst bei t_{k+3} verfügbar. Wird dagegen ein nach wie vor erkennbares Merkmal
nur durch ein "besseres" ersetzt, so sind die bei t_{k+1} eingelesenen, von
t_k stammenden Meßwerte des alten Merkmals evtl. noch verwendbar und nur
die bei t_{k+2} eingelesenen Daten undefiniert.

3.5.7 Dreipunktregler zur Bewegungssteuerung

Kernstück der vorliegenden Arbeit sind die Algorithmen zur Schätzung der
Relativbewegung zwischen einer Kamera und Objekten der Szene über optische
Information. Hier soll die Relativbewegung aber nicht nur beobachtet, son-
dern durch eine gezielte Bewegungssteuerung auch beeinflußt werden.

Für diese Bewegungssteuerung muß zunächst eine konkrete Aufgabenstellung
mit einem Missionsziel gegeben sein. Im Rahmen einer Missionsplanung wer-

den dann "überschaubare" Etappenziele definiert, die ggfls. wiederum zu
Teiletappen abgefahren werden können. Dabei werden die einzelnen Etappen
u.U. nicht von Anfang an erkennbar sein; von einem intelligenten mobilen
System wird somit erwartet, daß die Missionsplanung und damit auch die
Etappenziele anhand der laufend eintreffenden (optischen) Information
ständig überprüft und eventuell an neue Situationen angepaßt werden.
Grundgedanke bei der Definition dieser Etappenziele ist dabei u.a. der
Wunsch, ein <u>modulares Regelkonzept</u> anwenden zu können. Eine relativ komplexe Gesamtaufgabe wird so in überschaubare Teilaufgaben untergliedert,
die mit einem möglichst kleinen Satz von Reglertypen erfüllt werden können. Dabei werden dann nur gewisse Reglerparameter an die jeweilige Teil-
aufgabe angepaßt.
Welche Arten von Reglern verwendet werden können, hängt von einer Reihe
von Faktoren ab; so wurde z.B. bei der Stabilisierung des Stab/Wagen-
Systems durch Rechnersehen ([Meissner, 82], [Wünsche, 83b]) ein linearer
Regler mit Zustandsvektorrückkopplung verwendet, bei dem die Steuergröße
eine lineare Funktion der Regelabweichung ist.

Bei der Steuerung des Luftkissenfahrzeugs kann solch ein lineares Regelge-
setz nicht zur Anwendung kommen, da die zwölf Druckluftdüsen über prozeßrechnergesteuerte Magnetventile nur vollständig geöffnet oder geschlossen
werden können. Für jeden Bewegungsfreiheitsgrad stehen dabei vier Düsen
zur Verfügung, die paarweise angesteuert werden, weshalb nur die diskreten
Steuergrößen u = -1, u = 0 und u = 1 möglich sind. Diese Steuergrößen werden über nichtlineare Dreipunktregler berechnet, die die Ausgangsgröße u
in Abhängigkeit einer Eingangsgröße x_e zu -1, 0, oder +1 setzen (siehe
Bild 3.27). Die Eingangsgröße x_e und somit auch die Schaltpunkte s des
Dreipunktreglers sind dabei Funktionen der Zustandsgrößen; die Wahl dieser
Funktionen ist der Kern des Dreipunktreglerentwurfs. Ist x_e von nur zwei

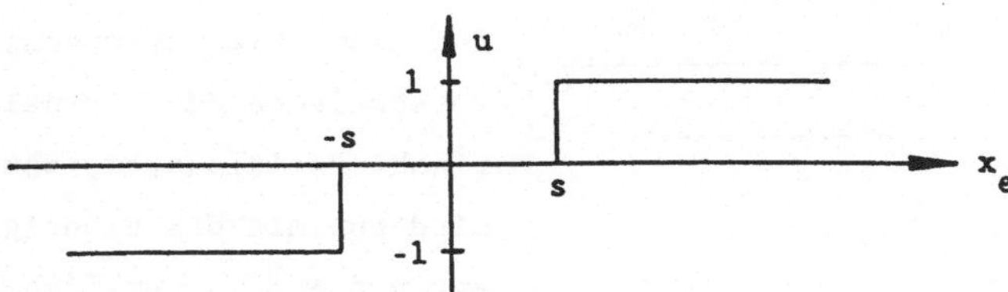

Bild 3.27: Dreipunktregler

118

Zustandsgrößen abhängig, dann gewinnt die Wahl der Schaltpunkte erheblich
an Anschaulichkeit, wenn die Bewegungsbahnen in der Zustandsebene dargestellt werden. Die Schaltpunkte s liegen dann auf den zu wählenden Schaltkurven.

Die rotatorische Bewegung des Luftkissenfahrzeugs wird in der Zustandsebene durch die Beziehung

$$\alpha - \alpha_o = \frac{\omega^2 - \omega_o^2}{2(a_\alpha u_\alpha + s_\alpha)} \tag{3.172}$$

beschrieben, die aus Gl.(3.4) nach ein- bzw. zweimaliger Integration und
Elimination der Zeit t folgt. Für eine zeitoptimale Überführung eines Zu-
stands (α_1, ω_1) in den Zustand (α, ω) genügt ein Beschleunigungs- und ein
Bremsvorgang, wobei der Schaltpunkt (α_o, ω_o) als Startpunkt des zweiten
Astes der Bewegungsbahn die Gl.(3.172) erfüllen muß. Damit können für eine
Überführung in den Nullzustand die Schaltkurven

$$S_{1,2}: \quad s_{1,2} = \pm\, \epsilon - \frac{\dot{x}^2}{2a_x} \tag{3.173}$$

verwendet werden (siehe Bild 3.28) wobei $\dot{x}$ die augenblickliche rotatorische oder translatorische Geschwindigkeit bezeichnet und a_x die in diesem
Freiheitsgrad maximal wirksame Beschleunigung (einschließlich eventueller
Störbeschleunigungen). Die Regeltoleranz ϵ wird zusätzlich eingeführt, um
zu häufige Schaltvorgänge um die Null-Lage zu verhindern, da diese aufgrund von Schalttotzeiten normalerweise nicht exakt erreicht werden kann. Die entsprechende rotatorische oder translatorische Positionsabweichung x wird nun mit dem richtigen Ast von $\pm\, S_{1,2}$ verglichen, woraus die Steuergröße u, wie aus Bild 3.28 ersichtlich, abgeleitet wird. Zu-

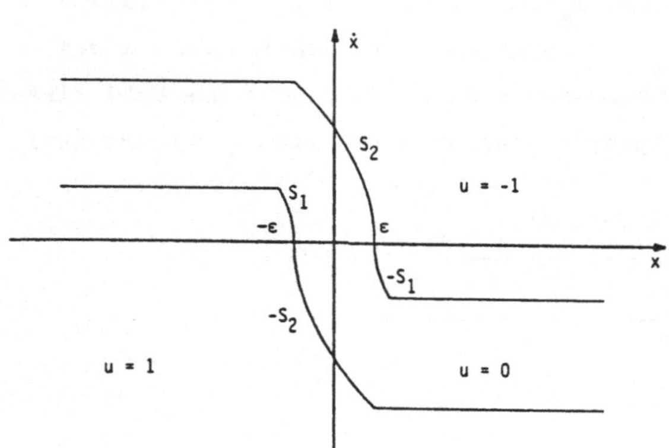

Bild 3.28: Dreipunktregler mit nicht-
          linearen Schaltkurven

sätzlich wurden hier Maximalgeschwindigkeiten eingeführt. In den translatorischen Freiheitsgraden ist dies eine reine Sicherheitsmaßnahme, während
eine Beschränkung in der Gierwinkelgeschwindigkeit in Abschnitt 3.4.3 begründet wurde.
Diese Dreipunktregler werden während der Objektsuche in der Initialisierungsphase eingesetzt, und zwar sowohl zur inertialen Stabilisierung der
translatorischen Position als auch zur schrittweisen Steuerung des Gierwinkels, bis ein möglicher Rendezvouspartner im Bild gefunden wird.

In den dann folgenden Phasen werden komplexere Schaltgesetze benutzt, um
eine sichere und möglichst brennstoffminimale Regelung auch bei Auftreten
größerer Störbeschleunigungen und Totzeiten zu gewährleisten. Zur Entwicklung dieser Schaltgesetze wird dabei weniger nach den zu regelnden Zustandsgrößen unterschieden als nach den zwei unterschiedlichen Regelungs-
aufgaben: die erste Aufgabenstellung ist die Überbrückung größerer Entfernungen wie z.B. bei der Regelung des Abstandes r während der Annäherung
(Phase A,C und F in Bild 3.9) sowie bei der lateralen Regelung während der
Zirkumnavigation. Dazu sollte nach einer ersten Beschleunigung mit möglichst gleichbleibender Geschwindigkeit auf den Zielpunkt zugefahren werden, vor dem dann rechtzeitig abgebremst werden muß. Die zweite Aufgabenstellung ist das Ausregeln kleiner Abweichungen um einen Sollwert. Hierzu
gehört auch die Regelung des Gierwinkels ψ, der während der gesamten Mission möglichst nahe bei $\psi = 0$ gehalten werden sollte. An diese Gierwinkel-
regelung werden besonders während des Endanfluges relativ hohe Ansprüche
gestellt, weshalb wegen der mitunter hohen rotatorischen Störbeschleunigungen störgrößenadaptive Schaltgesetze entwickelt wurden.
Diese Reglermodule können auch für andere Aufgabenstellungen und Missions-
verläufe eingesetzt werden. So gelang in [Zimmermann; 85] die gleichzeiti-
ge Steuerung von r und ν auf einer krummlinigen Anflugbahn, die die Phasen
C und D in einer Phase vereinte.

3.5.7.1 Dreipunktregler zur sicheren Bahnregelung

Für größere Bahnänderungen, wie z.B. die Regelung des Abstandes während
der ersten Annäherung an den Partner, wird ein Dreipunktregler mit drei
Schaltkurven verwendet, der auch bei größeren positiven Störbeschleunigungen noch ein sicheres Anhalten vor der gewünschten Sollposition erlaubt. Diese Schaltkurven werden durch die Gleichungen

$$S_{ri}: \quad s_{ri} = \epsilon_{ri} + \frac{v_r^2}{2a_x k_{ri}} \quad , \quad i=1,2,3, \quad 0 < k_{r1} < k_{r2} < k_{r3} < 1 \qquad (3.174)$$

gegeben, wobei die Koeffizienten k_{ri} die Parabelöffnungen der einzelnen
Schaltkurven definieren:

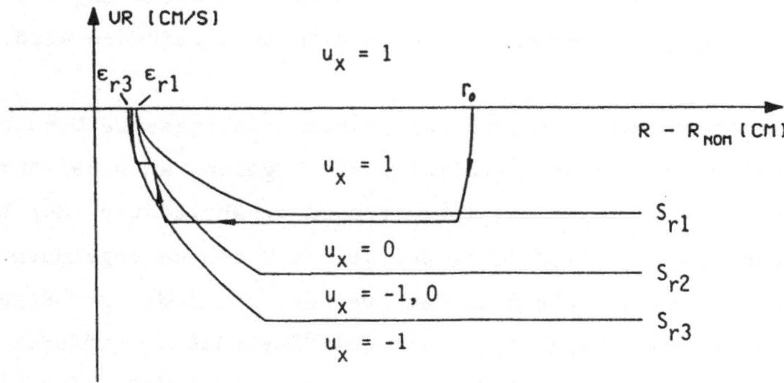

Bild 3.29: Dreipunktregler mit drei Schaltkurven für sicheres Bremsen

Hierzu wurden als Zusatz zu den aus der Literatur (z.B. [Natenbruk u.
Rangnitt, 83]) bekannten Dreipunktreglern zur Proportional-Navigation die
Schaltkurve S_{r1} zur Begrenzung der Anfangsbeschleunigung sowie die Ge-
schwindigkeitsbegrenzungen bei allen Schaltkurven eingeführt. Nach einer
durch v_{r1} begrenzten Anfangsgeschwindigkeit driftet das Luftkissenfahrzeug, von Störbeschleunigungen beeinflußt, auf das Ziel zu, wobei bei Un-
terschreiten von S_{r1} eine erneute Beschleunigung und bei Überschreiten von
S_{r3} ein Bremsen veranlaßt wird; dabei wird $u_x = -1$ solange aufrechterhal-
ten, bis S_{r2} gekreuzt wird. Bei einem entsprechend gewählten Faktor k_{r3}
gewährleistet diese Vorgehensweise auch bei starken positiven Störbeschleunigungen (die natürlich betragsmäßig kleiner als die Bremsbeschleunigung sein müssen) eine schrittweise Annäherung an die Sollposition.
Während der Phasen A und C (Bild 3.9) wird dieser Regler mit $k_{r1} = 0.1$,
$k_{r2} = 0.3$ und $k_{r3} = 0.4$ verwendet; die übrigen Parameter sind in Anhang A.6
zusammengefaßt; dort finden sich auch die entsprechenden Werte für die
weiteren Anwendungen dieses Dreipunktreglers bei der Steuerung des Abstandes während des Endanfluges und bei der lateralen Bewegungssteuerung während der Zirkumnavigation.

3.5.7.2 Störgrößenadaptiver Dreipunktregler mit Berücksichtigung von Totzeiten

Zur Regelung des Gierwinkels ψ werden die Schaltkurven (3.173) so modifiziert, daß auch bei relativ hohen Störbeschleunigungen s_α möglichst ein um die Lage $\psi = 0$ zentrierter Grenzzyklus entsteht. Außerdem werden diverse Totzeiten, die wegen der dadurch verspäteten Schaltvorgänge ebenfalls zu einer Beeinträchtigung der Regelgüte führen, auch durch geänderte Schaltkurven berücksichtigt.

Durch die Abtastzeit T wird das Überschreiten einer Schaltkurve erst zum nächsten Abtastzyklus, d.h. mit einer Verzögerung von $0 \leq t_c < T$ bemerkt. Zusätzlich entstehen zwischen der Aufnahme der Videobilder und der vollständigen Öffnung der Magnetventile verschiedene Totzeiten, die durch die Verwendung des auf t_k extrapolierten Bewegungszustandes $x^*(k)$ nur teilweise kompensiert werden; die verbleibende, für die Regelung ausschlaggebende Totzeit addiert sich gemäß Bild 3.26 zu $T_t \simeq 60$ bis 80 ms. Zwischen dem Eintreten eines Schaltzustandes und der nächstmöglichen Steuerwirksamkeit vergeht daher die Zeitspanne

$$\Delta t = T_t + t_c \,, \qquad 0 \leq t_c < T \,, \tag{3.175}$$

während der das Fahrzeug seinen bisherigen Beschleunigungszustand beibehält. Anstatt nun bei jedem Zyklus den aktuellen Bewegungszustand über das dynamische Modell um Δt zu extrapolieren, bevor durch Vergleich mit den Schaltkurven die Steuergröße ermittelt wird, kann diese Extrapolation auch direkt durch eine entsprechende Verlagerung der Schaltkurven erzielt werden. Dabei wird das unbekannte t_c sicherheitshalber nach oben abgeschätzt, d.h. die Extrapolation erfolgt über $\Delta T = T_t + T$.

Zur Berechnung der Schaltkurven werden die Punkte gesucht, die durch Rückverfolgung um ΔT aus den ursprünglichen Schaltkurven entstehen. So sind die Punkte $(s_1, \dot{\psi}_1)$, die die Schaltkurve

$$S_1: \quad s_1 = -\epsilon' - \frac{\dot{\psi}_1^2}{2k_{\psi 1}} \tag{3.176}$$

erfüllen, über die Bewegungsgleichungen

122

$$\dot{\psi}_1 = \dot{\psi} + (a_\alpha u_\alpha + s_\alpha)\, \Delta T \tag{3.177}$$

$$s_1 = s_1^* + \dot{\psi}\, \Delta T + \frac{1}{2}(a_\alpha u_\alpha + s_\alpha)\, \Delta T^2 \tag{3.178}$$

mit $u_\alpha = 1$ aus den Punkten $(s_1^*, \dot{\psi})$ hervorgegangen; dabei wird die Öffnung der Schaltparabel direkt durch $k_{\psi 1}$ vorgegeben. Einsetzen von (3.178) und (3.177) in (3.176) ergibt nach Zusammenfassung aller konstanten Terme zu ϵ_ψ die gesuchte Beziehung

$$S_1^*: \; s_1^* = -\epsilon_\psi - |\dot{\psi}|\, \Delta T \left(1 + \frac{a_\alpha + s_\alpha^+}{k_{\psi 1}} \right) - \frac{\dot{\psi}^2}{2 k_{\psi 1}} \;\;, \tag{3.179}$$

wobei $s_\alpha^+ = s_\alpha \, \text{signum}(\dot{\psi})$ definiert wurde. In entsprechender Weise folgt aus der Schaltkurve S_2, die hier zu

$$S_2: \; s_2 = \epsilon_\psi - \frac{\dot{\psi}_2^2}{2(a_\alpha - s_\alpha)\, k_{\psi 2}} \tag{3.180}$$

angesetzt wird, die Beziehung

$$S_2^*: \; s_2^* = \epsilon_\psi - |\dot{\psi}|\, \Delta T - \frac{1}{2} s_\alpha^+ \Delta T - \frac{(\dot{\psi} + s_\alpha \Delta T)^2}{2(a_\alpha - s_\alpha^+)\, k_{\psi 2}} \;\;, \tag{3.181}$$

wobei allerdings in den Bewegungsgleichungen (3.177) und (3.178) $u_\alpha = 0$ gesetzt wird.

Bild 3.30 zeigt den Unterschied zwischen den störgrößenadaptiven Schaltkurven mit Totzeitberücksichtigung und den gewöhnlichen Schaltkurven, wobei eine konstante Störbeschleunigung $s_\alpha = 2 \; {}^\circ/s^2$ angenommen wurde. (Der Knick in S_2^* resultiert aus einer über Gl.(3.177) definierten Maximalgeschwindigkeit, bis zu der aktiv gebremst wird). Dieser Dreipunktregler wird zur Gierwinkel-Lageregelung während aller Missionsphasen benutzt.

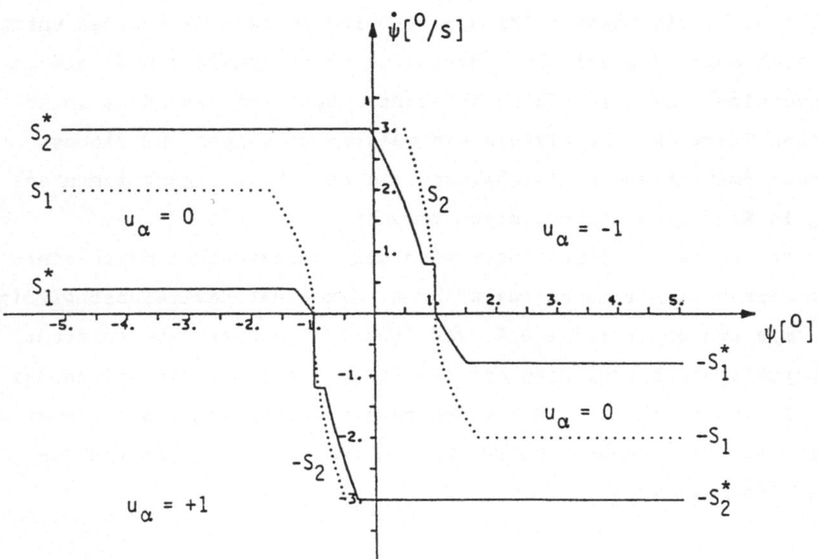

Bild 3.30: Adaptiver Dreipunktregler

Dreipunktregler mit entsprechenden Schaltkurven, bei denen die Störbeschleunigung allerdings zu Null gesetzt wird, werden auch für alle übrigen
Regelaufgaben verwendet, in denen Abweichungen um eine Sollgröße ausgeregelt werden sollen. Dies ist z.B. bei der Regelung der durch ν und v_t gegebenen Lateralbewegung während der Annäherungsphasen der Fall, wobei die
Sollgrößen durch ν = const und v_t = 0 gegeben sind. Kann die Partnerorientierung ν zu Beginn des Manövers noch nicht optisch ermittelt werden (Phase A, Bild 3.9), so wird die laterale Regelabweichung $\Delta\nu$ über

$$\Delta\nu = \alpha_{g,soll} - (\alpha_{g,ist} - \psi_{ist}) \tag{3.182}$$

erzeugt. Darin ist $\alpha_{g,ist}$ der in Abschnitt 3.2.3 geschätzte Lagewinkel im
geodätischen Koordinatensystem; $\alpha_{g,soll}$ wird beim ersten Nulldurchgang des
optisch bereits ermittelbaren Gierwinkels festgehalten.

Auch die Regelung des Abstandes während der Zirkumnavigation erfolgt mit
einem Dreipunktregler nach Bild 3.30 ohne Störgrößenadaption. Hierbei wird
der Sollabstand r_{soll} nach der Objekterkennung aus der dann bekannten Höhe
des Partners und dessen maximaler Ausdehnung über Strahlensatzbeziehungen
so bestimmt, daß die maximale Größe der Abbildung den auswertbaren Bereich
der Bildebene gerade ausfüllt. Bei Unkenntnis der Partnerdimensionen könnte hier aber auch die Abbildungsgröße direkt geregelt werden.

Der Endanflug, d.h. die Phase F (Bild 3.9), wird in zwei Teilphasen unter-
teilt, die sich durch die erlaubten Maximalgeschwindigkeiten und Toleranzen ϵ unterscheiden. Denn zu kleine Toleranzen bewirken besonders im hö-
herdynamischen Gierwinkel-Regelkreis ein relativ unruhiges und sicher
nicht brennstoffminimales Regelverhalten, das erst beim eigentlichen Andockvorgang in Kauf genommen zu werden braucht.
Nach der ersten Phase des Endanfluges wird der Andockstachel durch einen
rechnergesteuerten Elektromotor ausgefahren. Mit einer Maximalgeschwindigkeit von 1 cm/s und einer auf $\pm$ 0.4 Grad reduzierten Gierwinkeltoleranz
fährt das Luftkissenfahrzeug dann auf den Partner zu, bis die Spitze des
Andockstachels einen Schalter in der Andockvorrichtung schließt; dieser
Schalter wird vom Hauptrechner überwacht und führt zum definierten Abschalten der Gesamtanlage.

3.6 Orientierungs- und Initialisierungsphase

Die vorgestellten Verfahren und Algorithmen zur Erfassung und Steuerung
von Bewegungen durch Rechnersehen basieren auf 3D-Modellvorstellungen über
die Umwelt sowie über relevante Bewegungsmuster. Diese Modellvorstellungen
werden hier insoweit als bekannt vorausgesetzt, daß es in einer ersten
Orientierungs- und Initialisierungsphase möglich sein muß, bekannte und
unbekannte Objekte der Szene zu unterscheiden und die Relativlage zu bekannten Objekten zu bestimmen. Die Orientierungsphase dient also der Orientierung im Raum, mit dem Ziel, Anfangswerte für die Bewegungsphase zu
erhalten. Sie ist damit ein Teil der Initialisierungsphase, in der darüberhinaus z.B. die Kamera kalibriert wird, in der alle zum Betrieb notwendigen Teilsysteme initialisiert werden, in der die erste Merkmalselektion erfolgt und in der auch die Zustandsschätzer der Bewegungsphase Gele-
genheit bekommen "einzuschwingen" und damit die Modellvorstellungen an die
ersten eintreffenden Meßdaten anzupassen.

Von diesen Teilaufgaben der Initialisierungsphase soll hier nur kurz auf
die Kamerakalibrierung eingegangen werden. Die Orientierungsphase beinhaltet dann eine erste Suchphase, in der ein bekanntes Objekt unter den gesehenen Objekten gesucht und im Anschluß daran erkannt werden soll. Auch
müssen ähnlich aussehende Objekte unterschieden werden. Daraufhin erfolgt
eine erste Schätzung der Relativlage; über eine Nachiteration dieser Relativlageschätzung ist es dann möglich, weitere, im ersten datengesteuerten Schritt nicht gefundene, Merkmale dieses Objektes gezielt zu suchen
und damit die bis dahin als Hypothese fungierende Objektidentifikation zu
verifizieren bzw. zu verwerfen.

3.6.1 Kamerakalibrierung

Voraussetzung für eine gute Erfassung von Bewegungen durch optische Information ist eine gute Modellierung der zugrundeliegenden Abbildungsgesetze,
wozu auch eine Kenntnis der relevanten Skalierungsfaktoren und Kameraparameter gehört. In Erweiterung der Ansätze von [Sobel, 74] oder [Yakimovski
u. Cunningham, 78], bei denen die Kamerakalibrierung komplett "off-line"
vollzogen wird, soll hier je nach Art des Parameters zwischen drei Eichvorgängen unterschieden werden: Parameter, die über mehrere Versuchsläufe
als konstant angesehen werden, können in separaten Eichvorgängen ermittelt

werden; andere Parameter müssen zu Beginn eines Versuchslaufes in der Initialisierungsphase bestimmt werden und gelten dann für den Rest der Mission als konstant. Schließlich können unbekannte Parameter auch laufend während der Bewegung mitgeschätzt werden, was allerdings zu einer Erhöhung der Zahl von Zustandsgrößen und damit zu einer Erhöhung des Gesamtaufwandes führt. Dies wird daher nur bei variablen Parametern oder in Ausnahmefällen, wie hier zur Schätzung des Nickwinkels θ, angewendet; prinzipiell könnten aber auch weitere Kameraparameter "on-line" mitgeschätzt werden, um so eine Adaptionsfähigkeit wie beim visuellen System des Menschen zu erreichen: dieses ist nicht nur in der Lage, große Brennweitenänderungen zu verkraften (Fernglas!), sondern erlaubt auch ein relativ schnelles Adaptieren an ungewohnte Veränderungen des gesamten Gesichtsfeldes, wie sie z.B. beim Aufsetzen von prismatischen Brillen eintreten [Paillard u.a., 81].

Hier wird nur der Nickwinkel bzw. die vertikale Bildmitte z_{co} laufend mitgeschätzt; die horizontale Bildmitte y_{co} wird während der Initialisierungsphase anhand einer Vermessung der Richtung des Andockstachels bestimmt. Dazu wird zunächst der entsprechende Bereich des Videobildes in den Hauptrechner eingelesen, um festzustellen, ob der Andockstachel aus- oder eingefahren ist. Bei ausgefahrenem Stachel wird die horizontale (und vertikale) Position der Stachelspitze über Gradientenverfahren nach [Haas, 82] bestimmt. Anschließend wird der Stachel wieder rechnergesteuert eingefahren und zwar nur, bis die Stachelspitze gerade den Bildbereich der Kamera verläßt. Dazu verfolgt ein Parallelprozessor mit dem "Eckenverfolger-Algorithmus" die einfahrende Spitze.

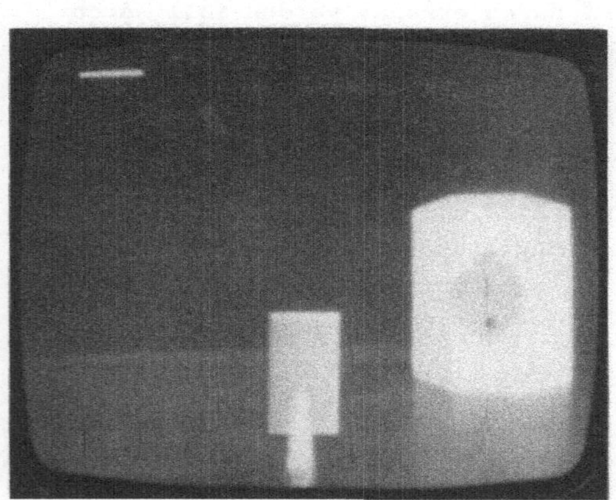

Bild 3.31: Zur Bestimmung der horizontalen Bildmitte

Die übrigen noch unbekannten Abbildungsparameter werden in separaten Eichvorgängen ermittelt. Zunächst werden die Lage des Kamerabrennpunktes F relativ zu einem kamerafesten Referenzpunkt und damit die Unbekannten x_F und

z_F bestimmt (siehe Bild 3.14). Mit der Annahme, die optische Achse der Kamera gehe durch die Objektivmitte, ist z_F gegeben; x_F kann dann über die Beziehungen

$$\Delta z_{c1} \, (r_1 - x_k - x_F) = \Delta z_{c2} \, (r_2 - x_k - x_F) \tag{3.183}$$

und/oder

$$\Delta y_{c1} \, (r_1 - x_k - x_F) = \Delta y_{c2} \, (r_2 - x_k - x_F) \tag{3.184}$$

bestimmt werden, die mit $\psi = \Theta = \nu = x_{pi} = 0$ direkt aus den Abbildungsgleichungen (3.63) bis (3.67) folgen. Hierzu sind Δz_{ci} bzw. Δy_{ci} die gemessenen Abbildungsgrößen eines beliebigen ebenen Objektes (z.B. eines Rechtecks), das senkrecht zur Sichtachse aus den bekannten Entfernungen r_i beobachtet wird; direkt gemessen werden kann auch x_K.

Mit einem Objektiv bekannter Brennweite f können dann die Skalierungsfaktoren K_y und K_z über die Beziehungen

$$K_y = \frac{\Delta y_c}{f \, y} \, (r - x_k - x_F) \; , \qquad K_z = \frac{\Delta z_c}{f \, z} \, (r - x_k - x_F) \tag{3.185}$$

bestimmt werden, wobei y und z die als bekannt vorausgesetzten Abmessungen des beobachteten Rechtecks sind. Diese Skalierungsfaktoren bleiben für eine Kamera-BVV Kombination fest und geben gleichsam die Anzahl von "Pixeln pro Millimeter auf der Bildebene der Kamera" an. Für die hier verwendete Kombination von Videokamera (Hitachi KP 120 U) und Bildverarbeitungssystem (BVV1) ergeben sich die Skalierungsfaktoren zu

$$K_y = K_z = 38 \quad . \tag{3.186}$$

Mit den bekannten Skalierungsfaktoren kann dann für andere (oder z.B. für Zoom-) Objektive (oder falls die Fokussierung nicht auf "∞" eingestellt ist) x_F sowie f über die Gleichungen (3.185) bestimmt werden. So ergibt sich für das verwendete 8 mm Weitwinkelobjektiv bei einer Fokussierung auf 0.5 m eine Brennweite von

$$f = 7.8 \; [\text{mm}]. \tag{3.187}$$

3.6.2 3D-Objekterkennung

Die 3D-Objekterkennung mittels visueller Information ist einer der Schwer-
punkte der weltweiten Aktivitäten auf dem Gebiet der Bildverarbeitung. Dabei kann die Grundproblematik der 2D-Objekterkennung in einfachen Szenen,
z.B. von sich gegenseitig nicht überlappenden Werkstücken, als weitgehend
gelöst betrachtet werden, wenn die Szene entsprechend beleuchtet wird
(→ Binärbilder) und die Relativlage zwischen Objekt und Kamera nahezu bekannt ist. So existieren auch zahlreiche Anwendungen in der Industrie, von
der Sortierung von Pralinen bis zur Montage von Pkw-Rädern und Windschutz-
scheiben (Übersichten z.B. in [Roboter, 83], [Carcone u.a., 84], [Zimmer-
mann u.a., 83]).
Die Erkennung von 3D-Objekten in den Grautonbildern einer Fernsehbildfolge
bei unbekannter Relativlage zwischen Objekt und Kamera, ist dagegen noch
Gegenstand vieler Untersuchungen, über die z.B. [Besl u. Jain, 85] oder
[Binford, 82] Übersichten geben. Die Ansätze zur Objekterkennung lassen
sich dabei in zwei Gruppen unterteilen: zum einen werden ausgehend von den
Ansätzen zur Erkennung von 2D-Objekten erwartete Ansichten der bekannten,
zu erkennenden 3D-Objekte abgespeichert; ein aktuelles Bild wird dann mit
allen abgespeicherten Ansichten verglichen - die beste Übereinstimmung
kennzeichnet das erkannte Objekt (z.B. [Reeves, 85]). Der Nachteil dieser
Verfahren liegt in der hohen Zahl von abzuspeichernden Ansichten bei nicht
stark eingrenzbaren Relativlagen, in welchen Fällen der Suchaufwand be-
trächtlich steigt.
Der Wunsch, diesen Suchaufwand zu vermeiden und statt dessen _eine_ ge-
schlossene Repräsentation der Objekte im Rechner zu verwenden, führte auf
die zweite Gruppe von Ansätzen, die auf 3D-Modellen der zu erkennenden Objekte beruhen; hierzu zählt das hier verwendete Verfahren. Diese Ansätze
bestehen aus datengesteuerten "bottom-up" Phasen der Hypothesengenerierung, in denen aufgrund erkannter Teilbereiche des aktuellen Bildes (z.B.
markante Merkmale) auf Modellansichten geschlossen wird; in modellgesteu-
erten "top-down" Verifikationsphasen wird dann versucht, durch eine gezielte Suche nach weiteren Merkmalen die Hypothese zu verifizieren oder zu
verwerfen. Z.B. schlagen [Faugeras u.a., 84b] ein Verfahren vor, das diese
Strategie benutzt: aus einer (für eine Relativlagehypothese) minimal notwendigen Zahl von im Bild erkannten Merkmalen (Punkte, Linien, Flächen)
wird über eine Objekthypothese eine erste Relativlagehypothese erstellt;
durch gezielte Suche nach weiteren, dann erwarteten Merkmalen im Bild wird

diese Hypothese verworfen oder bestätigt. Eine rekursive Formulierung des Schätzproblems erlaubt eine einfache Verbesserung der Lageschätzung nach Einbringen eines weiteren, verifizierten Merkmals; darüber hinaus wird zur Schätzung der rotatorischen Relativlage die Verwendung von Quaternionen vorgeschlagen. Andere Ansätze versuchen zunächst durch Erkennung größerer Merkmalgruppen die (bei [Faugeras u.a., 84b] sehr große) Breite der ersten Hypothesensuche zu verringern. Sie unterscheiden sich dabei vor allem in der Art der zugrundegelegten 3D-Objektrepräsentationen, über die z.B. [Aggarwal u.a., 81] oder [Radig, 83] Übersichten geben; es wird im wesentlichen zwischen volumenorientierten und flächenorientierten Beschreibungen unterschieden - die hier verwendeten Drahtmodelle können zu letzteren gezählt werden.

Neben den 3D-Objektmodellen ist zur Erkennung eine von manchen Autoren als "generatives Modell" bezeichnete Suchstrategie notwendig, die die Richtlinien zu den oben erwähnten Phasen der Hypothesengenerierung und der Verifikation festlegt. Diese Suchstrategie kann z.B. in Form eines Übergangsnetzwerkes dargestellt werden [Tropf u.a., 84], das alle möglichen Suchpfade zur Erkennung eines 3D-Objektes enthält. Die Suchstrategie muß vorab erstellt werden, wobei eine automatische Erzeugung dieses generativen Modells angestrebt wird. Hier wurde vom Autor bewußt auf eine zu große Vielfalt der zu erkennenden Objekte verzichtet; die Suchprozedur ist daher für alle Objekte gleich und implizit in den Routinen zur Objekterkennung "einprogrammiert".

Die Schwierigkeit des Suchvorganges während der Objekterkennung besteht im Finden des kürzesten Weges zwischen dem Eingangsknoten des Netzwerkes, d.h. dem vorliegenden Bild der Szene, und dem Ausgangsknoten, also dem zu erkennenden Objekt. Durch "Ähnlichkeitsmaße" oder Bewertungsfaktoren wird dabei ständig der Erfolg der bisherigen Suche bewertet, um "Irrwege" rechtzeitig zu erkennen. Zusätzlich wird in dieser Arbeit, nach einer Idee von [Lowe, 85], der Einstieg in das Netzwerk durch "Erwartungswahrscheinlichkeiten" gesteuert, d.h. es werden die Objekte in einer Reihenfolge untersucht, die von ihrem Erwartungswert abhängt - der Rendezvouspartner erhält dabei den höchsten Erwartungswert Eins. Wie dann die Suche nach Erkennungsmerkmalen im Bild und der darauf aufbauende Suchvorgang zur Generierung erster Objekthypothesen und deren Verifikation abläuft, soll im nächsten Abschnitt gezeigt werden.

Zunächst sollte an dieser Stelle aber noch einmal erwähnt werden, daß die Objekterkennung in der vorliegenden Arbeit lediglich der Ermittlung der Anfangswerte für die Echtzeitphase dient. Die hier notwendige Verwendung eines Weitwinkelobjektivs erschwert die Aufgabe zudem durch die perspektivische "Verzerrung" der Szene. Obendrein standen zur Merkmalextraktion aus den Bildfolgen nur die beschriebenen Verfahren zur Stab- und Eckenverfolgung zur Verfügung. Aus diesen Gründen wurde die Klasse der zu erkennenden Objekte auf gerade Prismen unterschiedlicher Höhen und verschiedener Grundflächen beschränkt; deren rechteckige Seitenflächen werden bei der hier gegebenen Beobachtungsrichtung trapezförmig abgebildet, was sowohl die Objekterkennung als auch die anschließende Schätzung der Relativlage vereinfacht. Für die Algorithmen der Echtzeitphase ist diese Vereinfachung allerdings nicht notwendig.

3.6.2.1 Suche nach Merkmalen und Objekthypothesen

Erster Schritt der Objekterkennung ist die Suche nach markanten Merkmalen des erwarteten Objektes, hier nach den Umrißecken eines hellen Objektes vor einem dunklen Hintergrund. Dazu werden zunächst vom Hauptrechner über das BVV mehrere Grauwertzeilen des Bildes in Höhe der erwarteten vertikalen Bildmitte z_{co} eingelesen. Befindet sich in diesem Bildstreifen ein helles Objekt mit genügendem Kontrast zum Hintergrund, was aus dem über mehrere Zeilen aufsummierten Grauwertverlauf und dem entsprechenden Gradientenverlauf entnommen werden kann ([Wünsche, 86a]), so beginnt die Merkmalsuche entlang des Objektumrisses ausgehend von der linken und der rechten Objektkante. Falls kein helles Objekt gefunden wird, führt das Luftkissenfahrzeug eine Gierbewegung aus, mit dem halben Kamerablickwinkel als Rotationswinkel.
Zur Merkmalsuche werden die Fenster zweier Eckenverfolger des BVV an der Objektkontur entlanggeschoben mit dem Ziel, drei durch jeweils zwei Ecken begrenzte vertikale Kanten des Objektes zu finden. Liegen Ecken z.B. zu nahe beieinander, wie in Bild 3.32, werden dadurch auch die entsprechenden Kanten "übersehen", was von der nachgeschalteten Erkennung verkraftet werden muß. (An dieser Stelle könnte eine Kantenextraktion auf Hauptrechner-Ebene eine Verbesserung bringen). Bei mehr als drei erkennbaren Kanten wird die datengesteuerte Suche hier abgebrochen. Werden bei dieser datengesteuerten "bottom-up" Merkmalsuche nur zwei Kanten gefunden, wie in

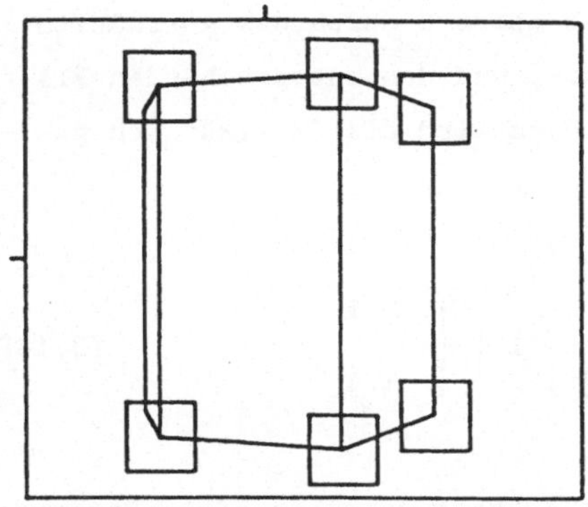 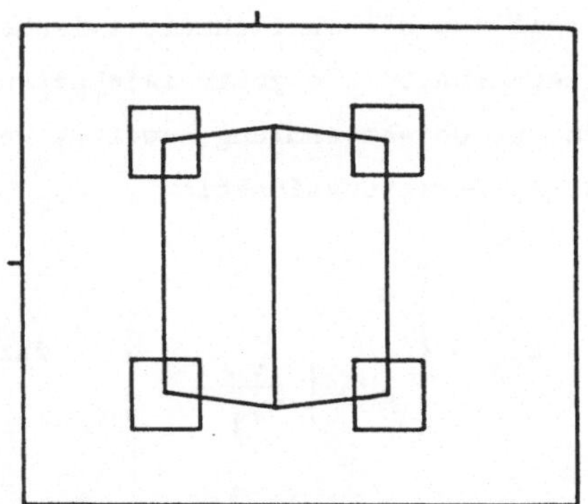

Bild 3.32: Linke Kante nicht gefunden   Bild 3.33: Mittlere Kante n. gef.

Bild 3.33 (mittlere Ecken zu "flach"), so kann zunächst keine Objekterkennung erfolgen; falls aufgrund der Relation von gemessener Höhe zu Breite dieses Objekt der gesuchte Rendezvouspartner sein könnte, so wird eine
Annäherung an dieses Objekt veranlaßt, um eine erneute Objekterkennung
durchführen zu können (Phase A, Bild 3.9).
Konnten im Bild drei vertikale Kanten gefunden werden (wie in Bild 3.32),
so beginnt die Suche nach der dazu passenden Objektansicht unter den zehn
Objekten der Datenbasis. Dazu werden entsprechend Bild 3.34 jeweils zwei

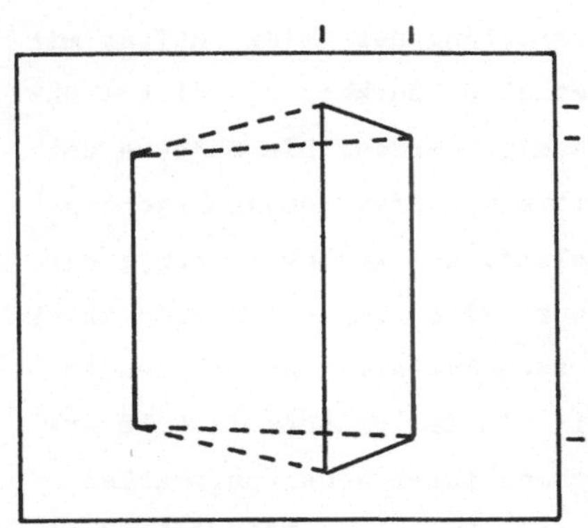

vertikale Kanten einem Rechteck zugeordnet; die damit definierten drei rechtek-
kigen Innen- oder Außenflächen des Objekts sind die eigentlichen "Erkennungsmerkmale", die hier trapezförmig abgebildet werden. Von den acht Abbildungsgleichungen der vier Eckpunkte dieser
gleichschenkligen Trapeze sind fünf linear unabhängig; unbekannt sind die vier
Relativlageparameter ψ, θ, r und ν, sowie das Kantenverhältnis v $=$ b/h des

Bild 3.34: Erkennungsmerkmale   entsprechenden Rechtecks. Wie in Anhang
A.7 gezeigt wird, kann das Kantenver-
hältnis des der Abbildung zugrundeliegenden Rechtecks ohne Berechnung der
Relativlage und ohne Kenntnis der wirklichen Größe dieses Rechtecks nur
aus den (verrauschten) Bilddaten berechnet (abgeschätzt) werden. Dies wird
für die drei erkannten Flächen getan.

Es soll nun die Ähnlichkeit zwischen einer dieser, durch das geschätzte Kantenverhältnis $\hat{v}$ gekennzeichneten Flächen, und den entsprechenden Flächen der Objektsammlung bewertet werden. Dazu wird die (willkürlich gewählte) Bewertungsfunktion

$$w_{ij} = \begin{cases} 0 \\ 1 - \left| \dfrac{\hat{v}}{v_{ij}} - 1 \right| \end{cases} \text{für} \left| \dfrac{\hat{v}}{v_{ij}} - 1 \right| \begin{cases} \geq 1 \\ < 1 \end{cases} \qquad (3.188)$$

eingeführt (siehe Bild 3.35), die die Ähnlichkeit zwischen einem "gesehenen" Rechteck" ($\hat{v}$) und einer rechteckigen Außen- oder Innenfläche (Flächenindex i) des Objektes j (mit dem aus dem Objektmodell bekannten Kantenverhältnis v_{ij}) mit einer Zahl zwischen 0 und 1 bewertet. Die Bewertungsfaktoren für die drei erkannten Rechteckflächen werden schließlich nach [Charniak, 83] über Bayes' Theorem miteinander multiplikativ verknüpft. Dies ergibt die Endbewertungszahl für eine Objektansicht.

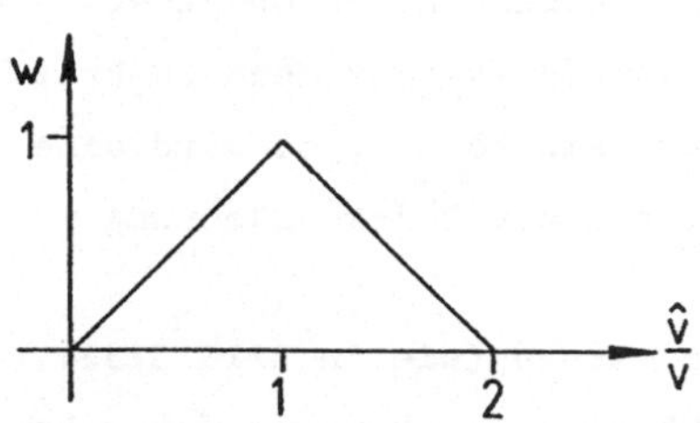

Bild 3.35: Bewertungsfunktion

Die Suchstrategie zur schnellstmöglichen Ermittlung der Objektansicht mit der höchsten Endbewertungszahl wird in [Boetzel u. Burkhardt, 86] ausführlich erläutert und soll hier nur kurz aufgezeigt werden. Die Objekte des geometrischen Szenenmodells wurden vorab mit einer Erwartungswahrscheinlichkeit belegt (z.B. je nach ihrer Lage relativ zum Andockpartner); der Andockpartner selbst erhält den Erwartungswert Eins. Beginnend beim Objekt mit dem höchsten Erwartungswert werden nun zunächst alle innenliegenden Flächen über Gl.(3.188) auf ihre Ähnlichkeit mit der größten im Bild erkannten Trapezfläche überprüft und entsprechend ihrer Bewertungszahlen sortiert; die größte Fläche wird durch die Außenkanten in Bild 3.34 definiert und deshalb beim ersten Schritt benutzt, weil sie das Kantenverhältnis $\hat{v}$ bei gegebener Meßwertverrauschung am genauesten zu schätzen gestattet. Dann werden die an die Fläche mit der höchsten Bewertungszahl angrenzenden Innen- und Außenflächen auf ihre Ähnlichkeit mit den beiden übrigen Trapezflächen im Bild überprüft. Können hier zwei Flächen gefunden werden, deren Bewertungszahlen über einem festgelegten Schwellwert liegen, wird die Endbewertungszahl dieser Objektansicht durch Multiplikation der drei

Einzelbewertungen errechnet; können zu der ersten Innenfläche keine zwei passenden Flächen gefunden werden, wird deren Bewertungszahl zu Null gesetzt und die Suche für die nächstbeste Innenfläche wiederholt.

Auf diese Weise werden in jedem Fall die drei Objekte mit den drei höchsten vorgegebenen Erwartungswerten untersucht; nur wenn unter diesen drei Objekten keines eine genügend hohe Endbewertungszahl erhalten hat, werden die restlichen Objekte der Modellsammlung untersucht, bis ein Objekt gut genug bewertet werden kann. Wird kein passendes Objekt in der Modellsammlung gefunden, so wird eine Gierbewegung veranlaßt und die Merkmalsuche und Objekterkennung beginnt von vorn. Befinden sich dagegen unter den ersten drei untersuchten Objekten mehrere mit einer genügend hohen Endbewertungszahl, so werden sie nach diesen Zahlen geordnet; in diesem Fall hat man einen Hinweis darauf, daß mehrere Objekte der Objektsammlung in Frage kommen, was bei einer eventuell negativ verlaufenden Verifikationsphase berücksichtigt werden kann.

Zunächst ist aber das Objekt mit der höchsten Endbewertungszahl die augenblicklich zu verfolgende Objekterkennungs-Hypothese. Die Relativlage zu diesem Objekt wird nun grob geschätzt und durch eine Nachiteration verbessert. Daraufhin kann überprüft werden, ob die Ansicht dieses Objektes mehr erkennbare Merkmale als die bereits erkannten sechs enthalten müßte. Diese können dann in einem Verifikationsschritt gezielt gesucht werden.

3.6.2.2 Erste Relativlageschätzung und Nachiteration

Über eine starke Vereinfachung der nichtlinearen Abbildungsgleichungen kann für die spezielle, zur Objekterkennung benutzte Kombination von sechs Merkmalen eine erste Schätzung der Relativlage erfolgen. Der Gierwinkel ψ wird dabei der Einfachheit halber über die Beziehung

$$\psi \approx \arctan\psi \approx \frac{-y_{cm}}{f\,K_y} \qquad (3.189)$$

bestimmt, wobei y_{cm} der Mittelwert zwischen den beim ersten Schritt der Merkmalsuche gefundenen Koordinaten der linken und rechten Objektaußenkante ist. Der Nickwinkel Θ wird zu Null gesetzt; die vertikale Bildmitte

134

z_{co} wird durch die vertikale Mitte der Abbildung des erkannten Objektes
angenähert. Zur Schätzung des Schrägabstandes r zwischen Luftkissenfahrzeug-Schwerpunkt und Objektschwerpunkt wird über Gl.(A.85) (Strahlensatz)
der Abstand zwischen der im Bild längsten Kante (= nächstliegende Kante)
und dem Brennpunkt bestimmt; daraus folgt wegen der bekannten Kamera-Ein-
baulage und der bekannten Objektgeometrie ein Schätzwert für r. Die Schätzung der Orientierung ν des Partners ist dann über Kosinussatzbeziehungen
ähnlich zu der in Bild A.1 dargestellten Vorgehensweise möglich (Näheres
in [Boetzel u. Burkhardt, 86]).

Da der physikalische Partnerschwerpunkt nicht genau "hinter" dem optischen
Schwerpunkt seiner Abbildung liegen muß, ist die erste Gierwinkelschätzung
bei den vom Autor untersuchten Objekten bis zu ca. 2° falsch, während der
Nickwinkelersatz z_{co} auf 1 bis 2 Pixel genau ist. Die Schätzung von r ist
auch recht gut (ca. 5%), wogegen sich die Verrauschung der Meßdaten bei
der schlecht konditionierten Bestimmung von ν in den untersuchten Fällen
in Fehlern von bis zu 8° äußerte.

Die ersten Schätzwerte, zusammengefaßt im Vektor

$$\hat{x}_o = [\ \psi,\ z_{co}\ ,r\ ,\nu\ ] \tag{3.190}$$

werden deshalb einer Nachiteration unterzogen. Dazu werden über die Abbildungsgleichungen (3.63) bis (3.67) Schätzwerte für die gemessenen
Merkmalpositionen

$$\hat{y}_i = g(\ \hat{x}_i)\quad ,\qquad i = 0,1,.. \tag{3.191}$$

bestimmt und mit den tatsächlichen Meßgrößen y verglichen. Die Differenz

$$\delta\hat{x}_i = y - \hat{y}_i \tag{3.192}$$

führt dann über eine Gaußsche Ausgleichsrechnung zu einer Korrektur der
Relativlageschätzung

$$\delta\hat{x}_i = (C^T C)^{-1}\ C^T\ (\ y - \hat{y}_i) \tag{3.193}$$

$$\hat{x}_{i+1} = \hat{x}_i + \delta\hat{x}_i\quad , \tag{3.194}$$

wobei **C** wiederum die Jacobische Meßmatrix bezeichnet, diesmal für den in
Gl.(3.190) definierten Zustandsvektor. Die Qualität des Schätzwertes $\hat{x}_i$
kann nur indirekt über die Euklidsche Norm der Meßwertabweichungen

$$J_i = \delta\hat{y}_i^T \, \delta\hat{y}_i = \sum_{j=1}^{6} \delta\hat{y}_{ij}^2 \tag{3.195}$$

bestimmt werden. Die durch die Gln.(3.191) bis (3.194) definierte Nachiteration wird abgebrochen, wenn der damit (hoffentlich) verbundene Zu-
wachs der Schätzqualität weniger als 5% beträgt, d.h. wenn

$$\delta J_i = 1 - \frac{J_i}{J_{i-1}} < 0.05 \tag{3.196}$$

erfüllt ist; dies ist üblicherweise auch bei großen Anfangsschätzfehlern
(z.B. $\delta\hat{\nu}_o = 20^{\circ}$) nach zwei bis drei Iterationszyklen der Fall.
Zur Nachiteration muß für Gl. (3.192) die Korrespondenz zwischen einem im
Bild gefundenen Merkmal und dem entsprechenden Merkmal des Objektmodells
bekannt sein. Diese Information kann aus der im letzten Abschnitt behandelten Objekterkennung übernommen werden.

3.6.2.3 Verifikation der Objekterkennung

Oft sind in einer Objektansicht mehr als die sechs zur Objekterkennung benötigten markanten Merkmale erkennbar. Dies ermöglicht einen wissensge-
stützten, "top-down" Verifikationsschritt, in dem die Parallelprozessoren
des BVV beauftragt werden, diese zusätzlich vorhandenen Merkmale gezielt
zu suchen. Dazu wird deren Position im Bild nach dem letzten Nachitera-
tionsschritt über die Abbildungsgleichungen geschätzt. Werden die Merkmale
dort gefunden, kann die Relativlageschätzung durch einen weiteren Nach-
iterationsschritt nochmals verbessert werden. In diesem Fall kann die bisherige Objekthypothese als verifiziert gelten.
Werden die zusätzlichen Merkmale nicht gefunden und hat der über
Gl.(3.195) ermittelte Güteindex einen zu hohen Wert (Richtwert gemäß Abschnitt 3.5.4: Summe der neunfachen Meßwertvarianzen; Schätzung siehe Abschnitt 3.4), so gilt die Objekthypothese als gescheitert. In diesem Fall
wird die nächstbeste Objekthypothese untersucht.

Aufgrund der Symmetrie der meisten Objekte der Modellsammlung kann die Objektorientierung ν bei diesen Objekten zunächst nicht eindeutig bestimmt werden; so ist bei dem in Bild 3.13 gezeigten Objekt die Ansicht für $|\nu_1| < 90^\circ$ gleich der Ansicht für $\nu_2 = 180^\circ + \nu_1$. In diesen Fällen wird bei der Relativlageschätzung zunächst $|\nu| \le 90^\circ$ gesetzt. Falls nun die Andockmarkierung erkennbar sein müßte, was z.B. bei dem in Bild 3.13 gezeigten Objekt je nach Abstand r für $|\nu| \le 40^\circ$ der Fall ist, so kann die Unsicherheit in ν schon während der Verifikationsphase geklärt werden. Bild 3.36 verdeutlicht diese Schritte.

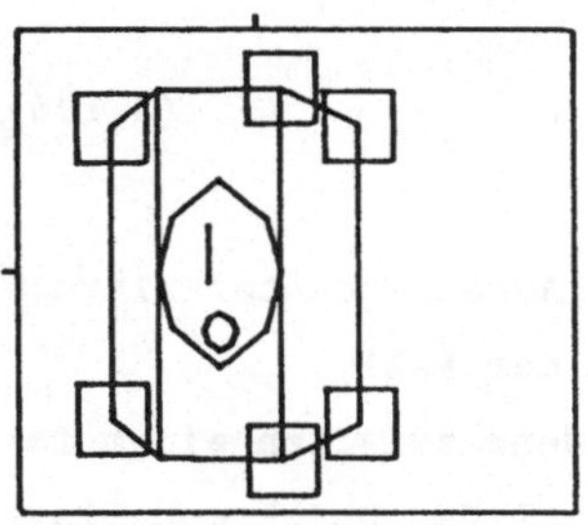 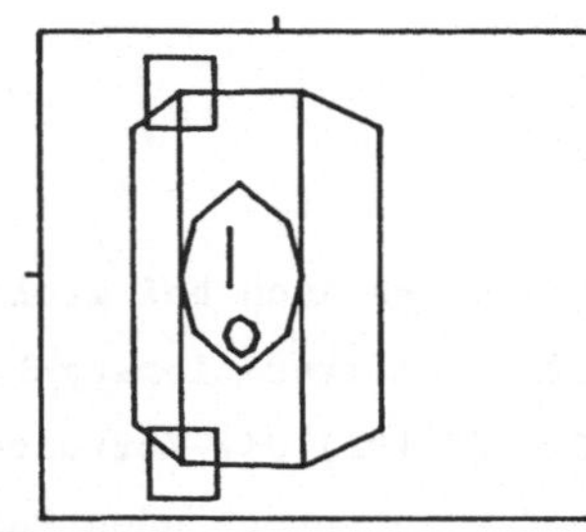 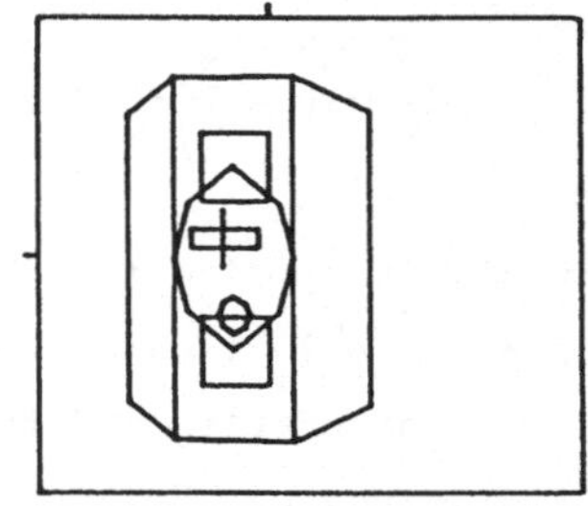

a: Merkmale für die erste Objekthypothese   b: Verifikation der Objekthypothese   c: Verifikation der Relativlageschätzung

Bild 3.36: Verifikation der Objekthypothese und Relativlageschätzung

Falls die Unsicherheit in ν während der Verifikationsphase nicht geklärt werden kann, weil die Andockmarkierung noch nicht erkennbar ist, so wird das Rendezvousmanöver zunächst dennoch gestartet. Sobald die Andockmarkierung während der Zirkumnavigationsphase erkennbar werden müßte, erhält ein Parallelprozessor des BVV den Auftrag, die Ecken der Andockmarkierung zu suchen; zur Schätzung der Relativbewegung stehen somit während dieser Suche zwei Meßwerte weniger zur Verfügung. Kann die Andockmarkierung nicht gefunden werden, so wird die Bewegung gestoppt, der Wert von ν um 180° korrigiert, alle merkmalorientierten Einträge der Wissensbasis entsprechend korrigiert (z.B. Merkmal 2 → Merkmal 8) und die Zirkumnavigation in der entgegengesetzten Richtung fortgesetzt (siehe Anhang A.8).
Dies ist sowohl ein Beispiel für die Flexibilität der Merkmalextraktion als auch für die Robustheit der Relativlageschätzung. Parallelprozessoren, die den Auftrag haben, bestimmte Merkmale stetig zu verfolgen, können vom Hauptrechner angewiesen werden, kurzzeitig andere Bildbereiche auszuwer-

ten, wenn dieser glaubt, durch solch einen "kurzen Blick zur Seite" interessante Vermutungen überprüfen zu können. Dazu sind aber auch entsprechend robuste Algorithmen zur Schätzung der Relativbewegung nötig, die diese Zeiten reduzierter Information verkraften müssen. Der vorliegende Ansatz erfüllt diese Forderungen.

3.6.2.4 Diskussion

Ohne Zweifel ist die Objekterkennung das schwächste Glied in dem hier vorgestellten Gesamtsystem. Wegen der weltweiten Aktivitäten auf diesem Gebiet wurde hier aber bewußt keine Doppelarbeit geleistet, sondern die Aktivitäten auf die Algorithmen der Echtzeitphase konzentriert.
Die Objekterkennung basiert auf der perspektivischen "Verzerrung" von Objektansichten und liefert in einem Entfernungsbereich von 1.1 bis 1.5 m recht gute Ergebnisse. Aufgrund der dem Autor vorgegebenen, ziemlich eingeschränkten Möglichkeiten zur Merkmalextraktion mit dem inzwischen veralteten BVV1 konnten auch keine komplexeren Objekte untersucht werden; zudem müssen die Beleuchtungsverhältnisse genau stimmen. Vor diesem Hintergrund liefert die Objekterkennung zufriedenstellende Ergebnisse, die in [Boetzel u. Burkhardt, 86] dokumentiert sind. Auffallend ist vor allem die sichere Erkennung des richtigen Objektes aus Ansichten, die für verschiedene Objekte der Modellsammlung eine für den Menschen kaum unterscheidbare Ähnlichkeit besitzen.

3.7 Resultate und Diskussion

Das in dieser Arbeit vorgestellte Verfahren ist ein leistungsfähiger Ansatz zur Erfassung und Steuerung von dreidimensionalen Bewegungen durch Echtzeit-Bildfolgenverarbeitung, der auf den in [Dickmanns, 80; 81] entwickelten Ideen und Modellansätzen aufbaut.

Nachdem in [Meissner, 82] mit der Stabilisierung eines Stab/Wagen-Systems durch Rechnersehen (in idealen, optisch nicht gestörten Umgebungen) ein erster Funktions- und Realisierbarkeitsnachweis erbracht worden war, konnte in [Wünsche, 83b] ein auf dynamischen Modellvorstellungen aufbauendes Redundanzkonzept entwickelt werden; darüber wurde in [Wünsche, 83a] und [Dickmanns u. Wünsche, 86a] berichtet. Dann wurde das Luftkissenfahrzeug in seinen translatorischen Freiheitsgraden gefesselt, um nur die Gierbewegung durch Rechnersehen zu steuern ([Wünsche, 84], [Dickmanns u. Wünsche, 85]). Dabei war die Kamera zum einen im Fahrzeug eingebaut und erfaßte ruhende 2D-Objekte der Szene, im anderen Fall wurde das bewegte Fahrzeug von einer ruhenden, externen Kamera beobachtet. Diese Untersuchungen zeigten in eindrucksvoller Weise, daß die Art der in den beiden Fällen völlig unterschiedlichen Bewegungen in den Bildfolgen der Kamera für den Gesamtansatz nur von untergeordneter Bedeutung ist; entscheidend ist vielmehr die Art der ursächlichen Bewegungen im 3D-Raum - hier die der Gierbewegung des Luftkissenfahrzeugs - , die direkt über die dynamischen Bewegungsgesetze modelliert wird. Vordergründig völlig unterschiedliche Bewegungen in den Bildfolgen konnten so über die gleichen dynamischen Modellvorstellungen, aber mit entsprechend angepaßten geometrischen Abbildungsmodellen, mit einem Ansatz richtig erfaßt werden.

Parallel zu dem dann folgenden Umbau des Luftkissenfahrzeugs wurden in [Zimmermann, 85] erste Regelungskonzepte zur Bewegungssteuerung des Fahrzeugs in der Simulation entwickelt und nach Abschluß der Umbauarbeiten an der realen Strecke erprobt; die dabei auftretenden Störeffekte führten zu den in Abschnitt 3.5.7 vorgestellten Regelverfahren. Damit konnten erste Rendezvous- und Dockingmanöver durchgeführt werden, wobei die Relativbewegung zu dem an einer bekannten Position stehenden Andockpartner zunächst konventionell (über die Ultraschallentfernungsmessungen) ermittelt wurde.

Die ersten Versuche einer Bewegungssteuerung durch Rechnersehen umfaßten verlängerte "Endphasen", bei denen die Andockmarkierung des Partners von der translatorischen Anfangsrelativposition aus erkennbar war. Dabei wurden lediglich die drei Merkmale der Andockmarkierung (zwei Ecken und ein Steg) verfolgt, wodurch die Gesamtaufgabe wesentlich vereinfacht wird: erstens ist während dieser Manöver keine Merkmalselektion notwendig, und zweitens können die Abbildungsgleichungen, zumindest näherungsweise, nach den unbekannten Relativlageparametern aufgelöst werden, aus denen dann über ein stationäres Kalman Filter die Relativbewegung geschätzt wird.

Der in dieser Arbeit untersuchte, allgemeinere Fall einer Schätzung der Relativbewegung zu einem 3D-Objekt wird dagegen in mehrfacher Weise erschwert, besonders wenn Teile dieses Objektes zeitweise verdeckt sind: Erstens können die resultierenden perspektivischen Abbildungsgleichungen nun analytisch im allgemeinen kaum noch direkt nach den Unbekannten aufgelöst werden. Zum zweiten werden ständig erkennbare Merkmale aufgrund der Bewegung (oder durch Störungen) unerkennbar und andere bisher unsichtbare Merkmale tauchen auf, wodurch die in Abschnitt 3.5.5 beschriebene Merkmalselektion erforderlich wird. Drittens werden die Abbildungsgleichungen bei bestimmten Relativlagen, besonders wenn Merkmale verdeckt sind, z.T. sehr schlecht konditioniert, weshalb der zunächst erprobte (und in Abschnitt 3.5.3.3 beschriebene) Ansatz einer Gauß-Markov-Schätzung mit quasistationärer Nachfilterung schließlich doch fallengelassen werden mußte; die Schätzung der Relativbewegung über ein zeitvariables Kalman Filter führt auch dann noch zu guten Resultaten, wenn die Abbildungsgleichungen aufgrund von Verdeckungen im Bild singulär werden.

Bevor dies an einem Beispiel demonstriert wird, sollen kurz die Resultate einer typischen Mission beleuchtet werden; dies kann hier nur anhand der Zeitverläufe der Bewegungszustandsgrößen versucht werden. Einen wesentlich lebhafteren Eindruck von der Leistungsfähigkeit des Gesamtsystems vermitteln allerdings die von diesen Versuchsläufen angefertigten Videofilme. Die Resultate zur Merkmalselektion und Objekterkennung sind in den entsprechenden Abschnitten dieses Kapitels zu finden und werden daher nicht wiederholt.

3.7.1 Verlauf der Bewegungszustandsgrößen für eine typische Mission

Bild 3.37 zeigt die Bahn eines über optische Information gesteuerten Manövers ab dem Einschalten des Luftkissens bis zum Andockvorgang. Um die Abstandsregelung während der Zirkumnavigationsphase zu verdeutlichen, wurde im Bild zusätzlich die Sollbahn um den Andockpartner eingezeichnet.

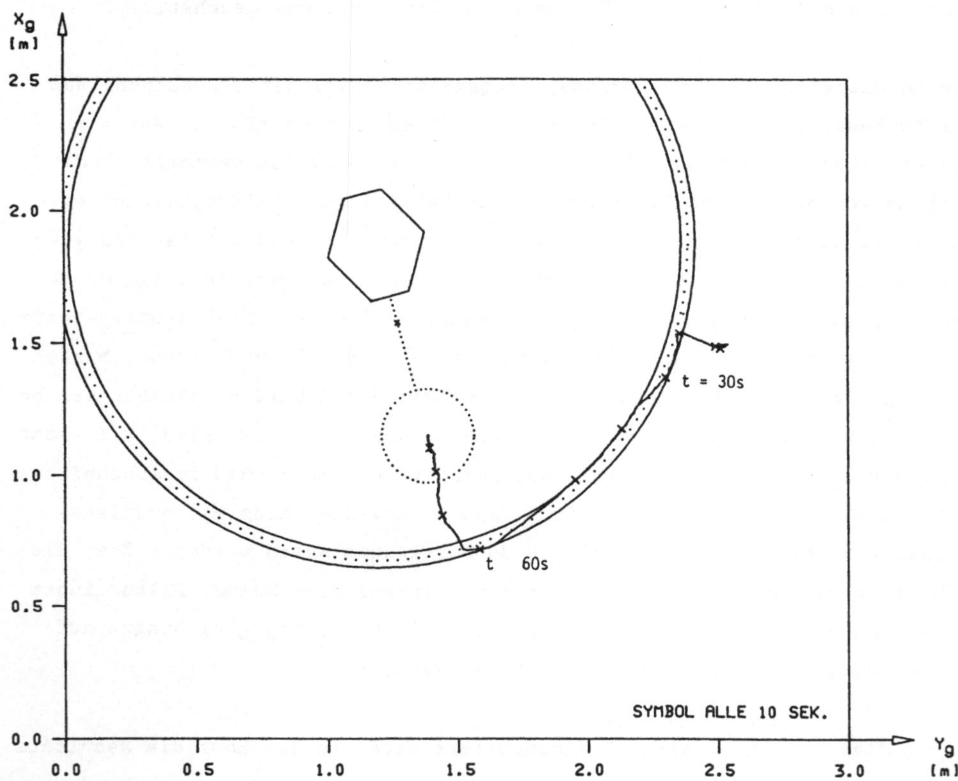

Bild 3.37: Soll- und Istbahn einer über visuelle Information gesteuerten Mission

Die Symbole in Bild 3.37 stellen den zeitlichen Bezug zu den in Bild 3.38 dargestellten Zeitverläufen der acht Bewegungszustandsgrößen her. Vor dem Zeitpunkt t_o = 0 erfolgte die Objekterkennung und die erste Relativlageschätzung (mit Nachiteration und Verifikation), auf deren Basis das Kalman Filter bereits 30 Zyklen eingeschwungen ist (Startwerte für die Kovarianzmatrizen: siehe Abschnitt 3.5.3.5). Nach der dann folgenden Merkmalselektion wurden (hier vier) Eckenverfolger auf Merkmale des Partnerobjektes aufgesetzt; der erst beim Endanflug benötigte Stabverfolger wird gestar-

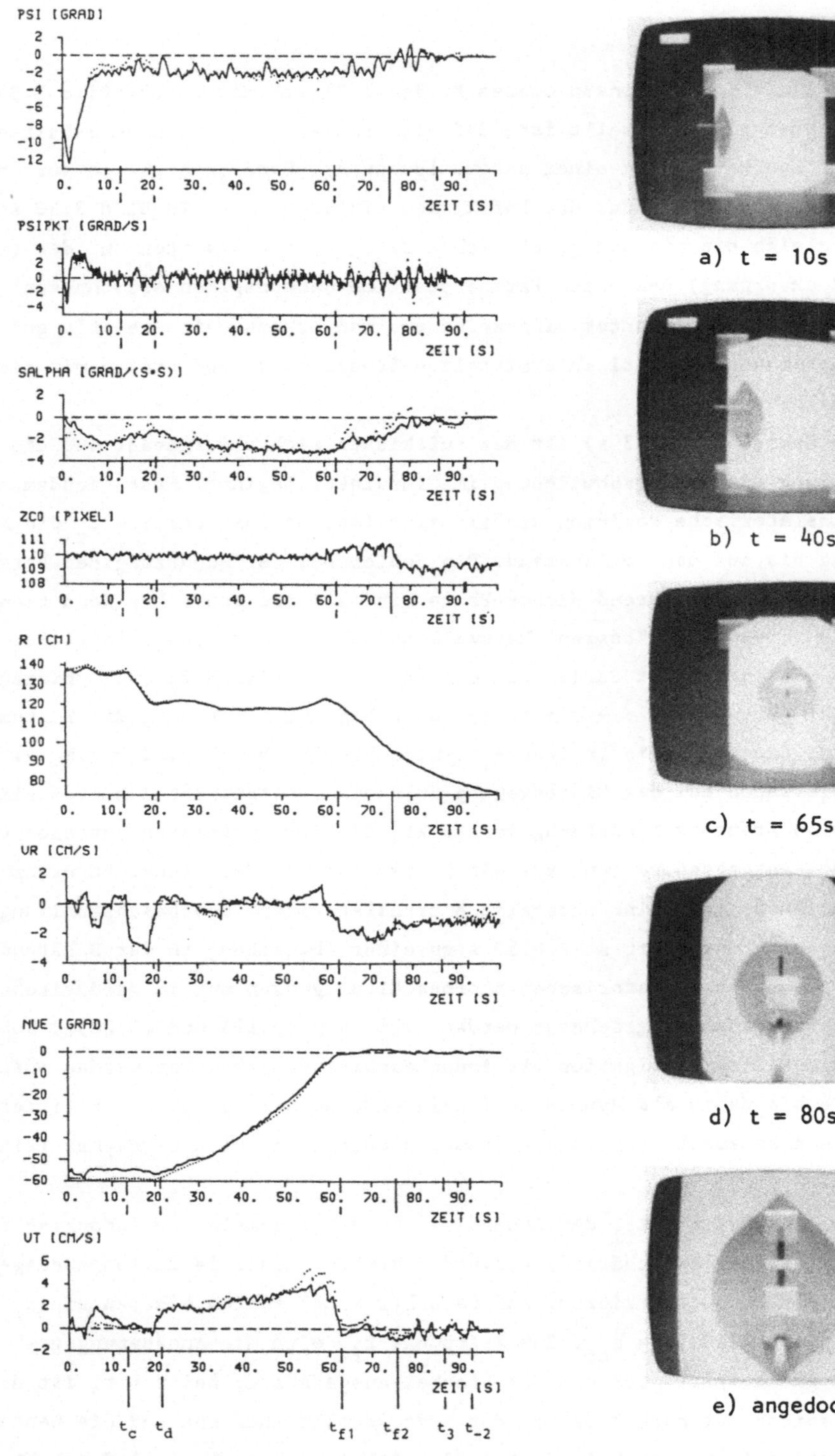

Bild 3.38: Zeitverlauf der Bewegungszustandsgrößen für eine typische Mission

Bild 3.39: Blick durch
die Kamera

tet und läuft in der linken oberen Bildecke "leer" mit (siehe Bild 3.39a).
Erst nachdem sichergestellt ist, daß alle Prozessoren synchron arbeiten,
wird die Laufkatze nach einem automatischen A/D-Wandler-Abgleich auf ihre
Sollposition gefahren und das Luftkissen eingeschaltet. In Bild 3.38 sind
zum Vergleich die aus den geodätischen Bewegungsschätzwerten und der (nach
dem Andockvorgang) bekannten Partnerposition nachträglich errechneten
Referenzverläufe gepunktet eingezeichnet; man erkennt eine relativ gute
Übereinstimmung der optisch ermittelten Bewegungszustandsgrößen mit diesen
Referenzkurven.

Nach 10 Zyklen (ca. 1.3 s) ist das Luftkissen sicher aufgebaut und die
Ausregelung der Anfangsabweichung im Gierwinkel beginnt. Erst nachdem auch
die translatorische Position stabilisiert ist, beginnt bei $t = t_c$ die Annäherung bis auf den Sollabstand. Die Fehler bei der Schätzung der Partnerorientierung ν während dieser Phase sind auf die schlechte Kondition
der hier verwendeten "besten" Merkmalkombination zurückzuführen (Bild
3.39a); sie entspricht derjenigen der Phase 3 in Bild 3.22 (vgl. hierzu
Bild 3.21 für $\nu = -60^{\circ}$: $\rightarrow t \approx 65$ s). Dann beginnt bei $t = t_d$ die Zirkumnavigation; die durch die Laufkatze verursachte Störbeschleunigung s_α wird
hier (wie schon bei der Gierbewegung zu Beginn) offensichtlich zusätzlich
durch eine Bremsbeschleunigung verstärkt, die der inertialen Rotation des
Fahrzeugs entgegenwirkt und auf ein Reibmoment bei der Druckluftzufuhr
zurückzuführen ist. Eine zusätzliche translatorische Störbeschleunigung in
Bewegungsrichtung führt ab $t \approx 50$ s zu einer Abweichung in der Schätzung
von v_t, da die translatorischen Störbeschleunigungen nur im geodätischen
Koordinatensystem mitgeschätzt werden (vgl. Gln.(3.19) und (3.20)). Sobald
während der Zirkumnavigation die Andockmarkierung erkennbar werden müßte,
wird die bis dahin als Hypothese fungierende Schätzung von ν verifiziert;
kann die Andockmarkierung nicht gefunden werden, so wird umgekehrt (siehe
Anhang A.8).

Dann beginnt bei $t = t_{f1}$ der Endanflug, in dem Merkmale der Andockmarkierung zur Relativlageschätzung verwendet werden; Modellierungsungenauig-
keiten (z.B. Andockmarkierung auf falscher Höhe) führen hier zu einer
Adaption der Bildmitte z_{co}. Zum Zeitpunkt t_{f2} wird die Annäherungsge-
schwindigkeit verringert und der Stachel ausgefahren; bei $t = t_3$ ist die
Stachelspitze nur noch 3 cm von der Andockstelle entfernt und die Genauigkeit der inzwischen stabilisierten Gierwinkel-Lageregelung wird erhöht.
Zum Zeitpunkt $t = t_{-2}$ ist der Stachel 2 cm tief in den konischen Andock-
trichter eingedrungen, wodurch das Fahrzeug im Gierwinkel fixiert wird und

ein entsprechend geändertes dynamisches Modell der Relativbewegung zum
Einsatz kommt. Gleichzeitig werden nur noch die Stabenden der Andockmarkierung verfolgt, während die Regelung der Längs- und Seitenbewegung
läuft, bis die Stachelspitze (in einer Eindringtiefe von 8.5 cm) einen
Schalter betätigt, über den das Gesamtsystem abgeschaltet wird.

3.7.2 Größere optische Störungen

Bisherige Ansätze zur Erfassung von Bewegungen aus Bildfolgen beruhen auf
der "Inversion" der Abbildungsgleichungen und können daher bei singulären
Abbildungsgleichungen keine Schätzwerte für die Bewegungszustandsgrößen
erzeugen. Bei dem hier vorgestellten Ansatz wird dagegen in den Bildfolgen
nur nach einer "Bestätigung" bzw. einer inkrementalen Korrektur der eigenen dynamischen und geometrischen Modellvorstellungen gesucht. Neben dieser integralen Verwendung raum/zeitlicher Modellvorstellungen über eine
Kombination geometrischer und dynamischer 3D-Modelle ist, als sekundärer
Effekt, die Art der Korrektur der Modellvorstellungen von Bedeutung für
die Störempfindlichkeit des Gesamtansatzes. Wird diese Korrektur des dynamischen Modells über einen Gauß-Markov-Schätzer gewonnen, so sind auch
hier Merkmalkombinationen mit nicht-singulären Abbildungsgleichungen notwendig; bei Verwendung eines "richtigen" Kalman Filters, das die Korrektur
des dynamischen Modells ohne Berechnung von Zwischengrößen direkt aus den
Bilddaten ableitet, kann dagegen auch schon ein einzelner Meßwert zu einer
Korrektur der Modellvorstellungen beitragen - selbst wenn diese "singuläre
Situation" über einen längeren Zeitraum andauert.

Dies wird anhand von Bild 3.40 deutlich, in dem die Zeitverläufe der Bewegungszustandsgrößen für eine ausgedehnte Annäherungsphase aufgetragen
sind. Dabei wurde die Merkmalselektion blockiert, um die Effekte längerer
Verdeckungen deutlich zu machen; darüberhinaus wurde die Anfangsposition
als bekannt vorausgesetzt (da die Objekterkennung in diesem Bereich noch
nicht zuverlässig arbeitet). Die gepunkteten Kurven sind wiederum Refe-
renzschätzwerte der Bewegungszustandsgrößen, die über die Ultraschallentfernungsmessungen und die bekannte Partnerposition ermittelt werden; hier
wurden diese Größen zusätzlich zur Steuerung des Fahrzeugs benutzt.
Die anfangs verfolgten drei Merkmale (Zeit t_o, Bild 3.41a) besitzen
schlecht konditionierte Meßgleichungen; durch Verdeckung eines Merkmals

144

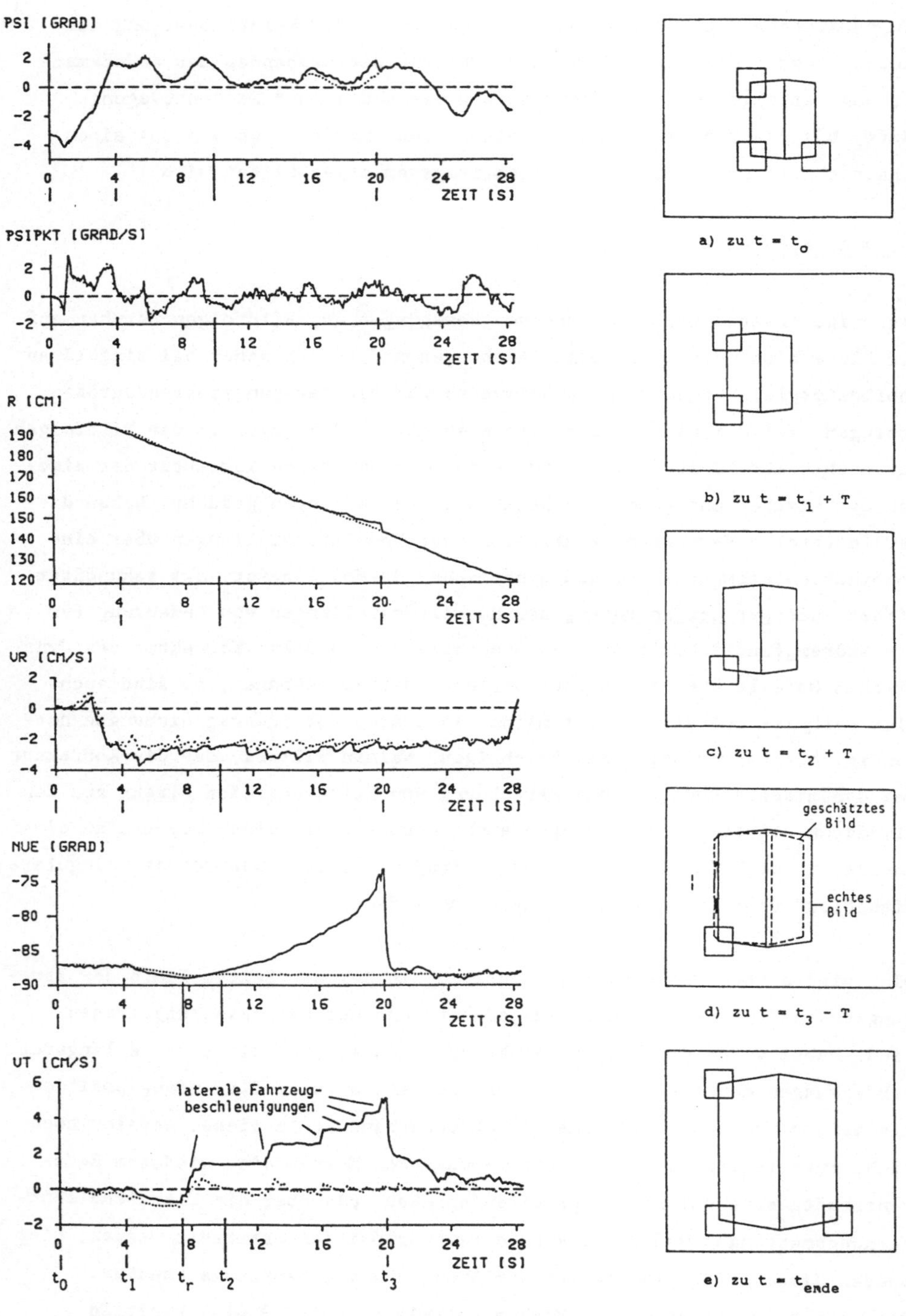

Bild 3.40: Zeitverlauf der geschätzten Bewegungszustandsgrößen für eine Annäherung bei Verdeckung relevanter Merkmale

Bild 3.41: Zur Schätzung der Relativbewegung verwendete Merkmale

werden die Meßgleichungen dann ab $t = t_1$ singulär, ab t_2 bleiben durch
Verdeckung eines weiteren Merkmals nur noch die zwei Meßwerte des verblei-
benden Merkmals zur Stützung der internen Modellvorstellungen. Dabei wird
versucht, die Relativbewegung anhand der dynamischen Modellvorstellungen
und der dabei angenommenen Störeinflüsse so zu schätzen, daß die daraus
geschätzten Merkmalkoordinaten mit den gemessenen Koordinaten übereinstimmen (siehe Bild 3.41d).

Die entstehenden Abweichungen beruhen auf tatsächlichen, auf das Fahrzeug
einwirkenden Störeinflüssen: während dieser Annäherung zog die Laufkatze
das Fahrzeug nach rechts (in Fahrtrichtung gesehen), worauf über die Dreipunktregler laterale Korrekturbeschleunigungen in der entgegengesetzten
Richtung veranlaßt werden, um das Fahrzeug auf Kurs zu halten (erstmals
zum Zeitpunkt t_r). Da nur diese Korrekturbeschleunigungen auf das dynamische Modell wirken, die laterale Störbeschleunigung hier aber weder modelliert wurde noch aus den Messungen beobachtbar ist, resultieren die Abweichungen in v_t und ν; dies erfordert dann die Abweichungen in r und ψ, um
die Modellvorstellungen in Einklang mit den Messungen zu halten. Sobald
zum Zeitpunkt t_3 die verdeckten Merkmale wieder freigegeben werden und
wieder erkennbar sind, klingen die Abweichungen innerhalb weniger Zyklen
ab.

4 Zusammenfassung

Der Mensch besitzt eine hochentwickelte Fähigkeit, Bewegungen im dreidimensionalen Raum optisch zu erfassen und mit dieser Information nicht nur sich selbst, sondern auch wesentlich höherdynamische Systeme (wie z.B. Fahrzeuge und Flugzeuge) zu steuern. Die in der vorliegenden Arbeit entwickelten Verfahren zur Erfassung und Steuerung von Bewegungen durch sehende Rechner sind eine Grundlage zur Übertragung dieser Fähigkeiten auf technische Systeme.

Als beispielhafte Anwendung wird ein sehendes Luftkissenfahrzeug vorgestellt, das sich durch alleinige Verwendung visueller Informationen selbständig und mit vollen drei Bewegungsfreiheitsgraden in einer dreidimensionalen, technischen Welt bewegt. Dieses mobile Roboterfahrzeug sieht seine Umgebung über eine eingebaute Videokamera, deren Information über ein angeschlossenes hierarchisch strukturiertes Multirechnersystem verarbeitet wird. Die dabei erzielten Zykluszeiten (0.13 s) lassen eine Bewegungssteuerung im Bereich menschlicher Dynamik zu, obwohl die Leistung der verwendeten Rechner vergleichsweise gering ist (fünf 8-bit Mikroprozessoren für die Bildverarbeitung, eine 32-bit VAX 750 als Hauptrechner).

Die Leistungsfähigkeit des Ansatzes beruht auf der Kombination dynamischer Modelle zur Beschreibung dreidimensionaler Bewegungsvorgänge mit geometrischen 3D-Modellen zur Beschreibung räumlicher Szenen, wodurch der Aufbau einer rechnerinternen 4D-Modellvorstellung gelingt, die die raum/zeitlichen Aspekte der Bewegungen in einer 3D-Welt integral erfaßt. Nur die zu diskreten Zeitpunkten über die bekannten Gesetze der Perspektive berechneten 2D-Projektionen dieser Modellwelt werden mit dem jeweils zuletzt "gesehenen" Bild der realen Welt verglichen; die beobachteten Differenzen erlauben sowohl eine neuartige, vom augenblicklichen Vertrauen in die Modellvorstellungen abhängige Erkennung von Störungen im Bild, als auch über moderne Kalman Filter-Techniken die rekursive Korrektur von Zustandsgrößen des 4D-Weltmodells schritthaltend mit den schnellen Bildfolgen. Zu dieser rekursiven Korrektur genügt die Verfolgung weniger in den Bildfolgen der Kamera bewegt erscheinender Merkmale der Szene, was den nötigen Aufwand auf Seiten der Merkmalextraktion erheblich reduziert. Eine sequentielle Formulierung des Kalman Filters ermöglicht auf eine elegante Weise die Verarbeitung der durch Bewegungen und Störungen ständig wechselnden Zahl von verfolgten Merkmalen.

Aufgrund der 3D-Bewegungen von Objekten und/oder des Kamerastandorts in
der Szene ändern sich laufend die Objektansichten und damit die erkennbaren Merkmale der Szene. Welche dieser Merkmale die bestmögliche Modellkor-
rektur erlauben, wird durch ein in dieser Arbeit erstmals entwickeltes
Merkmalselektionsverfahren bestimmt, das ständig die "besten" Merkmale
auswählt und die Merkmalextraktion entsprechend dirigiert. Können einzelne
Merkmale aufgrund ungünstiger Beleuchtungsverhältnisse oder partieller
Verdeckungen nicht erkannt werden, sorgt die Merkmalselektion selbsttätig
für die Auswahl anderer Merkmale.
Die automatische Merkmalselektion ist aber nicht nur eine Voraussetzung
für Anwendungen des vorgeschlagenen Konzepts zum Rechnersehen in bewegten
3D-Szenen, sondern erlaubt auch eine leichte Übertragbarkeit des Gesamtansatzes auf einfachere Anwendungen, bei denen die Auswahl der Merkmale bislang noch vorab über aufwendige Analysen durch den menschlichen Bediener
erfolgte. Sie ist damit ein wesentliches Element des Gesamtansatzes.

Der Ansatz vermeidet das sog. "Inversionsproblem", das entsteht, wenn versucht wird, die 3D-Relativlagen direkt aus den 2D-Bildern oder die 3D-Re-
lativbewegungen direkt aus den 2D-Geschwindigkeitsvektorfeldern zu berechnen. Stattdessen gelingt bei diesem Verfahren über die rekursive, die Verrauschungen zusätzlich glättende Bilddatenfilterung auch dann noch eine
Korrektur der Modellvorstellungen (und damit der geschätzten 3D-Bewe-
gungen), wenn z.B. durch größere Verdeckungen über längere Zeiträume nur
noch z.B. ein einziges Merkmal verfolgt werden kann. In diesem Fall wäre
mit herkömmlichen Verfahren keine Schätzung der Relativbewegung möglich,
da die Abbildungsgleichungen singulär werden und damit nicht mehr explizit
nach den Unbekannten auflösbar sind.

Das hier vorgeschlagene Verfahren ermöglicht sowohl die Erfassung passiver
dreidimensionaler Bewegungsvorgänge, wie sie z.B. bei Trackingaufgaben
auftreten, als auch aktiver Bewegungsvorgänge, bei denen z.B. ein Fahrzeug
oder ein mobiler Roboter mittels der erkannten Bewegungen gesteuert werden
soll; das gewählte Anwendungsbeispiel gehört zu letzteren Aufgaben.

Die Erfahrungen bei der untersuchten Steuerung des Luftkissenfahrzeugs
durch Rechnersehen zeigen, daß der hohe Aufwand, der zum Betrieb solch
eines komplexen Systems notwendig ist, durch die gewonnenen Erkenntnisse
auf dem Sektor der visuellen Erfassung von Bewegungen gerechtfertigt ist.

Denn während die Kamera mit einem technisch wesentlich einfacher be-
herrschbaren System auch durch die (hier ruhende) Szene bewegt werden
könnte (z.B. direkt mit der Laufkatze oder einem einfachen Radfahrzeug),
sind gerade die großen Störungen, die auf das "driftende" Luftkissenfahrzeug z.B. über die Nabelschnur wirken, eine Herausforderung nicht nur an
die Algorithmen zur Bewegungssteuerung, sondern vor allem an diejenigen
zur Erfassung der Bewegung.

Die Bewegungen des Luftkissenfahrzeugs erfolgen in einer künstlichen 3D-
Szene mit vollen drei Bewegungsfreiheitsgraden, d.h. zwei translatorischen
und gleichzeitig einem rotatorischen. Zusätzlich wird der Kameranickwinkel
als vierter Bewegungsfreiheitsgrad mitgeschätzt. In vielen Anwendungen,
z.B. in der Robotik (Greifen eines Werkstücks), unter Wasser oder im Welt-
raum treten aber volle sechs Bewegungsfreiheitsgrade auf. Es konnten bislang keine Schwächen des Ansatzes gefunden werden, die einer diesbezügli-
chen Erweiterung der Methode entgegenstünden.
Sobald einmal ein gutes rechnerinternes Raum/Zeit-Modell der Szene und der
in ihr auftretenden Bewegungen existiert, wird die Aufgabe der Erfassung
und Steuerung der Bewegungen trotz der geschilderten Störungen "relativ"
einfach. Damit kommt den in einer Initialisierungsphase durch Bildanalyse
aufzustellenden Modellhypothesen eine entsprechend hohe Bedeutung zu. Bei
allen bislang untersuchten Anwendungsbeispielen ruhte die Szene während
der Initialisierungsphase. Eine Erweiterung der Methode auf die Analyse
von Bewegungen zur Hypothesenfindung während der Initialisierungsphase
wäre z.B. dadurch möglich, daß die während der Echtzeitphase verwendeten
rekursiven Algorithmen in einer "batch"-Form auf eine Sequenz von Bildern
angewendet werden. Dadurch könnten verschiedene Modellvorstellungen (sowohl über die Szene als auch über die in ihr auftretenden Bewegungen)
überprüft und Anfangswerte für die Echtzeitphase ermittelt werden, die
hier noch als bekannt vorausgesetzt werden.

Mit steigender Leistung der lieferbaren Einplatinenrechner zur Bildverarbeitung werden komplexere Merkmale erkennbar, mit Merkmalattributen wie
Farbe, Krümmung, Textur oder kombinierten Linienstrukturen. Dadurch, und
durch eine leistungsfähigere Objekterkennung, könnten die gemachten Einschränkungen bzgl. der erlaubten Objektformen fallen gelassen werden.

Der Schwerpunkt der vorliegenden Arbeit liegt auf den Algorithmen der
Echtzeitphase, während der die Bewegungen erfaßt und gesteuert werden.
Auch hierbei wird von bekannten Szenenmodellen und Bewegungsdynamiken ausgegangen. Während diese Voraussetzungen bei vielen Anwendungen zutreffen,
muß sich z.B. ein autonom mobiler sehender Roboter auch in weitgehend un-
bekanntem Terrain bewegen können. Weiterführende Untersuchungen an der
Universität der Bundeswehr München haben daher zum Ziel, die Form (und
später auch die Bewegungsdynamik) eines unbekannten Objekts aus den Bildfolgen einer Videokamera rekursiv zu schätzen, während gleichzeitig die
Relativbewegungen in der Szene erfaßt werden.

Der Autor hofft, mit seinen Arbeiten hierzu einen Grundstein gelegt zu
haben.

5 Literatur

[Annaratone u.a., 86] M. Annaratone, E. Arnould, Th. Gross, H.T. Kung, M.S. Lam, O. Menzilcioglu, K. Sarocky, J.A. Webb: WARP Architecture and Implementation. IEEE 13th Annual Int. Symposium on Computer Architecture, Tokyo, Japan, June 1986, pp. 346-356.

[Aggarwal u.a., 81] J.K.Aggarwal, L.S. Davis, W.N. Martin: Survey: Representation Methods for Three-Dimensional Objects. Progress in Pattern Recognition, North-Holland Publishing Company, 1981.

[Ballard u. Kimball, 83] D.H. Ballard, O.A. Kimball: Rigid Body Motion from Depth and Optical Flow. Computer Vision, Graphics, and Image Processing (CVGIP) 22, 1983, pp. 95-115.

[BBN, 86] The Uniform System Approach to Programming the Butterfly Parallel Processor. BBN Report No. 6149, Bolt Beranek and Newman, Cambridge, Mass., USA, March 1986.

[Besl u. Jain, 85] P.J. Besl, R.C. Jain: Three-Dimensional Object Recognition. Computing Surveys, Vol. 17, No. 1, 3/1985.

[Bierman, 75] G.J. Bierman: Measurement Updating Using the U-D Factorization. Proc. IEEE Control and Decision Conf., Houston, Tx., 1975, pp. 337-346.

[Bierman, 77] ----: Factorization Methods for Discrete Sequential Estimation. Academic Press, New York, 1977.

[Bierman u. Thornton, 77] ----, C.L. Thornton: Numerical Comparison of Kalman Filter Algorithms: Orbit Determination Case Study. Automatica 13, 1977, pp. 23-35.

[Binford, 82] T.O. Binford: Survey of Model-Based Image Analysis Systems. The International Journal of Robotics Research, Vol.1. No.1, Spring 1982, pp. 18-64.

[Boetzel u. Burkhardt, 86] A.-E. Boetzel, J. Burkhardt: Objekterkennung und Relativlagebestimmung durch optische Information. Diplomarbeit an der Universität der Bundeswehr München, UniBwM/LRT/WE 13/D/86-6, 1986.

[Brammer u. Siffling, 75] K. Brammer, G. Siffling: Kalman-Bucy-Filter. Deterministische Beobachtung und stochastische Filterung. R. Oldenbourg Verlag, München, Wien, 1975.

[O'Brien u. Jain, 84] N. O'Brien, R. Jain: Axial Motion Stereo. Proc. of the IEEE Workshop on Computer Vision, Representation and Control, Annapolis, Maryland, 1984, pp. 88-92.

[Broida u. Chellappa, 86a] T.J. Broida, R. Chellappa: Estimation of Object Motion Parameters from Noisy Images. IEEE Transactions on Pattern Analysis and Machine Intelligence, Vol. PAMI-8, No. 1, January 1986, pp. 90-99.

[Broida u. Chellappa, 86b] ----,----: Kinematics and Structure of a Rigid
        Object from a Sequence of Noisy Images. Proc. of the IEEE Work-
        shop on Motion: Representation and Analysis, Charleston, S.C.,
        May 1986, pp. 95-100.

[Bruss u. Horn, 83] A.R. Bruss, B.K.P. Horn: Passive Navigation. Computer
        Vision, Graphics, and Image Processing 21, 1983, pp. 3-20.

[Burkhardt u. Neuwinger, 85] J. Burkhardt, A. Neuwinger: Perspektivische
        Abbildung von dreidimensionalen Körpern. Studienarbeit an der
        Univ. der Bundeswehr München, UniBwM LRT/WE 13/S/85-6, 1985.

[Cameron u.a., 86] J.M. Cameron, B.K. Cooper, R.A.Salo, B.H. Wilcox: Fusing
        Global Navigation with Computer-Aided Remote Driving of Robotic
        Vehicles. In: "Mobile Robots", Proc. of the SPIE, Vol. 727,
        Cambridge, Mass., Oct. 1986, pp. 85-89.

[Carcone u.a., 84] J. Carcone, J. Jensen, D. Johnson: Machine Vision Ex-
        plosion in Sight. The Industrial and Process Control Magazine,
        December 1984, pp. 29-33.

[Carlson, 73] N.A. Carlson: Fast Triangular Formulation of the Square Root
        Filter. AIAA Journal 11 (9), 1973, pp. 1259-1265.

[Cathey u. Davis, 86] W.T. Cathey, W.C. Davis: Vision System with Ranging
        for Maneuvering in Space. Optical Engineering, Vol.25 No.7, 1986,
        pp. 821-824.

[Charniak, 83] E. Charniak: The Bayesian Basis of Common Sense Medical
        Diagnosis. Proceedings of AAAI-83, Washington, D.C., August 1983,
        pp. 70-73.

[CMU, 86] H.P. Moravec (ed.): Autonomous Mobile Robots. Annual Report 1985,
        Carnegie-Mellon University Press, Pittsburgh, Pa., 1986.

[Courtney u.a., 84] J.W. Courtney, M.J. Magee, J.K. Aggarwal: Robot Gui-
        dance Using Computer Vision. Pattern Recognition, Vol. 17, No. 6,
        1984, pp. 585-592.

[Dabney, 84] R.Dabney: Automatic Rendezvous and Docking: A Parametric
        Study. NASA-TP-2314, 1984.

[DeMenthon, 87] D. DeMenthon: A Zero-Bank Algorithm for Inverse Perspective
        of a Road from a Single Image. Proc. of the 1987 IEEE Inter-
        national Conference on Robotics and Automation, Raleigh, N.C.,
        April 1987, pp. 1444-1449.

[Dickmanns, 80] E.D. Dickmanns : Untersuchungen und Arbeitsschritte zum
        Thema künstliche Intelligenz: Rechnersehen und -steuerung dyna-
        mischer Systeme. Interner Bericht, HSBw M/LRT/WE 13a/IB/80-1.

[Dickmanns, 81] ----: Steuerung dynamischer Systeme durch Rechnersehen.
        Beschreibung eines längerfristigen Forschungsvorhabens des In-
        stituts für Systemdynamik und Flugmechanik und des Instituts für
        Meßtechnik am Fachbereich LRT der HSBw München, Juni 1981.

[Dickmanns u.a., 81] ----, K.-D. Otto, J. Kusch: A Computer Controlled Satellite Model Plant with 3 Degrees of Freedom. 8th IFAC Congress, Kyoto, Vol. XIII, 1981, pp. 66-71.

[Dickmanns, 85] ----: Systemanalyse und Regelkreisanalyse: eine einführende Darstellung auf der Grundlage der Übertragungsfunktion. Verlag: Teubner, Stuttgart, 1985.

[Dickmanns, 87] ----: PROMETHEUS, State of the Art Review. Interner Bericht an der Universität der Bundeswehr München, UniBw M/LRT/WE 13/ IB/87-2, April 1987.

[Dickmanns u. Wünsche, 85] ----, H.-J. Wünsche: Drehlage-Regelung eines Satelliten durch Echtzeit-Bildfolgenverarbeitung. Erlangen, September 1985. In: H. Niemann (ed.): Mustererkennung 1985. Informatik Fachberichte 107, Springer-Verlag, Berlin, 1985, pp. 239-243.

[Dickmanns u. Wünsche, 86a] ----,----: Regelung mittels Rechnersehen: Darstellung einiger Grundprinzipien anhand der Stabilisierung eines Stab/Wagen-Systems. Einführungsaufsatz, Automatisierungstechnik (at), 34. Jahrgang, Heft 1/1986, pp. 16-22.

[Dickmanns u. Wünsche, 86b] ----,----: Satellite Rendezvous Maneuvers by Means of Computer Vision. Jahrestagung der Deutschen Gesellschaft für Luft- und Raumfahrt e.V., München, Oktober 1986. In: Jahrbuch 1986 Bd. 1 der DGLR, Bonn, pp. 251-259.

[Dickmanns u. Zapp, 86] ----, A. Zapp: A Curvature-based Scheme for Improving Road Vehicle Guidance by Computer Vision. In: "Mobile Robots", Proc. of the SPIE, Vol. 727, Cambridge, Mass., October 1986, pp. 161-168.

[Dickmanns u. Zapp, 87] ----, ----: Autonomous High Speed Road Vehicle Guidance by Computer Vision. Preprint, 10. IFAC Kongress, München, 1987.

[Dreschler, 81] L. Dreschler: Ermittlung markanter Punkte auf den Bildern bewegter Objekte und Berechnung einer 3D-Beschreibung auf dieser Grundlage. Dissertation am Fachbereich Informatik der Universität Hamburg, 1981.

[Duda u. Hart, 73] R.O. Duda, P. Hart: Pattern Classification and Scene Analysis. Wiley-Interscience, New York, 1973.

[Eberl, 87] G. Eberl: Automatischer Landeanflug durch Rechnersehen. Dissertation an der Fakultät für Luft- und Raumfahrttechnik der Universität der Bundeswehr München, 1987.

[Enkelmann, 85] W. Enkelmann: Mehrgitterverfahren zur Ermittlung von Verschiebungsvektorfeldern in Bildfolgen. Dissertation am Fachbereich Informatik der Universität Hamburg, 1985.

[Fang u. Huang, 84] J. Q. Fang, T.S. Huang: Solving Three-Dimensional Small-Rotation Motion Equations: Uniqueness, Algorithms, and Numerical Results. CVGIP 26, 1984, pp. 183-206.

[Faugeras u.a., 84a] O.D. Faugeras, M. Hebert, P. Mussi, J.D. Boissonnat:
Polyhydral Approximation of 3-D Objects without Holes. CVGIP 25,
1984, pp. 169-183.

[Faugeras u.a., 84b] ----, N. Ayache, B. Faverjon: A Geometric Matcher for
Recognizing and Positioning 3-D Rigid Objects. First IEEE Conference on Artificial Intelligence Applications, December 1984, pp.
218-224.

[Franklin u. Powell, 80] G.F. Franklin, J.D. Powell: Digital Control of
Dynamic Systems. Addison-Wesley Publishing Company, Reading,
Mass., 1980.

[Fukui, 81] I. Fukui: TV Image Processing to Determine the Position of a
Robot Vehicle. Pattern Recognition, Vol. 14, Nos. 1-6, 1981, pp.
101-109.

[Ganapathy, 84] S. Ganapathy: Decomposition of Transformation Matrices for
Robot Vision. Pattern Recognition Letters 2, 1984, pp. 401-412.

[Gennery, 81] D.B. Gennery: A Feature-Based Scene Matcher. Proc. of the
Seventh International Joint Conference on Artificial Intelligence, (7th IJCAI), 1981, pp. 667-673.

[Gennery, 82] ----: Tracking Known Three-Dimensional Objects. American
Association for Artificial Intelligence AAAI, Pittsburgh, August
1982, pp. 13-17.

[Gibson, 50] J.J. Gibson: The Perception of the Visual World. Riverside,
Cambridge, England, 1950.

[Gibson, 73] ----: Die Sinne und der Prozeß der Wahrnehmung. Verlag Hans
Huber, Bern, 1973.

[Giralt, 84] G. Giralt: Mobile Robots. Robotics and Artificial Intelligence, Springer-Verlag, Berlin, Heidelberg, New York, Tokyo,
1984, pp. 365-393.

[Graefe, 84] V. Graefe: Two Multi-Processor Systems for Low-Level Real-Time
Vision. In: J.M. Brady, L.A. Gerhardt, H.F. Davidson (eds.): Robotics and Artificial Intelligence, Springer-Verlag, Berlin,
1984, pp. 301-308.

[Griffin u.a., 78] M.D. Griffin, R.T. Cunningham, R. Eskenazi: Vision-Based
Guidance for an Automated Roving Vehicle. Proc. AIAA Guidance &
Control Conference, Palo Alto, Ca., August 1978, paper 78-1294.

[Haas, 82] G. Haas: Meßwertgewinnung durch Echtzeitauswertung von Bildfolgen. Dissertation an der Fakultät für Luft- und Raumfahrttechnik
der Universität der Bundeswehr München, 1982.

[Hallam, 83] J. Hallam: Resolving Observer Motion by Object Tracking. 8th
IJCAI, Vol. 2 , Karlsruhe, August 1983, pp. 792-797.

[Hehnen, 86] R. Hehnen: Kontrolle eines autonom ablaufenden Annäherungs-
und Kopplungsmanövers in der Raumfahrt durch Bildverarbeitung.
Vortrag zur Jahrestagung der Deutschen Gesellschaft für Luft- und
Raumfahrt, München, Oktober 1986.

[Horn u. Schunk, 81] B.K.P. Horn, B.G. Schunk: Determining Optical Flow.
Proc. of the SPIE Vol. 281, 1981, pp. 319-331.

[Huang u.a., 86] T.S. Huang, S.D. Blostein, A. Werkheiser, M. McDonell, M.
Lew: Motion Detection and Estimation from Stereo Image Sequences:
Some Preliminary Experimental Results. Proc. of the IEEE Workshop
on Motion: Representation and Analysis, Charleston, S.C., May
1986, pp. 45-52.

[Hunt u. Sanderson, 82] A.E. Hunt, A.C. Sanderson: Vision-Based Predictive
Robotic Tracking of a Moving Target. Technical Report CMU-RI-TR-
82-15, Carnegie-Mellon University, Robotics Institute, Pittsburgh, 1982.

[Johannson, 73] G. Johannson: Visual Perception of Biological Motion and a
Model for its Analysis. Perception and Psychophysics, Vol. 14, 2,
1973, pp. 201-211.

[Johansson u.a., 80] ----, C.V. Hofsten, G. Jansson: Event Perception. Ann.
Rev. Psychol., 13, 1980, pp. 27-63.

[Kadonoff u.a., 86] M.B. Kadonoff, F. Benayad-Cherif, A. Franklin, J.F.
Maddox, L. Muller, H. Moravec: Arbitration of Multiple Control
Strategies for Mobile Robots. In: "Mobile Robots", Proc. of the
SPIE, Vol. 727, Cambridge, Mass., Oct. 1986, pp. 90-98.

[Kalman, 60] R.E. Kalman: A New Approach to Linear Filtering and Prediction
Problems. Trans. ASME, series D, J. Basic Eng., 1960, pp. 35-45.

[Kleine, 85] M. Kleine: Genauigkeit der Satellitenlagebestimmung bei Win-
kel- und Entfernungsmessungen. Studienarbeit an der Universität
der Bundeswehr München, UniBwM/LRT/WE 13/S/85-1, 1985.

[Krebs, 80] V. Krebs: Nichtlineare Filterung. R. Oldenbourg Verlag,
München, Wien, 1980.

[Kuhnert u. Graefe, 85] K.D. Kuhnert u. V. Graefe: Komponenten für die mo-
dellgestützte Interpretation dynamischer Szenen. Abschlußbericht
des Fördervorhabens BMFT 08 IT 1511, Universität der Bundeswehr
München, Fakultät für Luft- und Raumfahrttechnik, Institut für
Meßtechnik, 1985.

[Kuhnert, 86a] ----: A Vision System for Real Time Road and Object Recognition for Vehicle Guidance. In: Mobile Robots, Proc. of the
SPIE, Vol 727, Cambridge, Mass., Oct. 1986, pp. 267-272.

[Kuhnert, 86b] ----: Comparison of Intelligent Real Time Algorithms for
Guiding an Autonomous Vehicle. International Conference on
Intelligent Autonomous Systems, Amsterdam, December 1986, pp.
334-339.

156

[Kwakernaak u. Sivan, 1972] H. Kwakernaak, R. Sivan: Linear Optimal Control
     Systems. Wiley-Interscience, New York, 1972.

[Lawson u. Hanson, 74] C.L. Lawson, R.J. Hanson: Solving Least Squares
     Problems. Prentice-Hall, Englewood Cliffs, New Jersey, 1974.

[Lawton, 83] D.T. Lawton: Processing Translational Motion Sequences. CVGIP
     22, 1983, pp. 116-144.

[Lowe, 85] D.G. Lowe: Perceptual Organization and Visual Recognition. Klu-
     wer Academic Publishers, Boston, Dordrecht, Lancaster, 1985.

[Luenberger, 64] D.G. Luenberger: Observing the State of a Linear System.
     IEEE Trans. on Military Electronics MIL-8, 1964, pp. 74-80.

[Magee u. Aggarwal, 83] M. Magee, J.K. Aggarwal: Robot Vision for Location
     Determination and Obstacle Avoidance. Proc. of the IEEE Confe-
     rence "Delivering Computer Power to End Users", September 1983,
     pp. 201-210.

[Matthies u. Shafer, 86] L. Matthies, St.A. Shafer: Error Modelling in
     Stereo Navigation. Report CMU-CS-86-140, Carnegie-Mellon Univer-
     sity, Computer Science Dept., Pittsburgh, 1986.

[Maxwell, 51] E.A. Maxwell: General Homogeneous Coordinates in Space of
     Three Dimensions. Cambridge University Press, Cambridge, 1951.

[Maybeck, 79] P.S. Maybeck: Stochastic Models, Estimation and Control, Vol.
     1. Academic Press, New York, 1979.

[Mehra, 71] R.K. Mehra: A Comparison of Several Nonlinear Filters for Re-
     entry Vehicle Tracking. IEEE Transactions on Automatic Control,
     Vol. AC-16, No.4, 8/1971, pp. 307-319.

[Meissner, 82] H.-G. Meissner: Steuerung dynamischer Systeme aufgrund
     bildhafter Informationen. Dissertation an der Fakultät für Luft-
     und Raumfahrttechnik der Univ. der Bundeswehr München, 1982.

[Moravec, 80] H.P. Moravec: Obstacle Avoidance and Navigation in the Real
     World by a Seeing Robot Rover. Dissertation Stanford University.
     Auch erschienen als: Carnegie-Mellon Univ. CMU-RI-TR-3, 1980.

[Moravec, 83] ----: The Stanford Cart and the CMU Rover. Proc. of the IEEE,
     Vol. 71, No. 7, July, 1983, pp. 872-884.

[Moravec, 86] ----: Mind Children: The Future of Robot and Human Intelli-
     gence. Harvard University Press, Cambridge, 1986 (In Vorberei-
     tung; erster kompletter Entwurf persönlich überreicht vom Autor).

[Mysliwetz u. Dickmanns, 86] B. Mysliwetz, E.D. Dickmanns: A Vision System
     with Active Gaze Control for Real-Time Interpretation of Well
     Structured Dynamic Scenes. Conference on Intelligent Autonomous
     Systems, Amsterdam, 8.-10. Dec. 1986.

[Nagel, 81] H.-H. Nagel: On the Derivation of 3D Rigid Point Configurations
     from Image Sequences. IEEE PRIP, 1981, pp. 103-108.

[Nagel, 83a] ----: Overview of Image Sequences Analysis. In: T.S. Huang
(ed.): Image Sequence Processing and Dynamic Scene Analysis.
Springer-Verlag, Berlin, 1983.

[Nagel, 83b] ----: Constraints for the Estimation of Displacement Vector
Fields from Image Sequences. 8th IJCAI, 1983, pp. 945-951.

[Natenbruk u. Rangnitt, 83] P. Natenbruk, D. Rangnitt: Control Aspects as
Elaborated in Space Rendezvous Simulations. AGARD Conference
Proceedings No.350, Guidance and Control Panel 37th Symposium
Florence, Italy, September 1983.

[Neumann, 81] B. Neumann: 3D-Information aus mehrfachen Ansichten. Infor-
matik-Fachberichte 47: DAGM Symposium "Modelle und Strukturen",
Hamburg, Oktober 1981. Springer-Verlag, Berlin, Heidelberg, New
York, 1981, pp. 93-111.

[Nevatia, 76] R. Nevatia: Depth Measurement by Motion Stereo. Computer
Graphics and Image Processing 5, 1976, pp. 203-214.

[Newman u. Sproull, 79] W.M. Newman, R.F. Sproull: Principles of Interac-
tive Computer Graphics. McGraw Hill, 1979.

[Niemann, 81] H. Niemann: Pattern Analysis. Springer-Verlag, Berlin, Heidelberg, New York, Tokyo, 1981.

[Paillard u.a., 81] J. Paillard, P. Jordan, M. Brouchon: Visual Motion Cues
in Prismatic Adaptation: Evidence of Two Separate and Additive
Processes. Acta Psychologica 48, 1981, pp. 253-270.

[Potter, 64] J.E. Potter: W Matrix Augmentation. M.I.T. Instrumentation
Laboratory Memo SGA 5-64, Cambridge, Mass., 1964.

[Radig, 83] B. Radig: 2D- und 3D-Objektbeschreibung für Sichtsysteme. VDE
Fachber. 35, Mustererkennung 1983. 5. DAGM-Symposium Okt. 1983.

[RASP, 84] RASP'84: Regelungstechnische Analyse und Syntheseprogramme.
DFVLR, Abt. Regelung, Institut für Dynamik der Flugsysteme,
Oberpfaffenhofen und Lehrstuhl für Meß- und Regelungstechnik,
Ruhr-Universität Bochum, 1984.

[Reeves, 85] A.P. Reeves: A High Speed Computer Vision System for Three
Dimensional Shape Analysis. IEEE Proceedings of the International
Conference on Cybernetics and Society, Tucson, Az., November
1985, pp. 692-696.

[Rieger u. Lawton, 85] J.H. Rieger, D.T. Lawton: Processing Differential
Image Motion. Optical Society of America, Vol. 2, No. 2, February
1985, pp. 354-360.

[Rives u.a., 86] P. Rives, E. Breuil, B. Espiau: Recursive Estimation of 3D
Features Using Optical Flow and Camera Motion. Conf. on Intelligent Autonomous Systems, Amsterdam, Dec. 1986, pp. 522-532.

[Roberts, 65] L.G. Roberts: Machine Perception of Three-Dimensional Solids.
In: Aggarwahl et al.: Computer Methods in Image Analysis, 1965,
pp. 285-323.

158

[Roboter, 83] (Ohne Autor): Wie Roboter sehen und fühlen. Serie Sensorik
(1), Roboter, Heft 1, 1983.

[Robotics, 87] Proc. of the 1987 IEEE Int. Conf. on Robotics and Automation, Raleigh, N.C., USA, April 1987.

[Sanderson u. Weiss, 82] A.C. Sanderson, L.E. Weiss: Image-Based Visual
Servo Control of Robots. Proc. of the Soc. of Photo Optical Instrumentation Engineers, Proc. of the SPIE, Vol. 360, 1982, pp.
164-169.

[Saund u.a., 81] E. Saund, D.B. Gennery, R.T. Cunningham: Visual Tracking
in Stereo. In: Joint Automatic Control Conference, Vol. 1, June
1981, Charlottesville, Va., USA.

[Silberberg u.a., 84] T.M. Silberberg, L. Davis, D. Harwood: An Iterative
Hough Procedure for Three-Dimensional Object Recognition. Pattern
Recognition Vol.17, No.6, 1984, pp. 621-629.

[Singer u. Sea, 71] R.A. Singer, R.G. Sea: Increasing the Computational
Efficiency of Discrete Kalman Filters. IEEE Transactions on
Automatic Control, 6/1971, pp. 254-257.

[Sobel, 74] I. Sobel: On Calibrating Computer Controlled Cameras for Per-
ceiving 3-D Scenes. Artificial Intelligence, 5/1974, pp. 185-198.

[SPIE, 86] W.J. Wolfe u.a. (eds.): Mobile Robots. Proc. of SPIE, Vol. 727,
Cambridge, Mass., USA, October, 1986.

[Thompson, 77] A.M. Thompson: The Navigation System of the JPL Robot. Proc.
of the 5th IJCAI, Cambridge, Mass., USA, August 1977.

[Thornton u. Bierman, 77] C.L. Thornton, G.J. Bierman: Gram-Schmidt Algorithms for Covariance Propagation. Int. J. Control 25, 2, 1977,
pp. 243-260.

[Thornton u. Bierman, 80] ----, ----: UDU^T Covariance Factorization for
Kalman Filtering. In: Leondes, C.T.(ed.): Control and Dynamic
Systems, Advances in Theory and Application, Vol. 16, Academic
Press, New York, 1980, pp. 177-248.

[Tietz u. Kelly, 82] J.C. Tietz, H.J. Kelly: Development of an Autonomous
Video Rendezvous and Docking System. Martin Marietta Aerospace,
Denver, Col., Final Report Phase 1, MCR-82-569, June 1982.

[Tietz u. Richardson, 83] J.C. Tietz, T.E. Richardson: Development of an
Autonomous Video Rendezvous and Docking System. Martin Marietta
Aerospace, Denver, Col., Final Report Phase 2, MCR-83-584, June
1983.

[Tropf u.a., 84] H. Tropf, I. Walter, H.-P. Kammerer: Erweiterte Über-
gangsnetze (Augmented Transition Networks) als prozedurale Modelle im Bereich der Bildanalyse. Informatik-Fachberichte 87,
Mustererkennung 1984, DAGM/ÖAGM Symposium Graz, Oktober 1984,
Proceedings, Springer-Verlag, Berlin, 1984.

[Turk u.a., 87] M.A. Turk, D.G. Morgenthaler, K.D. Gremban, M. Marra: Video
Road-Following for the Autonomous Land Vehicle. Proc. of the IEEE
Int. Conf. on Robotics and Automation, Raleigh, N.C., USA, April
1987.

[Ullman, 79] S. Ullman: The Interpretation of Visual Motion. The MIT Press,
Cambridge, Mass., USA, and London, England, 1979.

[VDI 36, 86] Roboter. Sonderteil der VDI-Nachrichten Nr. 36 vom 5.9. 1985.

[VDI 3, 87] Verschiedene Berichte und Fotos über mobile Roboter, ALV, Terregator, Hexapod u.a.m.. VDI-Nachrichten Nr. 3 vom 16.1. 1987,
pp. 18-20.

[VDI 15, 87] S. Kämpfer: Roboter greifen nah und fern. VDI-Nachrichten Nr-
. 15, 10.4.87, S. 17. Enthält Bild und Hinweis auf das mit vier
MECANUM Rädern ausgestattete Fahrzeug CPV der Fa. MIAG, Braun-
schweig.

[Vinz u.a., 84] F.L. Vinz, L.L. Brewster, L.D. Thomas: Computer Vision for
Real-Time Orbital Operations. NASA Technical Memorandum 86457,
August 1984.

[Wallace u.a., 85] R. Wallace, A. Stentz, C. Thorpe, H. Moravec, W. Whit-
taker, T. Kanade: First Results in Robot Road-Following. Proc. of
the 9th IJCAI, Los Angeles, August 1985.

[Wallace u.a., 86] R. Wallace, K. Matsuzaki, Y. Goto, J. Crisman, J. Webb,
T. Kanade: Progress in Robot Road-Following. Proc. of the IEEE
Intern. Conf. on Robotics and Automation, San Francisco, Ca.,
April 1986, pp. 1615-1621.

[Walter u. Tropf, 83] I. Walter, H. Tropf: 3-D Recognition of Randomly
Oriented Parts. Proc. of SPIE, Vol. 449, Part 1: Intelligent Ro-
bots: Third International Conference on Robot Vision and Sensory
Controls RoViSeC3, Cambridge, Mass., USA, Nov. 1983, pp. 171-177.

[Waxman u.a., 85] A.M. Waxman, J. Le Moigne, B. Srinivasan: Visual Navigation of Roadways. Computers in Aerospace Conference, Long Beach,
Ca., October, 1985, Technical Papers New York, AIAA, 1985, pp.
862-867.

[Weiss, 84] L.E. Weiss: Dynamic Visual Servo Control of Robots: An Adaptive
Image-Based Approach. Dissertation, Dept. of El. and Comp.
Engineering, Robotics Institute, Carnegie-Mellon University,
Pittsburgh, Pa., 1984.

[Weiss u.a., 85] ----, A.C. Sanderson, C.P. Neumann: Dynamic Visual Servo
Control of Robots: An Adaptive Image-Based Approach. IEEE Int.
Conf. on Robotics and Automation, St. Louis, Mo., March 1985, pp.
662-668.

[Westlake, 75] J.R. Westlake: A Handbook of Numerical Matrix Inversion and
Solution of Linear Equations. Robert E. Krieger Publishing Co.,
Huntington, New York, 1975.

[Wünsche, 82] H.-J. Wünsche: Singularity-Free Methods for Aircraft Flight
Path Optimization Using Euler Angles and Quaternions. Master's
Thesis, Aerospace Department, The University of Texas at Austin,
USA, May 1982.

[Wünsche, 83a] ----: Stabilisierung eines invertierten Pendels durch Rechnersehen. XVII. Regelungstechnisches Kolloquium, Boppard, Februar
1983. Kurzfassung in Regelungstechnik (rt), 31. Jahrgang, Heft
9/83, p. 310.

[Wünsche, 83b] ----: Verbesserte Regelung eines dynamischen Systems durch
Auswertung redundanter Sichtinformation unter Berücksichtigung
der Einflüsse verschiedener Zustandsschätzer und Abtastzeiten.
Forschungsbericht an der Universität der Bundeswehr München,
UniBwM/LRT/WE 13/FB/83-1, August 1983.

[Wünsche, 84] ----: Rotatorische Lageregelung eines Satellitenmodells durch
Auswertung monokularer Bildfolgen. Forschungsbericht an der Universität der Bundeswehr München, UniBwM/LRT/WE 13/FB/84-2, 1984.

[Wünsche, 86a] ----: Arbeitsbericht zum DFG-Vorhaben "Rendezvous" (Di
329/1-2) für den Zeitraum vom 1.3.1985 bis 15.1.1986, Universität
der Bundeswehr München, Fakultät für Luft- und Raumfahrttechnik,
Institut für Systemdynamik und Flugmechanik, 1985.

[Wünsche, 86b] ----: Detection and Control of Mobile Robot Motion by Real-
Time Computer Vision. In: "Mobile Robots", Proc. of the SPIE,
Vol. 727, Cambridge, Mass., Oct. 1986, pp. 100-109.

[Yakimovsky u. Cunningham, 78] Y. Yakimovsky, R. Cunningham: A System for
Extracting Three-Dimensional Measurements from a Stereo Pair of
TV Cameras. Computer Graphics and Image Processing, Vol. 7, No.2
(April 78), pp. 195-210.

[Yasumoto u. Medioni, 85] Y. Yasumoto, G. Medioni: Experiments in Estimation of 3-D Motion Parameters from a Sequence of Image Frames.
IEEE Conf. on Computer Vision and Pattern Recognition, June 1985.

[Yonas, 83] A. Yonas: Developmental Stages of Depth Perception in Human
Infants. In: D. Ingle, M. Jeannerod, D. Lee (eds.): Brain Mecha-
nisms and Spatial Vision. NATO-Advanced Study Institute, Lyon,
1983. (Springer-Verlag.)

[Zapp, 85] A. Zapp: Automatische Fahrzeugführung mit Sichtrückkopplung;
Erste Fahrversuche mit einer Fernsehkamera als Echtbauteil im
Simulationskreis. Forschungsbericht an der Universität der Bun-
deswehr München, UniBwM/LRT/WE 13/FB/85-1, 1985.

[Zimmermann u.a., 83] N.J. Zimmermann, G.L.R. van Bowen, A. Osterlink:
Overview of Industrial Vision Systems. Proc. of the Workshop on
Industrial Applications of Image Analysis, Antwerpen, October
1983, pp. 193-231.

[Zimmermann, 85] J. Zimmermann: Satellitenlageregelung in drei Freiheitsgraden zur Durchführung von Rendezvousmanövern. Diplomarbeit an
der Univ. der Bundeswehr München, UniBwM/LRT/WE 13/D/85-3, 1985.

Anhang

A.1 Beschleunigungskräfte und -momente

Bei gleichzeitigem Öffnen mehrerer Düsenpaare entsteht ein Druckabfall,
der zu einer entsprechenden Reduktion der Schubniveaus führt. Darüber
hinaus kann das Schubniveau für die drei Bewegungsfreiheitsgrade durch
manuell einstellbare Durchflußdrosseln verändert werden; entlang der körperfesten X-Achse wird das höchste Schubniveau gewählt, während die maximale Querbeschleunigung etwas niedriger eingestellt wird. Um die in Abschnitt 3.4.3 begründete maximale Giergeschwindigkeit genügend fein steuern zu können, und da das Trägheitsmoment des Luftkissenfahrzeugs um die
Hochachse sehr niedrig ist, sind nur geringe rotatorische Beschleunigungsmomente notwendig, die wegen der Anbringung der Rotations-Schubdüsen am
Umfang des Fahrzeugs (sichtbare Düsen in Bild 3.3) schon durch ein sehr
niedriges Schubniveau erreicht werden.

Die Messung der translatorischen Beschleunigungskräfte erfolgt durch
Schubmessungen bei gefesseltem Fahrzeug und bekannter Fahrzeugmasse; das
rotatorische Beschleunigungsmoment wird durch Auswertung der Gierwinkel-
Geschwindigkeitsverläufe ermittelt, die aus den in den Hauptrechner eingelesenen Winkelwerten über stationäre Kalman Filter geschätzt werden. Es
ergeben sich folgende Beschleunigungswerte in Abhängigkeit der Steuergrößen:

$|u_\alpha|$	1	0	0	1	1	0	1
$|u_x|$	0	1	0	1	0	1	1
$|u_y|$	0	0	1	0	1	1	1
$a_\alpha\ [^\circ/s^2]$	12			9	10		6
$a_x\ [m/s^2]$		0.038		0.033		0.025	0.02
$a_y\ [m/s^2]$			0.028		0.023	0.016	0.013

Tabelle A.1: Beschleunigungswerte in Abhängigkeit der Steuergrößen

A.2 Berechnung des diskreten Zustandsraummodells

Das lineare Differentialgleichungssystem

$$\dot{x}(t) = F(t)x(t)+G(t)u(t) \tag{A.1}$$

hat mit dem Anfangswert $x(t_o)$ die Lösung

$$x(t) = \Phi(t,t_o)\, x(t_o) + \int_{t_o}^{t} \Phi(t,\tau)\, G(\tau)\, u(\tau)\, d\tau \tag{A.2}$$

wobei $\Phi(t,t_o)$ die sog. Transitionsmatrix ist, die den "Übergang" des Zustandsvektors von t_o nach t beschreibt; als Lösung des homogenen Teils der Gleichung (A.1) hat sie für zeitinvariante Systeme die Form

$$\Phi(t,\tau) = \Phi(t-\tau,0) = e^{-F(t-\tau)} \tag{A.3}$$

und kann hier analytisch nach einer Transformation in den Laplace Bereich durch die Beziehung

$$\Phi(t,\tau) = \Phi(t-\tau,0) = \mathcal{L}^{-1}\left[\,[Is-F]^{-1}\, \right] \tag{A.4}$$

berechnet werden. Da die Messungen zu den Zeitpunkten t_k eingelesen werden, interessiert die Lösung von Gleichung (A.1) zwischen t_{k-1} und t_k. Mit $t_{k-1}= t_o$, $t_k= t$, und den Vereinbarungen

$$\Phi(t,t_o) = \Phi(t_k-t_{k-1},0) = \Phi(T,0) =: \Phi(T), \tag{A.5}$$

$$G(t) = G(k-1) = const \qquad , \quad t_{k-1}\leq t<t_k , \tag{A.6}$$

$$u(t) = u(k-1) = const \qquad , \quad t_{k-1}\leq t<t_k , \tag{A.7}$$

folgt über die Beziehung

$$B(k-1) = \int_{t_{k-1}}^{t_k} \Phi(t-\tau)G\, u\, d\tau = \int_{0}^{T} \Phi(\tau')G\, u\, d\tau' \tag{A.8}$$

mit Gleichung (A.2) das diskrete Zustandsraummodell

$$x(k) = \Phi(T)x(k-1) + B(k-1)u(k-1) \; . \tag{A.9}$$

Anhang A.2a: <u>Diskretes Modell der Fahrzeugbewegung in geodätischen</u>
<u>Koordinaten</u>

Die linearisierten Bewegungsdifferentialgleichungen werden mit

$$\alpha(t) = \alpha(k-1) = \text{const} \;\;, \;\;\; t_{k-1} \le t < t_k \tag{A.10}$$

für die drei Freiheitsgrade entkoppelt. Nur deren deterministischer Teil
wird im folgenden betrachtet und lautet

$$\begin{bmatrix} \dot{\alpha} \\ \omega \\ s_\alpha \end{bmatrix} = \begin{bmatrix} 0 & 1 & 0 \\ 0 & 0 & 1 \\ 0 & 0 & 0 \end{bmatrix} \begin{bmatrix} \alpha \\ \omega \\ s_\alpha \end{bmatrix} + \begin{bmatrix} 0 \\ a_\alpha \\ 0 \end{bmatrix} u_\alpha \;, \tag{A.11}$$

$$\begin{bmatrix} \dot{x} \\ v_x \\ s_x \end{bmatrix} = \begin{bmatrix} 0 & 1 & 0 \\ 0 & 0 & 1 \\ 0 & 0 & 0 \end{bmatrix} \begin{bmatrix} x \\ v_x \\ s_x \end{bmatrix} + \begin{bmatrix} 0 & 0 \\ g_1 & g_2 \\ 0 & 0 \end{bmatrix} \begin{bmatrix} u_x \\ u_y \end{bmatrix} \;, \tag{A.12}$$

$$\begin{bmatrix} \dot{y} \\ v_y \\ s_y \end{bmatrix} = \begin{bmatrix} 0 & 1 & 0 \\ 0 & 0 & 1 \\ 0 & 0 & 0 \end{bmatrix} \begin{bmatrix} y \\ v_y \\ s_y \end{bmatrix} + \begin{bmatrix} 0 & 0 \\ g_3 & g_4 \\ 0 & 0 \end{bmatrix} \begin{bmatrix} u_x \\ u_y \end{bmatrix} \;, \tag{A.13}$$

wobei die Abkürzungen

$$g_1 = a_x \cos\alpha \;\;, \;\; g_2 = -a_y \sin\alpha \tag{A.14}$$

$$g_3 = a_x \sin\alpha \;\;, \;\; g_4 = a_y \cos\alpha \tag{A.15}$$

getroffen wurden. Mit Gleichung (A.4) ergibt sich für die drei Transitionsmatrizen

$$\Phi_\alpha(T) = \Phi_x(T) = \Phi_y(T) = \begin{bmatrix} 1 & T & 0.5T^2 \\ 0 & 1 & T \\ 0 & 0 & 1 \end{bmatrix} \tag{A.16}$$

woraus über Gleichung (A.8) der Eingangsvektor

$$b^T = [0.5a_\alpha T^2, \ a_\alpha T, \ 0] \tag{A.17}$$

sowie die Eingangsmatrizen

$$B_x = \begin{bmatrix} 0.5g_1 T^2 & 0.5g_2 T^2 \\ g_1 T & g_2 T \\ 0 & 0 \end{bmatrix}, \quad B_y = \begin{bmatrix} 0.5g_3 T^2 & 0.5g_4 T^2 \\ g_3 T & g_4 T \\ 0 & 0 \end{bmatrix}, \tag{A.18},(A.19)$$

folgen.

Anhang A.2b: Diskretes Modell der Laufkatzenbewegung

Aus den linearisierten Bewegungsgleichungen der Laufkatze

$$\delta\dot{x} = \delta v \tag{A.20}$$

$$\delta\dot{v} = -a\,\delta v + a\,\kappa\,\delta u \tag{A.21}$$

folgt mit den Gln.(A.4) und (A.8) die Transitionsmatrix

$$\Phi_L = \begin{bmatrix} 1 & \frac{1}{a}(1-e^{-aT}) \\ 0 & e^{-aT} \end{bmatrix} \tag{A.22}$$

sowie der Eingangsvektor

$$b_L^T = \left[\kappa T - \frac{\kappa}{a}(1-e^{-aT}), \ \kappa(1-e^{-aT}) \right] \ . \tag{A.23}$$

Anhang A.2c: Diskretes Modell der Fahrzeugbewegung in andockpartnerfesten Polarkoordinaten

Zur Herleitung des diskreten Modells der Fahrzeugbewegung in andockpart-
nerfesten Polarkoordinaten wird der deterministische Teil der Bewegungsgleichungen linearisiert. Dadurch wird dieser auch weitgehend entkoppelt,

was die Herleitung wesentlich vereinfacht. Aus den so entstehenden Gleichungssystemen

$$
\begin{bmatrix} \dot{\psi} \\ \dot{\omega} \\ \dot{s}_\alpha \end{bmatrix} = \begin{bmatrix} 0 & 1 & 0 \\ 0 & 0 & 1 \\ 0 & 0 & 0 \end{bmatrix} \begin{bmatrix} \psi \\ \omega \\ s_\alpha \end{bmatrix} + \begin{bmatrix} 0 \\ a_\alpha \\ 0 \end{bmatrix} u_\alpha - \begin{bmatrix} 1 \\ 0 \\ 0 \end{bmatrix} \omega_r \tag{A.24}
$$

$$
\dot{\theta} = 0 \, , \tag{A.25}
$$

$$
\begin{bmatrix} \dot{r} \\ \dot{v}_r \end{bmatrix} = \begin{bmatrix} 0 & 1 \\ \omega_r^2 & 0 \end{bmatrix} \begin{bmatrix} r \\ v_r \end{bmatrix} + \begin{bmatrix} 0 & 0 \\ a_{rx} & a_{ry} \end{bmatrix} \begin{bmatrix} u_x \\ u_y \end{bmatrix} \tag{A.26}
$$

$$
\begin{bmatrix} \dot{\nu} \\ \dot{v}_t \end{bmatrix} = \begin{bmatrix} 0 & \dfrac{1}{r} \\ 0 & -\dfrac{v_r}{r} \end{bmatrix} \begin{bmatrix} \nu \\ v_t \end{bmatrix} + \begin{bmatrix} 0 & 0 \\ a_{rx} & a_{ry} \end{bmatrix} \begin{bmatrix} u_x \\ u_y \end{bmatrix} \, , \tag{A.27}
$$

in denen $\omega_r =$ const für $t_{k-1} \leq t < t_k$ gesetzt wird, folgt mit Gl. (A.4) für
die Transitionsmatrizen

$$
\Phi_\psi = \begin{bmatrix} 1 & T & 0.5T^2 \\ 0 & 1 & T \\ 0 & 0 & 1 \end{bmatrix} \, , \qquad (\Phi_\theta = 1) \, , \tag{A.28}
$$

$$
\Phi_r = \begin{bmatrix} 1 & T \\ \omega_r^2 T & 1 \end{bmatrix} \, , \tag{A.29}
$$

$$
\Phi_\nu = \begin{bmatrix} 1 & \dfrac{1}{v_r}(1-e) \\ 0 & e \end{bmatrix} \simeq \begin{bmatrix} 1 & Te/r \\ 0 & e \end{bmatrix} \, , \tag{A.30}
$$

wobei die Abkürzung $e = e^{-v_r T/r}$ und die für kleine v_r gültige Näherung

$$
\lim_{v_r \to 0} \frac{1}{v_r} (1 - e^{-v_r T/r}) = \lim_{v_r \to 0} \frac{T}{r} e^{-v_r T/r} (= \frac{T}{r}) \tag{A.31}
$$

verwendet wurde.

166

Der letzte Term in Gl.(A.24) wird wie ein zusätzlicher Eingangsterm behandelt und über Gl.(A.8) diskretisiert. Dies ergibt das diskrete Modell der Gierbewegung

$$
\begin{bmatrix} \psi \\ \omega \\ s_\alpha \end{bmatrix}(k) = \Phi_\psi \begin{bmatrix} \psi \\ \omega \\ s_\alpha \end{bmatrix}(k-1) + \begin{bmatrix} \frac{1}{2}a_\alpha T^2 \\ a_\alpha T \\ 0 \end{bmatrix} u_\alpha(k-1) + \begin{bmatrix} -T \\ 0 \\ 0 \end{bmatrix} \omega_r(k-1) \; . \quad (A.32)
$$

Für die übrigen Freiheitsgrade folgt

$$
\Theta(k) = \Theta(k-1) \tag{A.33}
$$

$$
\begin{bmatrix} r \\ v_r \end{bmatrix}(k) = \Phi_r \begin{bmatrix} r \\ v_r \end{bmatrix}(k-1) + \begin{bmatrix} \frac{1}{2}T^2 a_{rx} & \frac{1}{2}T^2 a_{ry} \\ Ta_{rx} & Ta_{ry} \end{bmatrix} \begin{bmatrix} u_x \\ u_y \end{bmatrix}(k-1) \quad (A.34)
$$

$$
\begin{bmatrix} \nu \\ v_t \end{bmatrix}(k) = \Phi_\nu \begin{bmatrix} \nu \\ v_t \end{bmatrix}(k-1) + \begin{bmatrix} \frac{1}{2}T^2 \frac{e}{r}a_{tx} & \frac{1}{2}T^2 \frac{e}{r}a_{ty} \\ T\,ea_{tx} & T\,ea_{ty} \end{bmatrix} \begin{bmatrix} u_x \\ u_y \end{bmatrix}(k-1). \quad (A.35)
$$

Die Transitionsmatrizen (A.28) bis (A.30) können nun zu einer Gesamtmatrix zusammengefaßt werden, wobei der zusätzliche Term aus Gl.(A.32) wegen $\omega_r = v_t/r$ mit der Annahme $r = $ const direkt bei v_t in die Transitionsmatrix eingetragen wird. Die so ermittelte Transitionsmatrix Gl.(3.56) ist damit sicherlich nur eine Näherung für die exakte Lösung, die allerdings analytisch über Gl.(A.4) kaum direkt aus dem Systemmodell achter Ordnung berechenbar ist. Die über diese Näherung gemachten Fehler bei der Extrapolation der Bewegungszustandsgrößen können durch Vergleich mit der "exakten" Lösung, die durch numerische Integration der nichtlinearen Differentialgleichungen gewonnen wird, abgeschätzt werden; dies wurde in umfangreichen Simulationsuntersuchungen vom Autor getan. Dabei zeigte sich, daß der auftretende Näherungsfehler im Vergleich zu den übrigen Systemstörungen vernachlässigbar ist.

A.3 Die Abbildungsgleichungen und deren Jacobische Matrix

Zur Ableitung der Gleichungen der Perspektivabbildung werden homogene Koordinaten verwendet, bei denen die vierte Koordinate ("homogene Koordinate") zur Skalierung der anderen drei Koordinaten benutzt wird ([Maxwell, 51]; [Roberts, 65]; die hier verwendete Darstellung der Transformationsmatrizen folgt [Duda u. Hart, 73]). Aus den so definierten Koordinaten $x_{pi} = [x_{pi}, y_{pi}, z_{pi}, 1]^T$ (bei denen der Anfangswert der homogenen Koordinate w zu 1 gesetzt wird) des Szenenmerkmales P_i folgen dann durch eine Reihe von Transformationen die Bildkoordinaten zu

$$y_{ci} = [x_{ci} \, w, \, y_{ci} \, w, \, z_{ci} \, w, \, w]^T = T \, x_{pi} \qquad (A.36)$$

mit

$$T = K \, P \, T_F \, R_\theta \, T_K \, R_\psi \, T_r \, R_\nu \qquad (A.37)$$

wobei die einzelnen Transformationsmatrizen wie folgt lauten:

1. Rotation um den Ursprung durch den Winkel ν :

$$R_\nu = \begin{bmatrix} \cos\nu & \sin\nu & 0 & 0 \\ -\sin\nu & \cos\nu & 0 & 0 \\ 0 & 0 & 1 & 0 \\ 0 & 0 & 0 & 1 \end{bmatrix} \qquad (A.38)$$

2. Translation vom Ursprung in den Luftkissenfahrzeug-Schwerpunkt:

$$T_r = \begin{bmatrix} 1 & 0 & 0 & r \\ 0 & 1 & 0 & 0 \\ 0 & 0 & 1 & 0 \\ 0 & 0 & 0 & 1 \end{bmatrix} \qquad (A.39)$$

3. Rotation durch den Gierwinkel ψ und Translation in den Kameradrehpunkt K:

$$T_K \, R_\psi = \begin{bmatrix} \cos\psi & \sin\psi & 0 & -x_K \\ -\sin\psi & \cos\psi & 0 & 0_K \\ 0 & 0 & 1 & -y_K \\ 0 & 0 & 0 & 1_K \end{bmatrix} \qquad (A.40)$$

4. Kameranicken und Translation in das Projektionszentrum F:

$$T_F \, R_\theta = \begin{bmatrix} \cos\theta & 0 & -\sin\theta & -x_F \\ 0 & 1 & 0 & 0 \\ \sin\theta & 0 & \cos\theta & -y_F \\ 0 & 0 & 0 & 1 \end{bmatrix} \qquad (A.41)$$

5. Perspektivtransformation mit dem Projektionszentrum als Ursprung des Bildkoordinatensystems durch die Brennweite f

$$P = \begin{bmatrix} 1 & 0 & 0 & 0 \\ 0 & 1 & 0 & 0 \\ 0 & 0 & 1 & 0 \\ 1/f & 0 & 0 & 0 \end{bmatrix} \qquad (A.42)$$

wobei hier eine von der Literatur abweichende Darstellung gewählt wurde, um übersichtlichere Ergebnisse zu haben.

6. Skalierung der Bildkoordinaten von mm-Einheiten auf Pixel-Einheiten über die in Abschnitt 3.6.1 definierten Skalierungsfaktoren:

$$K = \begin{bmatrix} 1 & 0 & 0 & 0 \\ 0 & K_y & 0 & 0 \\ 0 & 0 & K_z & 0 \\ 0 & 0 & 0 & 1 \end{bmatrix} \qquad (A.43)$$

Daraus folgt die Gesamttransformation zu

$$T = \begin{bmatrix} c\alpha c\theta & s\alpha c\theta & -s\theta & (rc\psi-x_K)c\theta+z_Ks\theta-x_F \\ -K_y s\alpha & K_y c\alpha & 0 & -K_y rs\psi \\ K_z c\alpha s\theta & K_z s\alpha s\theta & K_z c\theta & K_z[(rc\psi-x_K)s\theta-z_Kc\theta-z_F] \\ \frac{1}{f}c\alpha c\theta & \frac{1}{f}s\alpha c\theta & -\frac{1}{f}s\theta & \frac{1}{f}[(rc\psi-x_K)c\theta+z_Ks\theta-x_F] \end{bmatrix} \qquad (A.44)$$

wobei die Abkürzungen

$$\alpha = \psi + \nu \qquad (A.45)$$

sowie

$$c\alpha = \cos\alpha, \quad s\alpha = \sin\alpha, \ u.s.w. \qquad (A.46)$$

getroffen wurden. Mit Gleichung (A.44) ergibt Gleichung (A.36) dann

$$x_{ci} = f = const. \tag{A.47}$$

und mit der Definition $D_i = w/f$ die Gleichungen (3.63) bis (3.67); hierin ist w die oben definierte homogene Koordinate zur Skalierung der übrigen Koordinaten. Die so ermittelten Koordinaten y_{ci} und z_{ci} sind dabei schon auf die Sichtachse bezogen. Sie gehen aus den vom BVV gelieferten Koordinaten y'_{ci} und z'_{ci} , die sich entsprechend der Digitalisierung der Bilder auf die linke obere Bildecke beziehen, über die Beziehungen

$$y_{ci} = y'_{ci} - y_{co} \tag{A.48}$$

$$z_{ci} = z'_{ci} - z_{co} \tag{A.49}$$

hervor. Die horizontale Bildmitte y_{co} wird in der Initialisierungsphase durch Vermessung der Stachelposition im Bild festgelegt. Die vertikale Bildmitte ist zunächst vorgegeben; kleine Kameranickwinkel können aber durch eine Anpassung von z_{co} kompensiert werden. Dies wird in den Echtzeitprogrammen benutzt, um die Meßgleichungen mit $\theta = 0$ vereinfachen zu können. Es wird somit z_{co} als Pseudozustandsgröße anstelle von θ verwendet und laufend mitgeschätzt.

Die Jacobische Matrix C der Meßgleichungen wird durch die partiellen Ableitungen der Meßgleichungen nach den Zustandsgrößen gegeben; die beiden zu den Meßwerten gehörenden Zeilen von C werden in der 2*8 Matrix C_i zusammengefaßt zu

$$C_i = \begin{bmatrix} c_{11} & 0 & 0 & c_{14} & c_{15} & 0 & c_{17} & 0 \\ c_{21} & 0 & 0 & c_{24} & c_{25} & 0 & c_{27} & 0 \end{bmatrix} . \tag{A.50}$$

Mit der oben begründeten Vereinfachung $\theta = 0$ lauten die partiellen Ableitungen der Meßgleichungen nach ψ, r und ν nach einigen Umformungen unter Benutzung von (3.65) bis (3.67)

170

$$c_{11} = \frac{\partial}{\partial\psi}\, y_{ci} = - f\, K_y \left[1 + \frac{x_K + x_F}{D_i} + \left(\frac{y_{ci}}{f K_y} \right)^2 \right] , \qquad\qquad (A.51)$$

$$c_{15} = \frac{\partial}{\partial r}\, y_{ci} = \frac{f\, K_y}{D_i} \left[\frac{y_{ci}}{f k_y} \cos\psi + \sin\psi \right] , \qquad\qquad (A.52)$$

$$c_{17} = \frac{\partial}{\partial\nu}\, y_{ci} = - \frac{f\, K_y}{D_i} \left[x_{pi} + \frac{y_{ci}}{f\, K_y}\, y_{pi} \right] , \qquad\qquad (A.53)$$

$$c_{21} = \frac{\partial}{\partial\psi}\, z_{ci} = - \frac{y_{ci}}{D_i}\, z_{ci} , \qquad\qquad (A.54)$$

$$c_{25} = \frac{\partial}{\partial r}\, z_{ci} = - \frac{1}{D_i}\, z_{ci}\, \cos\psi , \qquad\qquad (A.55)$$

sowie

$$c_{27} = \frac{\partial}{\partial\nu}\, z_{ci} = - \frac{1}{D_i}\, y_{pi}\, z_{ci} . \qquad\qquad (A.56)$$

Für die partiellen Ableitungen nach Θ werden zunächst die unverkürzten
Meßgleichungen benutzt; es folgt

$$c_{14} = \frac{\partial}{\partial\Theta}\, y_{ci} = y_{ci} \left(\frac{z_{ci}}{f\, K_z} + \frac{z_F}{D_i} \right) \qquad\qquad (A.57)$$

sowie

$$c_{24} = \frac{\partial}{\partial\Theta}\, z_{ci} = f\, K_z \left[1 + \frac{x_F}{D_i} + \frac{z_{ci}}{f\, K_z}\, \frac{z_F}{D_i} + \left(\frac{z_{ci}}{f\, K_z} \right)^2 \right] \approx f\, K_z . \qquad (A.58)$$

Wie erwähnt wird in den Echtzeitprogrammen z_{co} anstelle von Θ mitgeschätzt;
die entsprechenden partiellen Ableitungen vereinfachen sich dann zu

$$c'_{14} = \frac{\partial}{\partial z_{co}}\, y_{ci} = 0 \quad \text{sowie} \quad c'_{24} = \frac{\partial}{\partial z_{co}}\, z_{ci} = -1 . \qquad (A.59),\ (A.60)$$

A.4 Algorithmen zur vektoriellen und sequentiellen Innovation

1. Vektorielle Innovation :

$$y^*(k) = g(x^*(k)) \qquad \text{(A.61)}$$

$$C(k) = \frac{\partial}{\partial x} y^*(k) \qquad \text{(A.62)}$$

$$K(k) = P^*(k)C^T(k) \left[C(k)P^*(k)C^T(k) + R(k) \right]^{-1} \qquad \text{(A.63)}$$

$$\hat{x}(k) = x^*(k) + K(k) \{y(k) - y^*(k)\} \qquad \text{(A.64)}$$

$$P(k) = P^*(k) - K(k)C(k)P^*(k) \qquad \text{(A.65)}$$

Zur Minimierung des Zeitverzugs zwischen Einlesen der Meßwerte und Ausgabe der Steuergrößen **u** können die Gleichungen (A.61) bis (A.63) nach Gl.(A.65) im voraus für t_{k+1} berechnet werden; **u** wird nach Gleichung (A.64) berechnet und sofort ausgegeben.

2. Sequentielle, skalare Innovation:

$$y^*_{1o} = g_i(x^*(k)) \ , \quad i=1,..,m_k, \quad \left[[y^*_{1o}, \ y^*_{2o}, \ldots, \ y^*_{m_k o}]^T = y^*_o(k) \right], \qquad \text{(A.66)}$$

$$c_i = \frac{\partial}{\partial x} y^*_{1o} \qquad \text{(A.67)}$$

$$\hat{\delta x}_o = 0 \ ; \quad P_o = P^*(k) \qquad \text{(A.68),(A.69)}$$

Für $i=1,..,m_k$ durchlaufe die Gln.(A.70) bis (A.73):

$$y^*_1 = y^*_{1o} + c_i \hat{\delta x}_{i-1} \qquad \text{(A.70)}$$

$$k_i = P_{i-1}c_i^T \ / \ (\ c_i P_{i-1} c_i^T + \sigma_i^2) \qquad \text{(A.71)}$$

$$\hat{\delta x}_i = \hat{\delta x}_{i-1} + k_i \{ y_i - y^*_i \} \qquad \text{(A.72)}$$

$$P_i = P_{i-1} - k_i c_i P_{i-1} \qquad \text{(A.73)}$$

$$\hat{x}(k) = x^*(k) + \hat{\delta x}_{mk} \qquad \text{(A.74)}$$

$$P(k) = P_{mk} \qquad \text{(A.75)}$$

A.5 Kovarianzen der Schätzfehler des Gauß-Markov Schätzwertes

Aus

$$\delta \mathbf{y}_m = \mathbf{C}\,\delta\mathbf{x} + \mathbf{w} = \mathbf{C}\,\delta\hat{\mathbf{x}} \qquad (A.76)$$

folgt wegen

$$\delta\mathbf{x} = \mathbf{x} - \mathbf{x}^* \qquad (A.77)$$

$$\delta\hat{\mathbf{x}} = \hat{\mathbf{x}} - \mathbf{x}^* \qquad (A.78)$$

$$\delta\tilde{\mathbf{x}} = \mathbf{x} - \hat{\mathbf{x}} = \delta\mathbf{x} - \delta\hat{\mathbf{x}} \qquad (A.79)$$

die Beziehung

$$\mathbf{w} = -\mathbf{C}\,\delta\tilde{\mathbf{x}}, \qquad (A.80)$$

aus der $\delta\tilde{\mathbf{x}}$ so als Gauß-Markov-Schätzwert über

$$\delta\tilde{\mathbf{x}} = -[\mathbf{C}^T\mathbf{R}^{-1}\mathbf{C}]^{-1}\,\mathbf{C}^T\mathbf{R}^{-1}\,\mathbf{w} \qquad (A.81)$$

ermittelt werden kann, wie $\delta\hat{\mathbf{x}}$ aus Gl.(A.76) . Mit

$$E\,(\mathbf{w}\mathbf{w}^T) = \mathbf{R} \qquad (A.82)$$

folgt für die Kovarianzmatrix $\mathbf{P}$ der Schätzfehler

$$\begin{aligned}
\mathbf{P} = E\,\{\,\delta\tilde{\mathbf{x}}\,\delta\tilde{\mathbf{x}}^T\} &= \\
&= (\mathbf{C}^T\mathbf{R}^{-1}\mathbf{C})^{-1}\,\mathbf{C}^T\mathbf{R}^{-1}\,E\,(\mathbf{w}\mathbf{w}^T)\,\mathbf{R}^{-1}\mathbf{C}\,(\mathbf{C}^T\mathbf{R}^{-1}\mathbf{C})^{-1} = \\
&= (\mathbf{C}^T\mathbf{R}^{-1}\,\mathbf{C})^{-1} \ . \qquad (A.83)
\end{aligned}$$

In entsprechender Weise wird die Kovarianzmatrix der Schätzfehler $\delta\tilde{\mathbf{x}}_N$ durch Streichung der Nullelemente aus $\mathbf{C}$ ($\rightarrow \mathbf{C}_N$) und $\mathbf{R}$ abgeleitet.

A.6 Parameter der Dreipunktregler

		$\epsilon_{1,2}$	ϵ_3	$\dot{x}_{1,max}$	$\dot{x}_{2,max}$	$\dot{x}_{3,max}$	k_1	k_2	k_3
Phasen A	r	1.5cm	1.0cm	-2cm/s	-3cm/s	-4cm/s	0.1	0.3	0.4
und C :	ν	1.5°	-	2cm/s	4cm/s	-	0.4	0.8	-
	ψ	2.0°	-	3°/s	7°/s	-	0.05	0.08	-
Phase D :	r	2.5cm	-	2cm/s	5cm/s	-	0.1	0.7	-
	ν	2.0°	1.0°	2cm/s	3cm/s	4cm/s	0.1	0.3	0.4
	ψ	2.0°	-	3°/s	7°/s	-	0.05	0.08	-
Phase F_1 :	r	1.5cm	1.0cm	1.5cm/s	2.5cm/s	3.5cm/s	0.1	0.3	0.4
	ν	1.5°	-	2cm/s	4cm/s	-	0.1	0.5	-
	ψ	2.0°	-	3°/s	7°/s	-	0.05	0.08	-
Phase F_2 :	r	1.5cm	1.0cm	1.0cm/s	1.8cm/s	2.5cm/s	0.1	0.3	0.4
	ν	1.5°	-	1cm/s	2cm/s	-	0.1	0.5	-
$\Delta r_1 > 3$cm:	ψ	1.0°	-	2°/s	3°/s	-	0.05	0.08	-
$-2 < \Delta r_1 < 3$:	ψ	0.4°	-	2°/s	3°/s	-	0.05	0.08	-
$\Delta r_1 < -2$:	ψ	keine Regelung in ψ							

Δr_1 : Abstand Stachelspitze zu Andockmarkierung

(im angedockten Zustand : $\Delta r_1 = -8.5$cm)

A.7 Bewertungszahl für die Objekterkennung

Eine vertikale Kante i der Länge h habe eine in der Bildebene gemessene
Länge Δz_{ci}. Aus den vereinfachten Abbildungsgleichungen (Strahlensatz!)
folgt die auf die Sichtachse projizierte Entfernung zu dieser Kante über

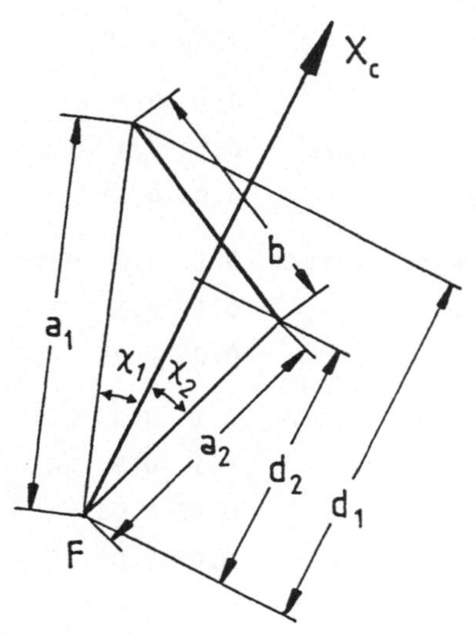

Bild A.1: Definitionen zur
          Objekterkennung

$$d_i = \frac{f \cdot K_z \cdot h}{\Delta z_{ci}} \; ; \qquad (A.84)$$

die tatsächliche Schrägentfernung ist
dann entsprechend Bild A.1 durch

$$a_i = \frac{f\,K_z\,h}{\Delta z_{ci}\cos\chi_i} \qquad (A.85)$$

gegeben, wobei der Blickwinkel χ_i zu
dieser Kante durch deren horizontale
Bildkoordinate y_{ci} über

$$\chi_i = \arctan\frac{y_{ci}}{f\cdot k_y} \qquad (A.86)$$

berechnet wird.

Die Breite b eines zwischen zwei parallelen Kanten gleicher Länge h
liegenden Rechtecks kann dann über den Kosinussatz zu

$$\hat{b} = \sqrt{a_1^2 + a_2^2 - 2\,a_1 a_2 \cos(\chi_2 - \chi_1)} \qquad (A.87)$$

abgeschätzt werden. Wird Gl.(A.85) durch h dividiert, erhält man über
Gl.(A.87) direkt einen Schätzwert $\hat{v}$ für das Kantenverhältnis $v = b/h$ der
Rechtecke, die die erkannte trapezförmige Abbildung hervorgerufen haben
könnten.

A.8 Zur Relativlageverifikation

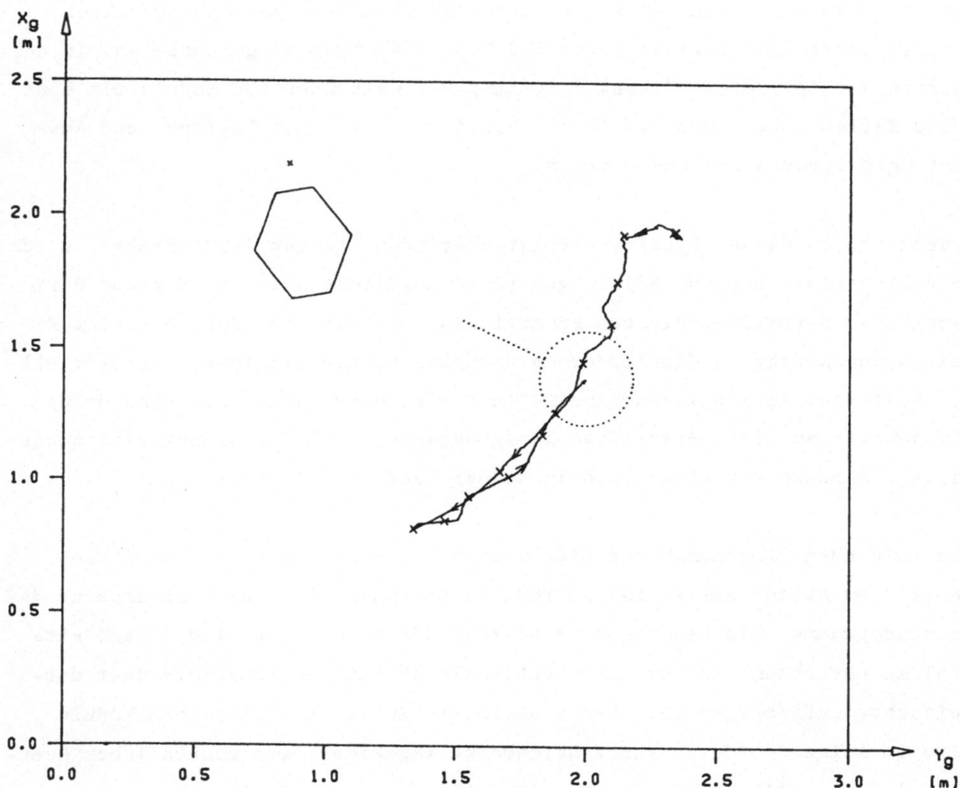

Bild A.2: Umkehr nach erfolgloser Suche der Andockmarkierung. Das Manöver wurde dann abgebrochen, da keine prinzipiell neuen Elemente mehr zu erwarten waren.

Anhang A.9: Struktur des Echtzeit-Programmsystems

Das Programmsystem zur Bewegungssteuerung des Luftkissenfahrzeugs durch
Rechnersehen wurde vom Autor mit Hilfe zahlreicher Studenten auf einer
VAX 750 unter dem Betriebssystem VMS 3.5 in FORTRAN 77 geschrieben. In der
letzten Version umfaßt dieses Programmpaket weit über 100 Module mit über
30000 Zeilen Code, zu deren Test zahlreiche Test-, Simulations- und Aus-
wertungsprogramme notwendig waren.

Getreu dem in dieser Arbeit verfolgten Grundansatz zum Rechnersehen, durch
schnelle Auswertung von Bildfolgen einen möglichst stetigen Verlauf der
gemessenen Merkmalkoordinaten zu erzielen, war der Hintergrund vieler Arbeiten von Anfang an die Forderung nach der Echtzeitfähigkeit der erstellten Software. In zahllosen Simulationsläufen wurde jedes einzelne Modul
mit jeweils speziell erstellten Testprogrammen nicht nur funktional ausge-
testet, sondern vor allem auch in seiner Laufzeit minimiert.

Die folgenden Programmablauf-Diagramme geben einen Überblick über den
zeitlichen Ablauf der einzelnen Module, beginnend bei der Grobstruktur des
Hauptprogramms. Die benötigte Rechenzeit der Module ist Bild 3.26 (Seite
114) zu entnehmen, in dem der funktionale Ablauf des Programms über der
Zeitachse aufgetragen ist. Der funktionale Inhalt der einzelnen Module
wird im folgenden durch kurze Stichworte angegeben, mit zusätzlichen Quer-
verweisen auf die entsprechenden Abschnitte dieser Arbeit.

A.9 Struktur des Echtzeit-Programmsystems, ausgewählte Quellcodes

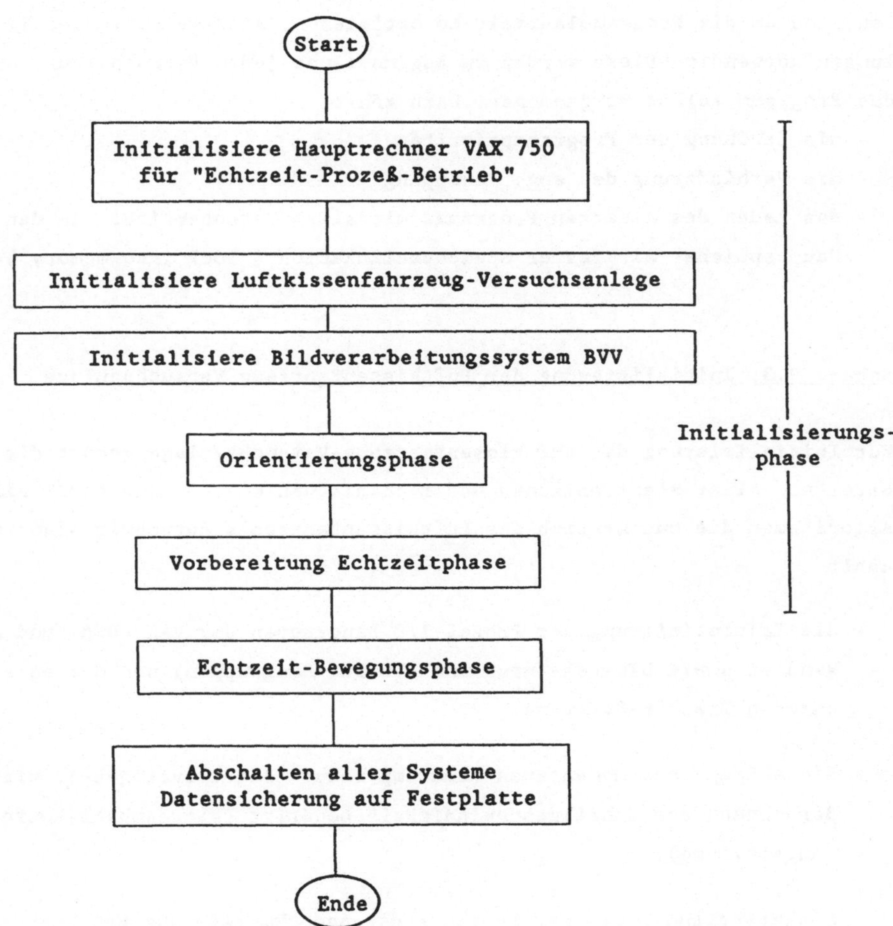

Bild A.3: Struktur des Hauptprogramms

Anhang 9.2: Initialisierung des Hauptrechners

Das Betriebssystem VMS der VAX 750 ist ein Multi-User Betriebssystem. Um störende Einflüsse anderer Benutzer während der Versuchsläufe zu minimieren, und um die Programmlaufzeit zu optimieren, sind verschiedene Einstellungen notwendig. Diese werden zu Beginn eines jeden Versuchslaufs durch das Programm selbst vorgenommen. Dazu zählt
- die Erhöhung der Programmpriorität
- die Verhinderung des sog. "swapping"
- das Laden des gesamten Programms mit allen Datenbereichen in den Hauptspeicher mit fester Speicherallokation ("lock into memory").

Anhang 9.3: Initialisierung der Luftkissenfahrzeug-Versuchsanlage

Zur Initialisierung der Luftkissenfahrzeug-Versuchsanlage gehört die Vorbereitung aller elektronischen und mechanischen Komponenten sowie aller Algorithmen die zum Betrieb des Luftkissenfahrzeugs notwendig sind. Dazu zählt

- die Initialisierung der Prozeß-I/O Baugruppen der VAX (D/A- und A/D-Wandler sowie Digital-Input und -Output Baugruppen) und der entsprechenden Treiber-Software.

- die Abfrage der momentanen Raumtemperatur (Benutzereingabe); wird zur Berechnung der Schallgeschwindigkeit benötigt (Ultraschall-Entfernungsmessung).

- Sicherstellung, daß der Schalter der Andockmarkierung geöffnet ist

- die automatische Ausrichtung der Fahrzeugantennen und der Bodenstationsantennen aufeinander (siehe Abschnitt 3.2.2).

- die Berechnung der Fahrzeugposition aus den beiden gemessenen Ultraschall-Entfernungen.

- das Einlesen diverser Daten, wie z.B. von Kalman Filter Faktoren, von der Festplatte.

- der Einschwingvorgang des stationären Kalman Filters für den Fahrzeug-
  zustand im geodätischen Koordinatensystem (Position auf dem Tisch).
  Hierzu werden die Gln. (3.18) bis (3.20) mit $x_g^*(k) = \hat{x}_g(k-1)$ zehn mal
  durchlaufen.

- die Initialisierung des Laufkatzensystems:
    o Messung der Laufkatzenposition über Wegepotentiometer
    o Berechnung der Laufkatzen-Reglerparameter nach Polvorgabe (siehe
      Abschnitt 3.2.4)
    o Positionierung der Laufkatze relativ zum Luftkissenfahrzeug in
      Abhängigkeit von der Position des Fahrzeugs auf dem Tisch.

Anhang 9.4: Initialisierung des Bildverarbeitungssystems

Das Bildverarbeitungssystem BVV ist ein Mehrrechnersystem, das über einen
IEC-Bus mit der VAX gekoppelt ist (s. Abschnitt 2.2). Zur Vorbereitung der
Merkmalextraktion über das BVV sind folgende Schritte notwendig:
  - Initialisierung der IEC-Bus Hardware der VAX und der entsprechenden
    Treiber
  - Initialisierung der Prozessoren des BVV vom Hauptrechner (HR) über den
    IEC-Bus
  - Überprüfung durch den HR, ob ein Datentransfer möglich ist
  - Laden der Merkmalextraktionsprogramme vom HR in die Prozessoren des
    BVV

Anhang 9.5: Orientierungsphase

Die Orientierungsphase wird programmtechnisch in der gleichen Reihenfolge
durchlaufen wie in Abschnitt 3.6. Nachdem zunächst die Kameraparameter
(Brennweite, Skalierungsfaktoren usw.) und die 3D-Objektdatenbank (geome-
trische Modelle aller - hier zehn - dem Rechner bekannten Objekte) in den
Rechner eingelesen wurden, erfolgt die Kamerakalibrierung mit der Bestim-
mung der Position der Stachelspitze im Videobild (Abschnitt 3.6.1):
  - Stachel ausfahren
  - Spitze optisch vermessen

- Stachel einfahren, dabei Spitze mit einem "Eckenverfolger" verfolgen,
  Motor abschalten, wenn Spitze nicht mehr im Bild.

Dann beginnt die eigentlich Orientierungsphase mit der aktiven Suche nach
bekannten Objekten in der Szene gemäß Bild A.4, bis der erwartete Andockpartner gefunden ist und die Relativposition zu diesem Objekt bestimmt
ist.

Das detaillierte Vorgehen bei der eigentlichen Objekterkennung wurde bereits in Abschnitt 3.6.1.2 geschildert und soll hier, wegen der sicherlich
kaum auf andere Anwendungen übertragbaren Vorgehensweise, nicht im einzelnen nachvollzogen werden.

Anhang 9.6: Vorbereitung der Echtzeitphase

Nachdem der gesuchte Andockpartner unter den Objekten der Szene gefunden
wurde, sowie eine erste, u.U. noch relativ ungenaue, Schätzung der Relativlage zu diesem Partner erfolgte, kann die Echtzeit-Bewegungsphase vor-
bereitet werden. Dazu werden die folgenden Schritte durchgeführt:

1. Berechnung der Sichtbarkeit aller Merkmale des Partners (s. Abschnitt
   3.5.5.1).

2. Schätzung der Merkmalkoordinaten sichtbarer Merkmale aus der Relativlageschätzung (s. Abschnitt 3.5.2.2).

3. Berechnung der Erkennbarkeit (3.5.5.2).

4. Schätze die Standardabweichung der Meßwerte (3.4).

5. Berechnung aller Derivative (Gln. (A.51) bis (A.60)) für alle erkennbaren Merkmale.

6. Berechne alle neun Elemente der Matrix $C_{Nj}^{T} C_{Nj}$ für jedes erkennbare
   Merkmal j (Abschnitt 3.5.5.4).

7. Frage Bediener nach Anzahl der zu verfolgenden Merkmale.

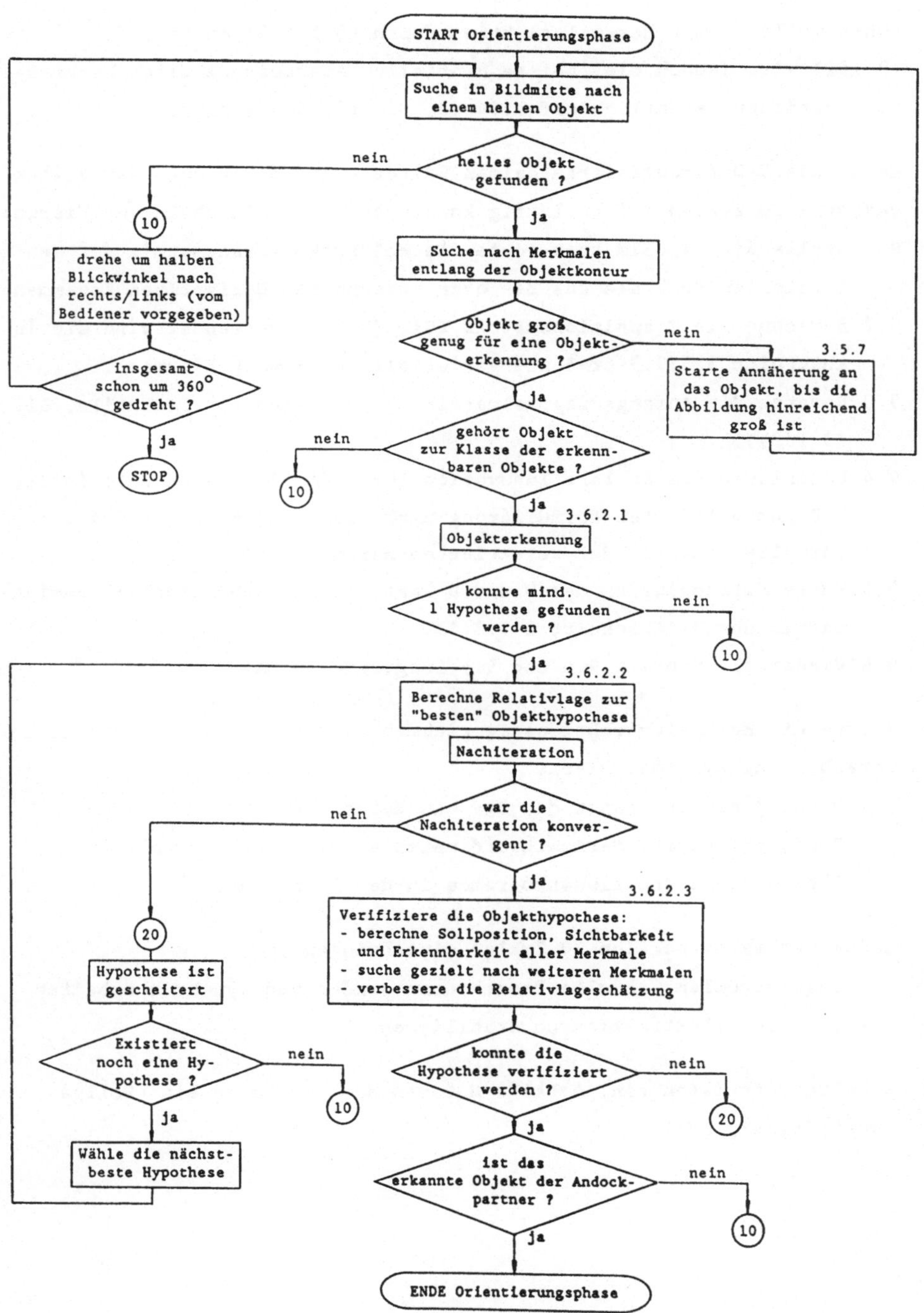

Bild A.4: Struktur der Orientierungsphase

8. Führe vollständige Merkmalselektion durch (3.5.5.3; anstatt Gl.
   (3.152) wird jedoch die, bei sequentieller Abarbeitung aller Merkmalkombinationen wesentlich effektivere, Gl. (3.164) eingesetzt).

9. Lasse das U-D faktorisierte Kalman Filter - und damit auch den Filter
   Vektor - 30 Zyklen auf vorläufig konstante Werte einschwingen. Hierzu:
   9.1 Stelle die Jacobimatrix sowie die Meßwertkovarianzmatrix der se-
       lektierten Merkmale aus den oben berechneten Derivativen zusammen.
   9.2 Berechne die Transitionsmatrix (Gl. (3.56); verwendet wird die in
       Abschnitt 3.5.3.5 erwähnte vektorielle Form nach Bierman).
   9.3 Besetze die Anfangsdiagonalmatrix D_o (Einlesen aus Datenfile, Gl.
       (3.138)).
   9.4 Durchlaufe die skalare Innovation (Gln. (A.70) bis (A.73)) in der
       U-D faktorisierten Formulierung nach Bierman (Abschnitt 3.5.3.5)
       für alle Meßwerte der selektierten Merkmale, mit $y_i = y_i^*$.
   9.5 Führe Extrapolation der U und D Faktoren der Schätzfehlerkovarianz-
       matrix durch (Abschnitt 3.5.3.5).
   9.6 Wiederhole Schritt 9.4 und 9.5 insgesamt 30 mal.

10. Starte die Merkmalextraktionsalgorithmen in den Prozessoren des Bild-
    verarbeitungssystems. Hierzu
       - Ordne jedem Prozessor des BVV ein Merkmal zu
       - Sende geschätzte Merkmalkoordinaten an die Prozessoren
       - Starte die Extraktionsprogramme in den Prozessoren.

11. Lasse Merkmalextraktion 20 Zyklen einschwingen um
       - festzustellen, ob alle Prozessoren senden und synchron arbeiten
       - die Merkmalextraktion zu stabilieren.

12. Schalte Luftkissen ein, schalte Motoren der Laufkatze ein (Sollge-
    schwindigkeit Null).

<u>Anhang A.9.7: Die Echtzeit-Bewegungsphase</u>

In der Echtzeit-Bewegungsphase erfolgt - getriggert vom Videotakt der
Kamera - die Erfassung der Relativbewegung zwischen der im Luftkissenfahrzeug eingebauten Videokamera und dem 3D-Andockpartner; die so gewonnene
Information wird dann, durch Ansteuern entsprechender Druckluftdüsen am
Fahrzeug, zur Bewegungssteuerung benutzt. Bei anderen Antriebskonzepten
würden an dieser Stelle anstatt der hier verwendeten Dreipunktregler andere Regelkonzepte eingesetzt, z.B. Zustandsregler.

Da die Auswertezyklen des eingesetzten Bildverarbeitungssystems BVV direkt
an den Videotakt der Kamera gekoppelt sind, wird über die zyklische Mel-
dung der Merkmalkoordinaten vom BVV an den Hauptrechner auch der Abtasttakt dort vom Videotakt getriggert. Bei den beschriebenen Versuchsläufen
wurde eine 60 Hz Videokamera eingesetzt, die Abtastzeit im Hauptrechner
muß daher ein Vielfaches von 16.6 ms betragen. Wegen der aus Bild 3.26
(S. 114) ersichtlichen Rechen- und Datentransfer-Zeiten konnte eine zunächst aus Gründen der besseren Dynamik angestrebte Abtastzeit von 100 ms
nicht erreicht werden, obwohl die Merkmalextraktion dies zugelassen hätte.
Realisiert wurde deshalb eine Abtastzeit von 133 ms, d.h. die Auswertungs-
ergebnisse aus jedem achten Videobild werden weiterverarbeitet.

Wie im Abschnitt 2.2 erläutert, sammelt der Systemprozessor die Auswerte-
telegramme aller Merkmalextraktions-Prozessoren des BVV, und sendet dann
einen sog. SRQ über den IEC-Bus an den Hauptrechner, der auf dieses SRQ
wartet. Der dann beginnende Abtastzyklus im Hauptrechner bis zum nächsten
SRQ des BVV (nach weiteren 133 ms) hat folgenden Ablauf (vgl. hierzu auch
Bild 3.26):

1. Warte auf SRQ vom BVV.

2. Lese Auswerteergebnisse (Merkmalkoordinaten) vom BVV ein.

3. Datenfilterung und Störungserkennung:
   3.1 Statische Datenfilterung nach Abschnitt 3.5.4.1.
   3.2 Dynamische Störungserkennung nach Abschnitt 3.5.4.2 und 3.5.4.3.
       (Hierzu wird die Innovationskovarianz nach Gl. (3.133) gemäß Anmer-
       kung 1 - siehe unten - berechnet).

3.3 Verschiebe die Fensterbereiche einzelner Prozessoren des BVV, wenn

    - im letzten Zyklus ein anderes Merkmal zur Verfolgung durch diesen
      Prozessor ausgewählt wurde, oder

    - während der obigen Störerkennung eine Störung erkannt wurde, und
      das Fenster auf die geschätzte Position des zu verfolgenden Merk-
      mals zurückgesetzt werden soll.

Diese Mitteilungen werden über den IEC-Bus an das BVV gegeben (vgl.
Abschnitte 2.2 und 3.5.6).

4. Schätzung der Relativlage und -bewegung zum gesehenen Objekt.

  4.1 Innovation der vorhergesagten Zustandsgrößen anhand der eingetrof-
     fenen Meßwerte über den U-D Algorithmus von Bierman:

      4.1.1 - Ordne alle unter Punkt 2 eingelesenen, und unter Punkt 3
             für gültig befundenen Meßwerte y_i in einen Vektor $\mathbf{y}$.

          - Ordne die im letzten Abtastzyklus für y_i vorhergesagten
            Werte y_{io}^{*} in gleicher Reihenfolge in einen Vektor $\mathbf{y}_i^{*}$.

          - Gl. (A.68)

      4.1.2 Durchlaufe die folgende Rekursion für alle m_k gültigen Meß-
            werte (vgl. Anhang A.4!):

          - Extrahiere die zu y_i gehörende Zeile c_i aus der Jacobischen
            Matrix C_i

          - berechne y_i^{*} gemäß Gl. (A.70)

          - berechne $\delta y_i = y_i - y_i^{*}$

          - berechne aus c_i, δy_i und der dazugehörigen (auch bereits im
            letzten Abtastzyklus gemäß Abschnitt 3.4 geschätzten)
            Varianz σ_i^2 über den Bierman'schen U-D Algorithmus die in-
            krementelle, durch δy_i gegebene Korrektur $\delta \mathbf{x}_i$ (vgl. hierzu
            Anmerkung 2, unten)

          - setze $\hat{\delta \mathbf{x}}_i = \hat{\delta \mathbf{x}}_{i-1} + \delta \mathbf{x}_i$.

      4.1.3 Berechne den neuen Schätzwert der Bewegungszustandsgrößen
            gemäß Gl. (A.74).

  4.2 Extrapolation der geschätzten Zustandsgrößen sowie der U-D faktori-
     sierten Kovarianzmatrix um einen Abtastzyklus

      4.2.1 Extrapolation der Zustandsgrößen gem. Gln. (3.55) bis (3.57)
            (vgl. Anmerkung 3).

      4.2.2 Extrapolation der U-D faktorisierten Kovarianzmatrix (vgl.
            Anmerkung 4).

5. Einlesen von konventioneller Information über den Prozeßzustand über
die Digital-Eingabebaugruppen und die D/A-Wandler der Prozeßperipherie
der VAX. Eingelesen werden:

5.1 Zwei Ultraschallentfernungsmessungen gem. Abschnitt 3.2.2 (digital,
2x 13 bit)

5.2 Stellung eines Inkremental-Winkelkodierers (digital, 16 bit)

5.3 Stellung des Schalters der Andockvorrichtung (1 bit)

5.4 Stellung der Andockstachelendschalter (1 bit)

5.5 Position und Geschwindigkeit der Laufkatze (4 Analogwerte)

Aus 5.1 und 5.2 wird die Position des Luftkissenfahrzeugs auf dem Tisch
berechnet und mit der zum letzten Zyklus vorhergesagten Position verglichen.
Fehlerhafte Messung falls Abweichung zu groß (vgl. Abschnitt 3.2.2).

6. Verlassen der Echtzeitphase falls der Andockschalter, oder der dazu
parallel geschaltete Hand-Notaus-Schalter betätigt wurde.

7. Schätzung der Luftkissenfahrzeugbewegung in geodätischen Koordinaten
gem. Abschnitt 3.2.3 (Gl. (3.16) und Gln. (3.18) bis (3.23)); Vorhersage der Position für den nächsten Zyklus.

8. Evtl. Berechnung der Relativbewegung relativ zum Andockpartner aus
Punkt 7 zusammen mit einer dann als bekannt vorausgesetzten Andockpart-
nerposition zum Vergleich der aus Punkt 4 gewonnenen Information. Im
Normalbetrieb werden die Zustandsgrößen aus Punkt 7 aber nur zur Nachführung der Laufkatze benötigt.

9. Berechnung der Steuergrößen (Ventilzustände) des Luftkissenfahrzeugs
über Dreipunktregler entsprechend Abschnitt 3.5.7; Ausgabe der Steuergrößen über die Prozeßperipherie der VAX.

10. Berechnung der Steuergrößen (Sollgeschwindigkeiten) der Laufkatze über
Zustandsregler nach Abschnitt 3.2.4; Ausgabe über D/A Wandler.

11. Datensicherung von ca. 200 Daten (Meßwerte, Schätzwerte, wichtige Entscheidungen bzgl. Merkmalextraktion und -selektion) online in Daten-
felder (Festplattenzugriffe sind wegen der knappen Abtastzeit nicht
möglich).

12. Schätzung der Sichtbarkeit aller Merkmale gem. Abschnitt 3.5.5.1.

13. Schätzung der Merkmalkoordinaten y_i^* aller sichtbaren Merkmale (Abschnitt 3.5.2.2).

14. Schätzung der Erkennbarkeit aller sichtbaren Merkmale gemäß Abschnitt 3.5.5.2.

15. Schätzung der Meßfehlervarianzen aller erkennbaren Merkmale gem. Abschnitt 3.4.

16. Berechnung der Derivative aller erkennbaren Merkmale.

17. Berechnung der neun Elemente von $C_{Nj}^T C_{Nj}$ für jedes erkennbare Merkmal (Abschnitt 3.5.5.4).

18. Sequentielle Merkmalselektion unter allen erkennbaren Merkmalen gem. Abschnitt 3.5.5.4.

19. Prozessorselektion: Finde bei einem Wechsel der Merkmalkombination denjenigen BVV-Prozessor, der das nicht mehr ausgewählte Merkmal verfolgt und ordne ihm das neue Merkmal zu.

20. Gehe nach Punkt 1 (Beginn des nächsten Abtastzyklus).

Diese Abtastschleife (Punkt 1 bis 20) wird im Normalfall nur verlassen, wenn das Luftkissenfahrzeug an den Partner angedockt hat, und dabei den unter Punkt 5 abgefragten Schalter geschlossen hat (Punkt 6).
Daneben gibt es noch eine ganze Reihe von Fehlerzuständen, die erkannt werden und zu einem Verlassen der Abtastschleife führen (mit nachfolgender Abschaltung der Gesamtanlage nach Abschnitt A.9.8 wie im Normalfall. Dazu gehören z.B.:

- Timeout (500 ms) bei Punkt 1 oder Punkt 3.3 (BVV meldet sich nicht mehr).
- es wird über einen längeren Zeitraum (30 Zyklen) unter Punkt 3 überhaupt kein gültiges Merkmal mehr gefunden.
- die Ultraschallentfernungsmessungen sind über einen längeren Zeitraum (20 Zyklen) gestört.
- die eingelesenen Laufkatzenpositionen und -geschwindigkeiten sind anormal.

Anmerkung 1:

Die Berechnung der Innovationskovarianz erfolgt bei dem in [Thornton u. Bierman, 80] auf Seite 240ff angegebenen Algorithmus implizit während der Innovation der U und D Faktoren. Während der Störungserkennung sollen die U und D Faktoren aber noch nicht verändert werden. Der o.a. Algorithmus wurde deshalb entsprechend vereinfacht (siehe Anhang A.9.9.1).

Anmerkung 2:

Eingesetzt wurde der in Anhang A.9.9.2 angegebene Algorithmus, der auf dem in [Thornton u. Bierman, 80], Seite 240ff angegebenen Algorithmus basiert, mit folgenden Ergänzungen:

- um die Rechenzeit zu verkürzen, wird U nicht in Matrixform, sondern vektorisiert verwendet. Die prinzipielle Vorgehensweise hierzu entstammt [Bierman, 77], Seite 53f.
- da y_i^* über die vollständigen, nichtlinearen Abbildungsgleichungen berechnet wird, wird δy_i direkt als Eingabegröße benutzt (und nicht y_i und x^* zur Berechnung von δy_i über c_i).

Anmerkung 3:

Die Indizierung ist entsprechend Gl. (3.55). Der mit den gerade eingelesenen Meßwerten geschätzte Zustandsvektor $\hat{x}$ gehört zum letzten Zyklus, da die eingelesenen Meßwerte aufgrund der Bildverarbeitungstotzeit auch einen Zyklus alt sind. Die Extrapolation ist demnach eine Extrapolation auf den Beginn des jetzigen Abtasttaktes t_k (vgl. Bild 3.26).

Anmerkung 4:

Zur Extrapolation der U und D Faktoren der Schätzfehlerkovarianzmatrix wird der in Anhang A.9.9.3 angegebene Algorithmus verwendet. Er basiert auf dem in [Thornton u. Bierman, 80], Seite 242f angegebenen Algorithmus, mit folgenden Modifikationen:

- Berücksichtigung der spärlich besetzten Transitionsmatrix durch spaltenweise kompakte Darstellung der von Null verschiedenen Elemente als Vektor ([Thornton u. Bierman, 80], Seite 245).
- transponierte Darstellung der Hilfsmatrix W zur vereinfachten Indizierung.
- vektorisierte Form gemäß Anmerkung 2.

Anhang A.9.8 Abschaltung der Gesamtanlage

Nachdem die Abtastschleife - normal oder durch einen Fehlerzustand - verlassen wurde, wird, nach Abschalten von BVV, Laufkatze und Luftkissenfahrzeug eine Exit Routine durchlaufen. Diese bewirkt ein sicheres Abschalten der Gesamtanlage und wird auch dann durchlaufen, wenn das Programm z.B. aufgrund eines numerischen Fehlers "abstürzt", oder anderweitig abgebrochen wird (z.B. über die Tastatur mit Ctrl. Y).

Im einzelnen ergibt sich folgender Ablauf:

1. Stoppe Merkmalverfolgung in den Prozessoren des BVV. Falls hierbei Timeout auftritt (BVV meldet sich innerhalb von 500 ms nicht): Reset BVV; BVV ist dann wieder empfangsbereit.

2. Laufkatze abschalten

3. Luftkissenfahrzeug-Ventile schließen

4. Luftkissen abschalten

5. Drei Sekunden warten, bis sich Fahrzeug gesetzt hat

6. Aktuelle Fahrzeugposition bestimmen (wie in Abschnitt A.9.7, Punkt 5) und in einer Datei abspeichern (für nächsten Versuchslauf; vgl. Abschnitt 3.2.2)

7. Programmende. Durch den "Exit-Handler" der VAX wird jetzt automatisch die o.g. Exit-Routine aufgerufen. Diese beinhaltet:
   7.1 Abschalten der Luftkissenfahrzeug-Peripherie in definierter Reihenfolge.
   7.2 Setze die während der Initialisierungsphase evtl. suspendierten Prozesse anderer Benutzer fort und setze die eigene Priorität herunter.
   7.3 Speichere die während der Echtzeitphase in Datenfeldern abgelegten Daten auf Festplatte ab (dauert aufgrund der hohen Datenmenge ca. fünfmal so lange wie die Echtzeitphase selbst!). Zu den "Daten" gehören auch alle vorübergehenden Fehlermeldungen, die nicht zum Abschalten der Anlage geführt haben, und die aus Zeitgründen während der Echtzeitphase nicht am Bildschirm angezeigt werden können.

7.4 Rufe "Debugger" auf, falls Programm im (langsameren) Debug-Mode gestartet wurde; erlaubt Fehlersuche nach Programmabstürzen.

<u>Anhang A.9.9: FORTRAN Quellcodes</u>

Aufgrund des eingangs dieses Abschnitts erwähnten Umfangs des gesamten
Programmpakets verbietet sich ein vollständiges Listing der Quellcodes an
dieser Stelle von selbst. Außerdem ist ein Großteil der Software mehr oder
weniger speziell auf die vorgestellte Anwendung zugeschnitten, und daher
im Detail für die meisten Leser sicherlich nicht von Interesse; die Struktur wurde in den vorangehenden Abschnitten vorgestellt.

Eine Ausnahme bilden hier die Algorithmen des UDU^T-faktorisierten Kalman
Filters nach Bierman: die numerischen Vorteile dieser Formulierung können
nur bei richtiger Implementation zum Tragen kommen. Außerdem wurden die
von Bierman veröffentlichten Quellcodes nicht unwesentlich modifiziert,
weshalb ein Abdruck gerechtfertigt und für den Leser von Interesse erscheint.

Soweit nicht direkt aus den Programmen ersichtlich, entsprechen folgende
Programmvariable den gegenübergestellten, in dieser Arbeit benutzten Bezeichnungen:

$$
\begin{array}{lll}
\text{RN :} & \sigma_{i}^2 & \text{Varianz des Meßwertes } y_i \\
\text{A,ALFA :} & \epsilon'^2 & \text{Innovationskovarianz} \\
\text{DA :} & \delta y_i & \\
\text{DX :} & \delta x_i & \\
\end{array}
$$

Die Bezeichnung der übrigen programminternen Variablen entspricht den in
[Thornton u. Bierman, 80] angegebenen Bezeichnungen, deren Lektüre zum
Verständnis der Programme vorrausgesetzt wird.

Anhang A9.9.1: Berechnung der Innovationskovarianz

```fortran
C  -----------------------------------------------------------------------
C
       SUBROUTINE UDMINOV (N,UV,D,C,RN,ALFA)
C
C      ' U-D MEASUREMENT INNOVATION', U IN VECTOR FORMULIERUNG
C
C      -- SINGLE PRECISION VERSION --
C
C      BERECHNUNG DER 'INNOVATIONS-VARIANCE', D.H. DER VARIANZ VON
C         Y-Y* ; DIES KANN IM HAUPTPROGRAMM ZUM TEST DER GUELTIGKEIT
C         DER EINGETROFFENEN MESSUNG BENUTZT WERDEN
C
C      EINGABE : N - DIMENSION DES ZUSTANDSVEKTORS
C                U - 'UPPER DIAGONAL' MATRIX; IMPLIZIT MIT EINSEN AUF DER
C                    DIAGONALE; GESPEICHERT SIND ALLE NICHTDIAGONAL-
C                    ELEMENTE SPALTENWEISE ALS VEKTOR
C                D - VECTOR DER DIAGONAL-ELEMENTE
C                C - ZU DY GEHOERENDE ZEILE AUS DER JACOBISCHEN MATRIX C
C               RN - VARIANZ DES MESSWERTES Yi
C
C      AUSGABE : ALFA - 'INNOVATIONS VARIANCE' (SIEHE OBEN)
C
C      AUTOR : H.-J. WUENSCHE          JULI 1986
C        IDEE AUS EINEM ALGORITHMUS VON BIERMAN
C
C      ALLE RECHTE: UNIVERSITAET DER BUNDESWEHR MUENCHEN (UNIBW MUENCHEN)
C                   INSTITUT FUER SYSTEMDYNAMIK UND FLUGMECHANIK
C                   WERNER HEISENBERG WEG 39
C                   D - 8014 NEUBIBERG
C
C  -----------------------------------------------------------------------
C
       DIMENSION UV(28),D(8),C(8),B(8),F(8)
C
       JJ = 28        ! JJ = N*(N-1)/2
       ALFA = RN
C
       DO J=N,1,-1
C
         SUM =  C(J)
C
         JJ = JJ - (J-1)
         DO K=1,J-1
           SUM = SUM + UV(JJ+K)*C(K)
         END DO
C
         ALFA = ALFA + D(J)*SUM*SUM
C
       END DO
C
       RETURN
       END
C
C  -----------------------------------------------------------------------
```

Anhang A.9.9.2: Innovation der U-D Faktoren

```fortran
C  --------------------------------------------------------------------
C
         SUBROUTINE UDMUPDV (N,NRED,UV,D,DY,C,RN,DX,A,B)
C
C      U-D MEASUREMENT UPDATE', VECTOR FORMULIERUNG
C
C      -- SINGLE PRECISION VERSION --
C         ( DOUBLE PRECISION MIT C* ZEILEN)
C
C      SKALARES EINBRINGEN VON MESSUNGEN IN DEN KALMAN FILTER
C         ALGORITHMUS VON BIERMAN
C
C      1. BERECHNUNG DER 'INNOVATIONS-VARIANCE', D.H. DER VARIANZ VON
C         Y-Y* ; IM HAUPTPROGRAMM KANN DIES ZUM TEST DER GUELTIGKEIT
C         DER EINGETROFFENEN MESSUNG BENUTZT WERDEN (DANN BESSER DURCH
C         DIE SCHNELLERE ROUTINE 'UDMINOV')
C
C      2. BERECHNUNG DES 'NORMALIZED KALMAN-GAIN' B
C
C      MODIFIKATIONEN : NICHT DER MESSWERT Y, SONDERN DIE ABWEICHUNG DY
C         DES MESSWERTES VOM VORHERGESAGTEN WERT Y* WIRD EINGEGEBEN, DA
C         Y* UEBER DIE VOLLSTAENDIGEN, NICHTLINEAREN GLEICHUNGEN BE-
C         RECHNNET WIRD.
C
C      EINGABE : N - DIMENSION DES ZUSTANDSVEKTORS
C                NRED - ZAHL DER ZUST.GROESSEN FUER DIE EIN UPDATE ERFOLGT
C                U - 'UPPER DIAGONAL' MATRIX; IMPLIZIT MIT EINSEN AUF DER
C                    DIAGONALE; GESPEICHERT SIND ALLE NICHTDIAGONAL-
C                    ELEMENTE SPALTENWEISE ALS VEKTOR
C                D - VECTOR DER DIAGONAL-ELEMENTE
C                DY - ABWEICHUNG ZWISCHEN MESSWERT UND VORHERGES. MESSWERT
C                C - ZU DY GEHOERENDE ZEILE AUS DER JACOBISCHEN MATRIX C
C                RN - VARIANZ DES MESSWERTES Y1
C
C       AUSGABE : DX - VERBESSERUNG DER ZUSTANDSGROESSEN
C                 A - 'INNOVATIONS VARIANCE'; FAELLT HIER NOCHMAL ALS
C                     NEBENPRODUKT AN
C                 B - 'NORMALIZED KALMAN GAIN' (SIEHE OBEN)
C
C       AUTOR : BIERMAN (DIVERSE QUELLEN)
C
C       MODIFIZIERT UND IMPLEMENTIERT AUF VAX: H.-J. WUENSCHE, JULI 1986
C       ALLE RECHTE AN DIESER VERSION: UNIBW MUENCHEN
C
C  --------------------------------------------------------------------
C
         DIMENSION DX(8),UV(28),D(8),C(8),B(8),F(8)
C
C*       DOUBLE PRECISION ALFA,BETA,GAMMA
C
C                           T T       T
C        COMPUTE FIRST B = D*U *C  AND  F = C*U :
C
         JJ = 28          ! JJ = N*(N-1)/2
```

```
C
      DO J=N,2,-1
C
C*       ALFA = DBLE ( C(J) )
         ALFA =   C(J)
C
         JJ = JJ - (J-1)
         DO K=1,J-1
            ALFA = ALFA + UV(JJ+K)*C(K)
         END DO
C
C*       F(J) = SNGL ( ALFA )
         F(J) = ALFA
         B(J) = D(J) * ALFA
C
      END DO
C
      B(1) = D(1) * C(1)
      F(1) = C(1)
C
C     NEXT : UPDATE U UND D MATRIX, COMPUTE GAINS
C
C*    ALFA = DBLE (RN) + DBLE ( B(1)*F(1) )
      ALFA = RN + B(1)*F(1)
C
C*    IF (ALFA .GT. 0.D0) THEN
C*       GAMMA = 1.D0 / ALFA
      IF (ALFA .GT. 0.) THEN
         GAMMA = 1. / ALFA
         IF (B(1) .NE. 0.) D(1) = RN * GAMMA * D(1)
      ELSE
C*       GAMMA = 0.D0
         GAMMA = 0.
         IF (B(1) .NE. 0.) D(1) = 0.
      END IF
C
      JJ = 0
      DO J=2,N
C
         BETA = ALFA
         DELTA = B(J)
         ALFA = ALFA + DELTA*F(J)
C*       IF (ALFA .EQ. 0.D0) GO TO 50
         IF (ALFA .EQ. 0.) GO TO 50
C
         IF (J .LE. NRED) THEN
C
            AMBDA = - F(J) * GAMMA
C
            DO K=1,J-1
               JJ = JJ+1
               SUM = UV(JJ)
               UV(JJ) = SUM + AMBDA*B(K)
               B(K) = B(K) + DELTA*SUM
            END DO
C
C*          GAMMA = 1.D0 / ALFA
```

```
              GAMMA = 1. / ALFA
              D(J) = BETA * GAMMA * D(J)
C
          END IF
C
   50     CONTINUE
C
      END DO
C
      Z = DY * GAMMA
C
      DO J=1,NRED
        DX(J) = B(J)*Z
      END DO
C
C*    A = SNGL ( ALFA )
      A = ALFA
C
      RETURN
      END
C
C --------------------------------------------------------------------
```


Anhang A9.9.3: Extrapolation der U-D Faktoren


```
C --------------------------------------------------------------------
C
          SUBROUTINE UDTUPDV (UV,D,PHIV,IROW,ICOL,NPHI,Q,WV,N,NR)
C
C     ' U-D TIME UPDATE' , VECTOR FORMULIERUNG
C
C     -- SINGLE PRECISION VERSION --
C        (DOUBLE PRECISION MIT C* ZEILEN)
C
C     REKURSIVES UPDATEN DER U-D MATRIX, D.H. DER KOVARIANZ-MATRIX P
C        UEBER DIE BIERMAN'SCHE U-D FAKTORISIERUNG
C
C     MIT DER ERGAENZUNG FUER SCHWACH BESETZTE TRANSITIONS-MATRIX
C
C     EINGABE : U - OBERE DIAGONAL-MATRIX MIT DEN NEBENDIALGONAL-
C                   ELEMENTEN SPALTENWEISE ALS VEKTOR GESPEICHERT
C               D - DIAGONALMATRIX ALS VEKTOR
C               PHIV - TRANSITIONSMATRIX, VON NULL VERSCHIEDENE ELEMENTE
C                   SPALTENWEISE KOMPAKT (INSGES. NPHI ELEMENTE)
C               IROW,ICOL - ZEILEN UND SPALTEN-INDIZES DER NPHI ELEMENTE
C               NPHI - S.O.
C               Q - VARIANZEN DER EINGANGS-STOERGROESSEN
C               W - HILFSMATRIX; HIER TRANSPONIRET ZU DER BEI BIERMAN
C                   (SCHNELLERE DO-LOOP REKURSIONEN)
C               BNOISE - STOEREINGRIFFSMATRIX : STOERGR. --> ZUST.GROESSEN
C                   (BEREITS IM HAUPTPROGRAMM AUF DIE MATRIX W ABGEBILDET)
C               N - DIMENSION DES ZUSTANDSVEKTORS
C               NR - DIMENSION DES EINGANGSSTOERVEKTORS
```

```fortran
C
C         AUSGABE : UPDATED U UND D MATRIZEN
C
C         AUTOR : BIERMAN (DIVERSE QUELLEN)
C
C         MODIFIZIERT UND IMPLEMENTIERT AUF VAX: H.-J. WUENSCHE, JULI 1986
C         ALLE RECHTE AN DIESER VERSION: UNIBW MUENCHEN
C
C ------------------------------------------------------------------------
C
          REAL UV(28),PHIV(20)
          REAL WV(64),D(8),DA(8),V(16),Q(8)
          INTEGER*4 IROW(20),ICOL(20),JJ0(8),ICW(8)
C
C*        DOUBLE PRECISION SUM,DINV
C
          DATA JJ0 / 0,  1,  2,  4,  7, 11, 16, 22 /
C
C         SPALTENANFANGS-INDIZES DER W MATRIX (VEKTORIELL IM VEKTOR WV):
          DATA ICW / 0, 8, 16, 24, 32, 40, 48 , 56/
C
C ----- EXTRAHIERE DIE DIAGONAL-ELEMENTE AUS U
C
          DO I=1,N
            DA(I) = D(I)
            V(N+I)=0.
          END DO
C
C ----- ALGORITHMUS FUER PHI(*,*) * U(*,*) BEI SCHWACH BESETZTEN
C         TRANSITIONSMATRIZEN:
C
          DO K=1,NPHI
C
            IR = IROW(K)
            JC = ICOL(K)
            S  = PHIV(K)
            IW0 = ICW(IR)   ! ROW OF PHI-MATRIX = COL OF W-MATRIX
            WV(IW0+JC) = WV(IW0+JC) + S
C
            IF (JC .LT. N) THEN
C
C             HOLE ANFANGSWERT (= STELLE DER 1. ZEILE VON U IM VEKTOR UV)
C               AUS TABELLE JJ0:
              JJ = JJ0 ( JC+1 )
C
              DO KOL=JC+1,N
C
                JJ = JJ + KOL - 2
                W(KOL,IR) = W(KOL,IR) + S * U(JC,KOL)
                WV(IW0+KOL) = WV(IW0+KOL) + S * UV(JJ)
C
              END DO
C
            END IF
C
          END DO
```

```
C
C ----- IT IS ASSUMED IN THE FOLLOWING, THAT W(i,n+j)=BNOISE(i,j), WITH
C         i=1,..n, j=1,..nr
C
C       N2 = N+NR
C
        DO J=N,1,-1
C
C*          SUM = 0.D0
            SUM = 0.
C
            JW0 = ICW (J)
C           DO I=1,N2
C             V(I) = WV(JW0+I) * DA(I)
C             SUM = SUM + V(I) * WV(JW0+I)
C           END DO
C           D(J) = SUM
C
            DO I=1,N
              V(I) = WV(JW0+I) * DA(I)
              SUM = SUM + V(I) * WV(JW0+I)
            END DO
C
            SUM = SUM + Q(J)
            D(J) = SUM
C
C           LOESCHE DEN LETZTEN EINTRAG AUS J+1 IN V, UND
C             TRAGE Q(J) IN V(N+J) EIN:
            JPN = J+N
            IF (J.LT.N) V(JPN+1)=0
            V(JPN) = Q(J)
C
            IF (J .EQ. 1) RETURN
C
            JJ = JJ0(J) - 1
C*          IF (SUM .EQ. 0.D0 ) THEN
            IF (SUM .EQ. 0. ) THEN
C
                DO I=1,J-1
                  UV(JJ+I) = 0.
                END DO
C
            ELSE
C
C*              DINV = 1.D0 / SUM
                DINV = 1. / SUM
C
                DO I=1,J-1
C
C*                  SUM = 0.D0
                    SUM = 0.
C
                    IW0 = ICW (I)
C                   DO K=1,N2
C                      SUM = SUM + WV(IW0+K) * V(K)
C                   END DO
C
```

```fortran
            DO K=1,N
              SUM = SUM + WV(IW0+K) * V(K)
            END DO
C
            SUM = SUM * DINV
C*          UV(JJ+I) = SNGL ( SUM )
            UV(JJ+I) = SUM
C
            DO K=1,N
              WV(IW0+K) = WV(IW0+K) - SUM*WV(JW0+K)
            END DO
C
          END DO
C
        END IF
C
      END DO
C
      RETURN
      END
C
C ------------------------------------------------------------------------
```

Sachverzeichnis

R. Isermann

Digitale Regelsysteme

Band I: Grundlagen
Deterministische Regelungen

2., überarbeitete und erweiterte Auflage. 1987. 88 Abbildungen.
XXIV, 340 Seiten. Gebunden DM 78,-. ISBN 3-540-16596-7

Inhaltsübersicht: Einführung. – Verzeichnis der Abkürzungen. –
Grundlagen: Regelung mit Digitalrechnern (Prozeßrechner,
Mikrorechner). Grundlagen linearer Abtastsysteme (zeitdiskrete
Systeme). – Regelungen für deterministische Störungen: Deter-
ministische Regelungen (Übersicht). Parameteroptimierte Regler.
Allgemeine lineare Regler und Kompensationsregler. Regler für
endliche Einstellzeit. Zustandsregler und Zustandsbeobachter.
Regler für Prozesse mit großen Totzeiten. Empfindlichkeit und
Robustheit mit konstanten Reglern. Vergleich verschiedener
Regler für deterministische Störsignale. – Anhang A – C. – Litera-
tur. – Sachverzeichnis.

Band II: Stochastische Regelungen
Mehrgrößenregelungen
Adaptive Regelungen
Anwendungen

2. überarbeitete und erweiterte Auflage. 1987. 120 Abbildungen.
XXV, 354 Seiten. Gebunden DM 98,-. ISBN 3-540-16597-5

Inhaltsübersicht: Regelungen für stochastische Störungen:
Stochastische Regelungen (Einführung). Parameteroptimierte
Regler für stochastische Störsignale. Minimalvarianzregler für
stochastische Störsignale. Zustandsregler für stochastische
Störungen. – Vermaschte Regelungen: Kaskadenregelungen.
Steuerungen zur Störgrößenaufschaltung. – Mehrgrößen-Rege-
lungen: Strukturen von Mehrgrößenprozessen. Parameteroptimierte Mehrgrößenregelungen. Mehrgrößenregelungen mit
Matrizenpolynomen. Mehrgrößenregelungen mit Zustandsre-
glern, Zustandsgrößenschätzung. – Adaptive Regelungen: Adaptive Regelungen (Übersicht). On-line-Identifikation dynamischer
Prozesse und stochastischer Signale. On-line Identifikation im
geschlossenen Regelkreis. Parameteradaptive Regler. – Zur digitalen Regelung mit Prozeßrechnern und Mikrorechnern: Einfluß
der Amplitudenquantisierung bei digitalen Regelungen. Störsi-
gnalfilterung. Anpassung von Regelalgorithmen an verschiedene
Stellantriebe. Rechnerunterstützter Entwurf von Regelalgorithmen mit Prozeßidentifikation. Adaptive und selbsteinstellende
Regelung mit Mikrorechnern und Prozeßrechnern. – Literatur. –
Sachverzeichnis.

Springer-Verlag Berlin
Heidelberg New York London
Paris Tokyo Hong Kong